"十三五"
国家重点图书出版规划项目
ICT认证系列丛书

网络基础

田果 刘丹宁 余建威 / 著

U0280278

人民邮电出版社

北京

图书在版编目（CIP）数据

网络基础 / 田果，刘丹宁，余建威著. -- 北京：
人民邮电出版社，2022.12
（ICT认证系列丛书）
ISBN 978-7-115-59792-2

Ⅰ．①网… Ⅱ．①田… ②刘… ③余… Ⅲ．①计算机
网络—基本知识 Ⅳ．①TP393

中国版本图书馆CIP数据核字(2022)第136445号

内 容 提 要

　　本书首先介绍了网络的发展历程，引出一些重要的概念和术语；接着介绍了华为 VRP 系统的基本使用方法；然后按照 OSI 参考模型和 TCP/IP 模型自底向上的顺序，依次对网络接入层、网络层、传输层和应用层的作用和涉及的重要标准、理论、协议等进行解读；最后简单介绍了 VRP 系统的管理与维护。

　　本书可以作为高等院校相关专业学生的教材，也适合正在备考 HCIA 认证或者正在参加 HCIA 认证培训的人士阅读和参考，同时网络技术爱好者也可以通过阅读本书，理解并掌握网络知识。

　◆ 著　　　　　　　田　果　刘丹宁　余建威
　　　责任编辑　李　静
　　　责任印制　马振武
　◆ 人民邮电出版社出版发行　　北京市丰台区成寿寺路 11 号
　　　邮编　100164　电子邮件　315@ptpress.com.cn
　　　网址　https://www.ptpress.com.cn
　　　固安县铭成印刷有限公司印刷
　◆ 开本：787×1092　1/16
　　　印张：19.75　　　　　　　　　2022 年 12 月第 1 版
　　　字数：409 千字　　　　　　　2025 年 1 月河北第 13 次印刷

定价：79.80 元
读者服务热线：(010)53913866　印装质量热线：(010)81055316
反盗版热线：(010)81055315

序

物联网、云计算、大数据、人工智能等新技术的兴起，推动着社会的数字化演进。全球正在从"人人互联"发展至"万物互联"。未来二三十年，人类社会将演变成以"万物感知、万物互联、万物智能"为特征的智能社会。

新兴技术快速渗透并推动企业加速向数字化转型，企业业务应用系统趋于横向贯通，数据趋于融合互联，ICT 正在成为企业新一代公共基础设施和创新引擎，成为企业的核心生产力。华为 GIV（全球 ICT 产业愿景）预测，到 2025 年，全球的连接将达到 1000 亿次，85% 的企业将会应用云计算技术，100% 的企业将会连接云服务，工业智能的普及率将超过 20%。数字化发展为各行业带来的纵深影响远超出想象。

ICT 人才作为企业数字化转型中的关键使能者，将站在更高的高度，以更为全局的视角审视整个行业，并依靠新思想、新技术驱动行业发展。因此，企业对于融合型 ICT 人才需求也更为迫切。未来 5 年，华为领导的全球 ICT 产业生态系统对人才的需求将超过 80 万人。华为积累了 20 余年的 ICT 人才培养经验，对 ICT 行业发展现状及趋势有着深刻的理解。面对数字化转型背景下企业 ICT 人才短缺的情况，华为致力于构建良性的 ICT 人才生态链。2013 年，华为开始与高校合作，共同制订 ICT 人才培养计划，设立华为信息与网络技术学院（简称华为 ICT 学院），依据企业对 ICT 人才的新需求，将物联网、云计算、大数据等新技术和最佳实践经验融入课程与教学中。华为希望通过校企合作，让大学生在校园内就能掌握新技术，并积累实践经验，促使他们快速成长为有应用能力、会复合创新、能动态成长的融合型人才。

教材是知识传递、人才培养的重要载体，华为聚合技术专家、高校教师倾心打造 ICT 学院系列精品教材，希望能帮助大学生快速完成知识积累，奠定坚实的理论基础，助力同学们更好地开启 ICT 职业道路，奔向更美好的未来。

亲爱的同学们，面对新时代对 ICT 人才的呼唤，请抓住历史机遇，拥抱精彩的 ICT 时代，书写未来职业的光荣与梦想吧！华为，将始终与你同行！

前　　言

　　本书是华为技术有限公司、YESLAB 培训中心和高校专家，针对华为 ICT 学院的学生推出的诚意之作。从大纲结构到文字描述均由业内专家执笔，而且内容经多方专家反复论证推敲。

　　本书集可读性、逻辑性、严谨性和实用性于一体。整个团队由衷期待这本诚意之作能够在帮助读者理解、掌握网络知识的同时，还能带给读者良好的阅读和学习体验。

本书主要内容

　　本书共分为 9 章，其中第 1 章、第 2 章为铺垫性内容，第 3～第 9 章为本书的核心内容。

　　第 1 章：网络纵横

　　本章旨在激发读者的学习兴趣，同时帮助读者积累一些重要的概念和术语知识。本章从网络的诞生和发展历程说起，在介绍网络发展的过程中引出了诸如数据包交换网络、协议、协议栈等重要的知识。接下来，本章还介绍了数据通信网络和各行各业之间的关系。本章的第 2 节对局域网、城域网、广域网和互联网的概念进行了区分和阐述。在本章的最后，读者可以了解到网络技术的前沿动态。

　　第 2 章：操作系统与网络

　　本章的重点在于华为 VRP 系统的使用。本章首先从操作系统的概念讲起，第 2 节将话题引入数据通信设备的操作系统，并由此展开对华为 VRP 系统访问方式及其命令行界面基本使用方法的介绍。

　　第 3 章：协议与通信

　　本章旨在对后面各章的骨架，即网络的参考模型进行介绍。本章在讲述了两种网络模型之后，从不同角度对各类设备在将一个数据包从源地址到目的地址进行传输的过程中，所执行的封装与解封流程进行了介绍。

　　第 4 章：网络接入层

　　本章介绍的内容是 TCP/IP 模型的网络接入层，即 OSI 参考模型的物理层和数据链路层。本章在对物理层规格与网络传输介质及数据链路层的作用与概念进行介绍之后，专门介绍了目前最重要的数据链路层标准，即以太网的相关概念。

第 5 章：网络层

本章的重点内容是 IPv4 的工作原理与配置。本章围绕 IPv4 地址及其相关概念进行了详细介绍，首先解释了二进制与十进制的相互转换方法，进而描述了 IPv4 地址本身的结构及网络掩码的作用；接下来介绍了子网的概念、VLSM 和 CIDR 的概念，并且通过案例介绍了规划网络地址的方法；最后介绍了 ARP 和 ICMP。

第 6 章：路由技术基础

本章的核心是路由技术。这一章首先介绍了路由的概念，并且通过展示路由表，对路由条目包含的信息进行了解释；然后介绍了路由器根据路由条目转发数据包的基本工作方式，并且结合路由器工作原理介绍了直连路由；接下来的内容与静态路由相关，包括静态路由的概念、使用场景和配置，默认路由、汇总静态路由和浮动静态路由的概念、用法和配置；最后通过一个案例讲解静态路由的排错方法。

第 7 章：传输层

本章首先从传输层与网络层和应用层之间的关系入手，介绍了传输层的服务；接下来分别介绍了两大传输层协议——TCP 和 UDP 分别是如何提供传输层服务的。

第 8 章：应用层

本章首先对应用层提供的服务进行了介绍，继而介绍了一些常用的应用层协议及其对应的端口号；然后介绍了四大类，共计 8 项应用层协议的工作原理，其中包括提供远程访问服务的 Telnet 和 SSH 协议、提供网络管理服务的 DHCP 和 DNS 协议、提供 Web 访问服务的 HTTP 和 HTTPS，以及提供电子邮件服务的 POP3 和 SMTP。

第 9 章：管理维护

本章首先介绍了如何通过配置 VRP 系统，实现对网络设备的远程管理；然后介绍了 VRP 系统的管理方法，包括如何对网络设备的 VRP 系统进行备份、升级，以及如何对网络设备执行密码恢复。

关于本书读者

本书适合于以下几类读者。

- 华为 ICT 学院的学生。
- 各大高校学生。
- 正在学习 HCIA 认证课程的学生和正在备考 HCIA 认证考试的考生。
- 有志于从事 ICT 行业的初学者。
- 网络技术爱好者。

本书阅读说明

读者在阅读本书的过程中，需要注意以下事项。

1．本书多处把路由器或计算机上的网络适配器连接口称为"接口"，把交换机上的网口称为"端口"，这种差异仅仅是称谓习惯上的差异。在平时的交流中，"接口"一词与"端口"一词完全可以混用。

2．在华为公司的作品中，串行链路常用虚线表示，以太链路用实线表示。本书中所有链路一概用实线表示，虚线在各图中做特殊表意使用，如数据包前进路线、区域范围等。

3．本书学习目标中要求读者了解的内容，读者只需了解对应的概念及其表意；本书学习目标中要求读者理解的内容，读者应把握其工作原理，做到既知其然，也知其所以然；本书学习目标中要求读者掌握的内容，读者还应在理解的基础上有能力对其灵活运用。

本书常用图标

| 路由器 | 集线器 | 交换机 | 接入点（AP） | IP网络云 |
| PC终端 | 笔记本电脑 | 调制解调器 | 服务器 | FTP服务器 |

目　录

第1章　网络纵横 ·· 2

  1.1　人类通信发展史 ··· 5

    1.1.1　前网络时代 ··· 6

    1.1.2　萌芽阶段 ··· 6

    1.1.3　雏形阶段 ··· 7

    1.1.4　诞生阶段 ··· 11

    1.1.5　腾飞阶段 ··· 13

  1.2　局域网、城域网、广域网和互联网 ··· 14

    1.2.1　局域网 ··· 15

    1.2.2　城域网 ··· 17

    1.2.3　广域网 ··· 18

    1.2.4　互联网 ··· 19

  1.3　未来的发展 ··· 20

    1.3.1　物联网 ··· 20

    1.3.2　大数据与人工智能 ··· 21

    1.3.3　云计算 ··· 22

    1.3.4　SDN ··· 24

  1.4　本章总结 ·· 26

  1.5　练习题 ·· 26

第2章　操作系统与网络 ·· 28

  2.1　操作系统 ·· 30

    2.1.1　操作系统功能 ··· 31

2.1.2 网络设备与操作系统 ·································· 33

2.1.3 本地访问网络设备的操作系统 ·················· 37

2.2 华为 VRP 系统 ··· 41

2.2.1 VRP 系统概述 ··· 41

2.2.2 命令行基础 ·· 41

2.2.3 VRP 系统配置基础 ··································· 43

2.3 VRP 系统入门操作 ·· 48

2.3.1 快捷键的使用 ··· 49

2.3.2 命令帮助功能 ··· 49

2.3.3 查看及验证设备信息 ································ 54

2.4 本章总结 ·· 61

2.5 练习题 ··· 62

第3章 协议与通信 ··· 64

3.1 网络协议和标准 ·· 67

3.1.1 通信规则 ··· 67

3.1.2 网络协议的作用 ······································ 69

3.1.3 协议栈的必要性 ······································ 71

3.1.4 OSI 参考模型 ·· 72

3.1.5 TCP/IP 模型 ··· 75

3.2 实现数据传输 ··· 77

3.2.1 封装与解封装 ··· 77

3.2.2 从终端设备视角看数据传输 ······················ 78

3.2.3 从网络设备视角看数据传输 ······················ 80

3.2.4 从网络拓扑视角看数据传输 ······················ 83

3.3 本章总结 ·· 87

3.4 练习题 ··· 87

第4章 网络接入层 ··· 90

4.1 物理层协议 ··· 93

4.2 网络介质 94

4.2.1 有线介质简介 94

4.2.2 无线介质简介 98

4.3 数据链路层 99

4.3.1 数据链路层的作用 99

4.3.2 错误检测 100

4.3.3 链路类型 101

4.3.4 介质访问控制子层 102

4.4 以太网协议 105

4.4.1 以太网概述 105

4.4.2 以太网数据封装格式 106

4.4.3 MAC 地址简介 108

4.5 本章总结 113

4.6 练习题 113

第 5 章 网络层 116

5.1 网络层协议 119

5.1.1 网络层的作用 119

5.1.2 IP 第 4 版 120

5.2 IPv4 网络地址 123

5.2.1 二进制与十进制 123

5.2.2 IPv4 编址方式 126

5.2.3 网络掩码 128

5.3 对 IPv4 网络划分子网 130

5.3.1 子网划分与 VLSM 131

5.3.2 规划网络地址 135

5.3.3 CIDR 136

5.4 IPv4 通信的建立与验证 138

5.4.1 地址解析协议 138

5.4.2 ARP 欺骗攻击概述 141

5.4.3　ICMP 原理 ·· 144

5.4.4　使用 ICMP 工具测试网络层连通性的原理 ····················· 146

5.5　本章总结 ·· 147

5.6　练习题 ·· 147

第6章　路由技术基础 ·· 150

6.1　路由 ·· 153

6.1.1　路由的概念 ·· 153

6.1.2　路由表与路由条目 ·· 154

6.1.3　路由获取方式 ·· 156

6.1.4　路由优先级 ·· 158

6.1.5　路由度量值 ·· 159

6.2　路由器的工作方式 ·· 160

6.2.1　路由器的基本工作原理 ·· 160

6.2.2　直连路由 ·· 164

6.3　静态路由 ·· 166

6.3.1　静态路由概述 ·· 166

6.3.2　静态路由的优缺点 ·· 167

6.3.3　静态路由的配置 ·· 168

6.4　默认路由 ·· 175

6.4.1　默认路由概述 ·· 175

6.4.2　默认路由的应用与配置 ·· 176

6.5　汇总静态路由 ·· 177

6.5.1　VLSM 与 CIDR 的复习 ·· 177

6.5.2　子网与汇总 ·· 179

6.5.3　汇总静态路由的配置 ·· 180

6.5.4　汇总静态路由的计算与设计 ·· 182

6.6　浮动静态路由 ·· 186

6.6.1　浮动静态路由概述 ·· 186

6.6.2　浮动静态路由的配置 ·· 187

6.7 静态路由的排错 193

6.8 本章总结 197

6.9 练习题 198

第 7 章 传输层 200

7.1 传输层简介 203

7.1.1 传输层与网络层 203

7.1.2 传输层与应用层 204

7.2 TCP 205

7.2.1 TCP 简介 205

7.2.2 TCP 封装 206

7.2.3 TCP 连接 208

7.2.4 基于 TCP 的协议 211

7.3 UDP 212

7.3.1 UDP 简介 213

7.3.2 UDP 封装 214

7.3.3 基于 UDP 的协议 214

7.4 本章总结 216

7.5 练习题 216

第 8 章 应用层 218

8.1 应用层简介 221

8.2 应用层协议 221

8.3 常见应用层协议和服务 223

8.3.1 远程访问应用 223

8.3.2 网络管理应用 226

8.3.3 Web 应用 230

8.3.4 电子邮件应用 236

8.4 本章总结 240

8.5 练习题 241

第 9 章　管理维护 ·· 242

9.1　远程管理设备 ·· 244

9.1.1　远程管理与 VTY 线路 ·· 245

9.1.2　Telnet 协议基础与配置 ·· 246

9.1.3　SSH 协议基础与配置 ·· 251

9.1.4　对通过 SSH 实现远程管理的测试 ·· 253

9.2　管理网络设备 ·· 255

9.2.1　VRP 系统管理基础 ··· 257

9.2.2　VRP 系统的备份 ·· 266

9.2.3　VRP 系统的升级 ·· 268

9.2.4　设备配置文件的备份及恢复 ·· 270

9.2.5　密码恢复 ··· 273

9.3　本章总结 ·· 279

9.4　练习题 ··· 279

术语表 ·· 282

练习题解析 ·· 292

第1章
网络纵横

1.1 人类通信发展史

1.2 局域网、城域网、广域网和互联网

1.3 未来的发展

1.4 本章总结

1.5 练习题

　　自 20 世纪以来，计算机网络（Computer Network）是带给人类文明最深远影响的科技发明之一。随处可见的二维码、人手一台的智能手机、推陈出新的社交平台、物美价廉的购物网站、街头热议的公众事件、耳熟能详的余兴节目，哪一样不与网络息息相关？互联网（Internet）已不再是 20 世纪 70 年代仅用于科研领域的古板平台，亦不再是 20 世纪 90 年代商业化之初应用匮乏的新奇技术，甚至也不再是 21 世纪初以传输文字和照片信息为主的通信媒介。针对互联网的大多数预言，在很多年之后都会成为人们的笑谈，反倒是那些以当年的观点看来明显高估了互联网发展趋势的预言，有时能够一语成谶。

　　当然，如果志在成为网络从业者中的一员，那么对网络的了解就不应仅仅停留在它的应用层面。想要通过网络来满足他人的需求，首先必须掌握网络背后的技术原理。对于技术背景不深，同时又期待在这个行业施展拳脚的人来说，这难免需要经历一个从无到有的过程。在本章中，我们首先会对在互联网产生和发展的过程中出现的比较有代表性的事件分成几个阶段进行介绍。在事件之外，本节旨在能够借助历史背景，更加形象地提出协议、数据包、分层、运营商等抽象概念，为后面几章更加理论和枯燥的内容做一个生动的铺垫。为了保证技术措辞的严谨性，我们常常将"网络"这个整体概念弃之不用，而在技术表达中代之以具体的网络类型，因此本章会用一节的内容，提前对网络通过一种简单的分类方式进行概述，解释局域网、城域网、广域网和互联网这些简单的专有名词，让读者不致在后面的学习中出现概念上的混淆。在 1.3 节中，我们会对当前网络发展的几大趋势进行介绍，帮助读者对当下的热门技术建立认识，把握这个行业技术发展的脉搏。

　　首先，让我们一起回到互联网还没有诞生的年代，追溯人类通信发展的起源。

1.1　人类通信发展史

从汉语的词源上看，"通信"一词在汉语中使用的历史并不算长，最早鉴于清末李伯元的《文明小史》，彼时书中的"通信"是指"用书信与人互通信息"。今天，"通信"这个词的外沿已经得到了极大扩展，它目前的大意是指双方或多方借助某种媒介实现信息互通的行为。如果按照当代汉语的方式理解"通信"，那么古代的互遣使节、飞鸽传书、烽火示警等都属于通信的范畴。

当然，古代和近代的各种通信方式并不在本书的讨论范畴内。本书重点介绍**数据通信（Data Communication，Datacom）**技术。数据通信技术在很多语境下可以视为计算机网络技术的同义词。因此，在 1.1 节中，我们会对计算机网络，尤其是互联网的前世今生进行介绍，以此作为知识背景和理论铺垫。

我们将互联网的发展史分为 5 个阶段进行介绍。

① **前网络时代：**数字计算机刚刚诞生。由于系统的限制，数字计算机每次只能完成一项任务，而且是由专门的操作员在本地完成输入操作的。此时由通信提出的远程共享理念还没有与计算机产生关联。

② **萌芽阶段：**计算机网络仍然没有出现，但随着对复杂计算的需求越来越强烈，产生了一些为提升计算机利用效率而提出的概念，这些概念与计算机网络有一定的相似之处，并最终对计算机网络的产生发挥了启迪作用。

③ **雏形阶段：**传统的电话网络不仅在容错方面表现堪忧，还极大地增加了通信成本。为了建立更加可靠的计算机通信网络，不同专业的人士提出了类似的主张，其中一项终成现实，它正是现代互联网的雏形。

④ **诞生阶段：**通信的实现需要通信双方建立统一的标准。为了满足越来越广泛的网络通信需求，人们制定了一系列通信标准。同时，网络发展受到了行政章程的制约。为了回避这些规章制度，一家基金会出资建设了新的网络来连接更多科教机构，互联网骨干就此问世。

⑤ **腾飞阶段**：互联网的发展虽然不再受到政府制约，但基金会的规则妨碍了互联网的商业化。随着这些限制的松动，互联网在学术目的以外的功能被不断开发出来，更多应用的出现最终让互联网呈现出爆炸式增长的态势。这种态势一直延续至今，并且在近十年愈演愈烈。

1.1.1 前网络时代

说到计算机网络，当然首先要从计算机说起。

早期计算机的工作方式就是按照同一个指定程序，根据用户输入的信息输出计算结果。这种流水线式地使用同一个程序对输入数据执行计算，并输出计算结果的操作称为批处理（Batch Processing）。由于计算机每次只能执行一项任务，因此计算机采用的这类系统称为单用户批处理系统。

不过在那个年代，限制计算机使用效率的不只是操作系统，计算机的计算能力本身也相当有限，而且计算机输入/输出信息的方法更是极为笨拙：用户需要把输入信息制作成一沓厚厚的穿孔卡片，将卡片插入读卡机（另一台低端计算机）中，等待读卡机将卡片中的信息录制在一盘磁带上，再由专门的人员将磁带插入负责计算数据的高端计算机中，让计算机执行程序完成计算；在计算机完成作业后，相关人员再把输出的磁带拿到读卡机中打印计算结果，整个过程常常需要耗费几小时甚至几天的时间。受限于计算机本身的计算能力和繁杂的数据输入方式，单用户批处理系统倒是没有对计算结果的效率造成瓶颈。

随着计算能力的增强，计算机具备了同时执行多项任务的能力，单用户批处理系统低效的缺陷日渐显露。于是，人们对单用户批处理系统进行了改进，推出了多道批处理系统，让计算机可以将自己的计算资源同时分配给多名用户的操作任务。

到此为止，限制计算机资源有效利用的因素自然就发生了变化。

1.1.2 萌芽阶段

20 世纪 50 年代，计算机还是一类价格极其昂贵的产品，即使对于大型研究机构而言，给每个研究人员配备一台计算机的想法也如同天方夜谭。虽然大范围添置计算机并不可行，但多道批处理系统的问世使多名用户能够同时利用一台计算机中的计算资源，这就催生了图 1-1 所示的一类通信系统，这类系统叫作分时系统（Time-Sharing System）。

在分时系统中，计算机的输入系统相应地获得了改进：每位计算机操作人员分配到的是一个由显示器和键盘等外部设备组成的终端，这些终端通过控制线路与计算机相连，操作人员使用终端上的输入设备，通过控制线路向计算机发出指令，而计算机将反馈通过控制线路发回给终端，终端再通过输出设备将计算机的运算结果提供给操作人员。早期分时系统的终端是电传打字机，操作人员需要通过打字机打印出来的结果观察计算机的反馈结果。

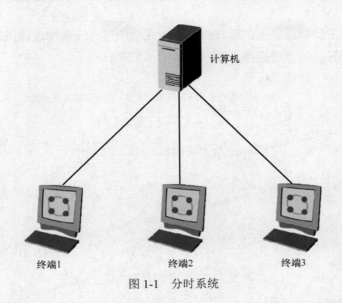

图 1-1　分时系统

连接终端与计算机的线路最开始是直连的串行线缆，后来发展为终端和计算机可以各自通过调制解调器连接电话网络。从此，操作人员得以通过电话网络对计算机进行远程管理。

虽然分时系统及其背后的理念与时下某些最热门的技术非常类似，但是分时系统还不是一个计算机网络，因为在这个系统中，通信的双方分别是终端和计算机。换言之，这个系统并没有实现计算机与计算机之间的通信。这种通过终端连接调制解调器来远程管理计算机的分时系统存在一个显著的缺陷，不过，这个缺陷给一位计算机专家带来了灵感，正是这位计算机专家改进这类通信系统的实验报告，成为今天互联网的理论基础。关于这位专家和他起草的实验报告，会在下文中提到。

这里提前说明一点：计算机网络发展的下一个阶段与两个概念密切相关，正确理解这两个概念及它们之间的差异，除了有助于读者理解计算机网络的发展历程外，对于学习计算机网络的其他知识也起着重要的作用。这两个概念是电路交换和包交换/分组交换。

这两个概念正是 1.1.3 节的重点内容。

1.1.3　雏形阶段

1957 年，苏联第一颗人造卫星成功升空，这让美国遭受核打击成为可能。在这样的背景下，美国的兰德公司希望在美国建设一个高度可容错的通信系统，这个通信系统必须在国家遭受核攻击之后，依旧能够维持端点之间的通信。当时，整个美国的军方通信都是依赖公共电话网络进行传输的，而公共电话网络采用的是一种称为**电路交换**的通信方式，这种方式恰恰是相当脆弱的。

所谓电路交换，是指通信双方在开始通信之前，需要通过呼叫建立机制在通信双方

之间建立一条独占的物理通道，双方此次通信完全通过这一条物理通道进行通信，在通信结束后，再断开这条物理通道，其示意如图1-2所示。

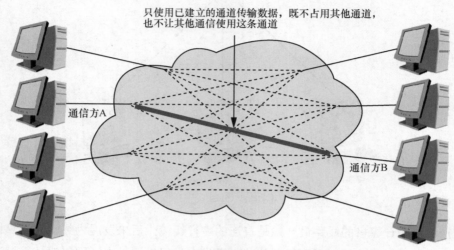

图 1-2　电路交换示意

这种通信方式之所以脆弱，是因为一旦通信双方之间通过呼叫建立的物理通道断开，通信即告终止。新的通信系统必须有能力纠正电路交换的这一弊端。

设计新的通信系统的工作，交给了年轻的波兰裔美国人保罗·巴兰（Paul Baran）。在随后的 3 年时间里，保罗通过兰德公司发布了多项报告。在 1964 年发布的《论分布式通信》中，保罗首次提出了分布式网络的概念，这个网络并不依靠专用线路独占地连接通信各方，它可以在一个节点出现问题时，通过其他节点将后续信息"路由"给另外的节点，然后继续发送给目的设备。分布式网络的重点就是需要将信息分成很多"消息块（Message Block）"独立进行发送。

分布式网络的概念在当时遭到了 AT&T 公司某些工程师的嘲笑，并且无疾而终。这些人甚至指责保罗"连语音通信的概念都没搞清楚"，他们认为要想实现通信，建立专用的物理线路必不可少。

AT&T 公司的观点没有多久就遭到了事实的驳斥。在大西洋彼岸，一个名叫唐纳德·戴维斯（Donald Davies）的威尔士人在英国国家物理实验室成功发明了一个分布式通信网络，并将试验的结果公之于众。这位英国人决心搭建一个不同于电话网络的通信网，并不是出于国家利益和意识形态的考虑，而是他在参观了计算机分时系统（详见 1.1.2 节）后，发现了电路交换的另一弊端，即计算机的每个用户都必须将电话线保持为拨通状态，才能连接到这台计算机，这种独占线路的通信方式对资源是一种巨大的浪费。为了节省通信成本，他设计研发了全新的通信网络。这个网络在理念上与保罗的设想不谋而合，是第一个付诸实践的分布式网络。不过，这名英国计算机科学家并没有选用"消息块"作为通信单位的代称，为了让通信单位能够更好地通过翻译传递给使用不同语言的国家，他将其命名为"包（Packet）"，而他设计的网络因此被称为"**包交换（Packet Switching）网络**"。

注释：

早期将网络技术引进中国的学者大多数将 Packet(s)翻译为语义比较晦涩的"分组"，因此 Packet Switching Network 在中国也译为"分组交换网络"。鉴于在现实工作中，"（数据）包"的使用远比"分组"频繁，而且使用"（数据）包"作为"Packet"的翻译更加符合唐纳德·戴维斯命名数据块的初衷，因此本书在后文中统一采用"（数据）包交换网络"这一术语。

包交换网络不需要在通信各方之间建立独占的通道，数据的发送方会将通信数据划分成很多的数据包，而通信的中转设备有能力根据网络的情况，为各个数据包独立选择发送的路径。因此，中转设备如果在转发数据的过程中发现网络有一部分断开，就会选择其他路径转发后续的数据包。这种做法保证了信息传输不会因部分网络故障而中断。包交换网络示意如图 1-3 所示，每两条线之间的交点可以理解为存在一台转发设备。

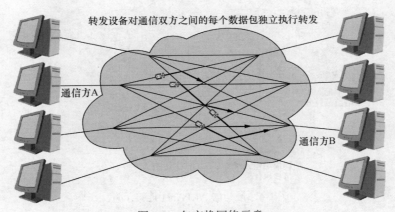

图 1-3 包交换网络示意

注释：

如果类比，那么包交换网络类似于通过快递公司寄送包裹，任何一位快递员或快递网点即使临时无法提供服务，对于顺利投递后续包裹也几乎不会产生任何影响。由于快递业务自身规模很大，因此通过快递公司投递包裹成本也比较低廉。不过，通过快递公司投递包裹，由于不是专人服务，因此遇到快递爆仓经常会出现严重的延时情况。先投递的包裹后至，后发送的包裹先到也屡见不鲜。

而电路交换则与找专人跑腿代送包裹比较类似，这种家到家的专人跑腿服务在效率上更有优势。由于是同一个人进行递送，因此包裹到达的顺序与发送的顺序一致。一旦这位代跑腿人因病或因事无法继续提供服务，后续的包裹必然无法再通过他/她进行递送。另外，这种门对门的服务方式不仅限制了跑腿业务的大规模扩展，而且让每一次服务的成本相对比较高昂。

包交换网络的成功实施引起了一个人的注意，这个人名叫拉里·罗伯茨（Larry Roberts），他是美国国防部高级研究计划局的项目经理。由于传统电话网络线路和通信节点往往很不可靠，因此罗伯茨当时正在寻求建立一个容错能力强，能够在一些分支网络中断时依旧实现通信的网络。在看到唐纳德关于包交换网络的报告后，罗伯茨公布了一个称为 ARPAnet 的计划，即使用包交换理论建立一个付诸应用的网络。ARPAnet 在 1969 年年底上线测试时，仅仅连接了斯坦福研究院、加利福尼亚大学圣塔芭芭拉分校、加利福尼亚大学洛杉矶分校和犹他大学这 4 个节点，如图 1-4 所示。这 4 个节点全部位于美国西部，而且除犹他大学外，其他 3 个节点全部位于加利福尼亚州的沿海城市。不过，仅仅 4 个月后，这个网络就将自己的节点扩展到了美国东海岸的马萨诸塞州。

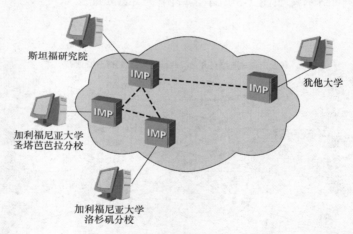

图 1-4　最初的 ARPAnet 连接示意

ARPAnet 并没有采用直连通信各方计算机的方式。每一台连接 ARPAnet 的计算机都需要连接一台称为接口消息处理器（Interface Message Processor，IMP）的设备，各个站点之间的 IMP 相互连接，负责将计算机发送的消息转发给与目的计算机相连的 IMP，如图 1-4 所示。当 IMP 之间的线路出现故障时，IMP 可以通过运算找到另一条路径，继续将消息转发给目的设备。这正是 ARPAnet 通过包交换网络理论提供高容错通信的实现方式，而 IMP 正是当今网络骨干设备——路由器的祖先。

在此后的十余年间，ARPAnet 迅速扩展，连接了同期产生的大量网络，成为今天互联网的雏形。在扩展过程中，ARPAnet 的制约因素也逐渐显露了出来。

1.1.4　诞生阶段

A 品牌汽车在保养时不能更换为 B 品牌汽车的空气滤清器，这是因为 B 品牌空气滤清器的尺寸、形状、大小和 A 品牌的完全不同，所以 B 品牌的空气滤清器无法安装到 A 品牌汽车上。因此，如果人们希望所有汽车都可以任选 4S 店进行保养，那就必须有一个世界性的汽车行业协会或者某家拥有垄断地位的汽车公司，对于汽车所有可更换零部件的设计、生产、装备方式制定一套详细的标准。这样一来，不遵循标准生产汽车的企业就会因为它们的车辆维修保养方面的限制，在市场竞争中处于劣势，从而使其最终要么选择遵循标准，要么被市场淘汰。

如前所述，ARPAnet 最初连接了 4 个节点，这 4 个节点的计算机所使用的正是相互完全无法兼容的主机和系统。汽车的例子说明彼此并不兼容的异构系统之间要想完成协作，需要有一套这些系统都能遵循的标准，每个系统按照这个标准生成的数据，对于其他系统才有可读性。**通信领域称这样的标准为协议。**

在 ARPAnet 中，最大的问题是 IMP 与各个不同类型的主机之间如何通信。最初，ARPAnet 制定了一个 1822 协议。这个协议在今天看来极为简单，但它规定了计算机在与 IMP 进行通信时，发送和接收数据的格式。

注释：

1822 并不是年份，而是拿到了实施 ARPAnet 网络合同的公司（BBN 技术公司）为制定协议细则而起草的报告的编号。

1822 协议的限制很快体现了出来，它定义的格式将计算机所有应用需要发送的数据完全统一了起来，因此接收方在接收到消息时，无法根据消息本身判断这些代码是由发送方的哪个应用提供的，进而也就不知道这些代码所描述的数据需要用自己的哪个应用来进行解读。换言之，1822 协议无法解决计算机之间多个应用同时进行通信的情况。

不统一标准就无法实现通信；统一标准，又无法区分通信的应用。这样的困境很快催生了网络技术领域最重要的思想。

为了弥补 1822 协议的不足，网络控制协议（Network Control Protocol，NCP）横空出世。它在 1822 协议的基础上，制定了一对主机应用之间建立双向通信的标准和一个主机应用向对方发送单向数据的标准。

首先用 1822 协议制定的标准来保障主机与 IMP 之间的数据兼容，实现双方主机之间的消息互通；然后再用 NCP 制定的标准保障双方主机应用之间的消息互认。NCP 的功能分层思想对网络世界造成的影响远远超越了 NCP 本身。

然而，1822 协议和 NCP 很快也无法满足网络技术发展的需求。在 ARPAnet 同期，一些其他的数据包交换网络也相继问世，用网络连接网络，而不只是用网络连接计算机，成为一种自然而然的需求。显然，无论是为了实现计算机之间互联所制定的 1822 协议，还是为了在主机应用之间建立连接所制定的 NCP 都无法满足这样的需求。网络领域需要一个网络互联协议。

1974 年 5 月，电气电子工程师学会（Institute of Electrical and Electronics Engineers，IEEE）发表了一篇题目为《数据包网络互联的协议》（*A Protocol for Packet Network Intercommunication*）的论文。这篇论文定义了互联网世界中最重要的协议之一，即传输控制协议（Transmission Control Protocol，TCP）。而今天我们耳熟能详的互联网协议（Internet Protocol，IP）只是 TCP 中的一个组件。后来，为了让不同应用能够根据自己的流量特点和通信需求灵活组合协议功能，IP 根据功能分层原则成为一个独立的下层协议。而这篇论文所阐述的通信模型，也由此被人们称为 TCP/IP 模型或者 TCP/IP 协议栈。

为了帮助不相兼容的网络实现对接，TCP/IP 协议栈无论对于逻辑层面的应用进程，还是物理层面的硬件标准都提供了广泛的支持。当所有通信设备都采纳 TCP/IP 协议栈定义的标准时，这些设备所在的网络就形成了一个具备互联功能基础的环境。换句话说，这些拥有不同逻辑环境和物理标准的异构网络之间，也就有机会通过 TCP/IP 协议栈对寻址、可靠传输等方案获得一致的标准，这个标准正是实现通信的前提。

注释：

TCP/IP 模型、TCP 和 IP 的概念相当重要，因此本书后面会有专门的章进行详细的介绍，为了避免重复，这里不做进一步解释。

限制 ARPAnet 发展的因素除了技术层面的问题外，还有政治层面的问题。当时，一些研究机构虽然已经意识到资源共享会给研究带来积极影响，但却无法根据自己的需求自由连接到 ARPAnet 中，因为连接 ARPAnet 要求相关机构拥有美国国防部的合同才能获得授权。

1980 年，国家科学基金会（National Science Foundation，NSF）（美国）决定投资 500 万美元建立一个计算机网络，让无法连接 ARPAnet 的研究机构同样可以享受资源共享带来的利好，这个网络被命名为计算机科学网络（Computer Science NETwork，CSNET）。1985 年，NSF 更进一步地在美国投资的 5 家研究机构和高校中各建立了一个超级计算机中心，并通过一张骨干网将这 5 个超级计算机中心，连同 NSF 此前投资创办的美国国家大气研究中心这 6 个节点连接起来。除了这 6 个节点外，这个骨干网还连接到许多区域性科研教学机构，而这些机构又进一步为许多高校、科研机构、实验室、图书馆提供连接。骨干网、区域网络和接入网的 3 层网络组成了最早的 NSFNET，如图 1-5 所示。

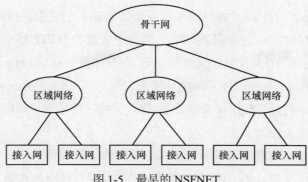

图 1-5　最早的 NSFNET

此前，为了实现广泛的网络互联，ARPAnet 决定自 1983 年元旦起，将自己的主机协议由 NCP 全面切换为 TCP/IP。有了 ARPAnet 的先例，NSFNET 在一开始就以 TCP/IP 作为网络互联的协议。而 NSFNET 就是当今互联网骨干网的最重要组成部分。

1.1.5　腾飞阶段

NSF 的拨款章程规定，其款项需要用于"促进和支持计算机与其他科学技术的发展和应用，并主要用于科技研究和教育"。这个规定间接否定了 NSFNET 用于商业目的的可能。

然而，一切制度和规定都难以违背时代发展对变革提出的要求。1989 年夏天，NSFNET 在具体执行方面出现了一点带有试验性质的变化。MCI 通信公司获得联邦网络委员会（Federal Networking Council，FNC）的许可，将自己的商业电子邮件系统 MCI Mail 连接到 NSFNET。几乎与此同时，另外一些公司也陆续获得 FNC 的许可，将自己的系统连接到 NSFNET。使用这些商业系统的用户发现，他们虽然使用的是此前互不相连的电子邮件运营商，但现在可以通过互联网相互发送电子邮件了。

NSFNET 大获成功给 NSF 换来的结果却是，NSF 在随后的几年不断支撑这个网络进行扩容，从 56kbit/s 到 448kbit/s 再到 1.5Mbit/s。这是一个无底洞，NSF 不能继续依靠自己的投资来支撑这个网络的发展。

于是，NSF 在 1991 年终于修改了自己的章程，它将 NSFNET 交给了一家名为 ANS 的公司，这是一家由 MCI、IBM 和 MERIT 组成的非营利企业。自此，NSFNET 改名为 ANSNET。这种由政府建立研究型网络，最后交由企业运行的模式，后来被众多国家效仿。

在网络商业化的同时，另一件导致互联网最终走进千家万户的大事正在欧洲的一个国家发生。1989 年，欧洲核子研究组织的一名英国雇员提姆·伯纳兹·李（Tim Berners Lee）提议建立一个信息管理系统；同年，他通过互联网成功在一个超文本传送协议（Hyper

Text Transfer Protocol，HTTP）客户端和服务器之间建立了通信。1990 年，他编写了第一个网页浏览器。1991 年，他和同事制定了第一个成文的 HTTP 标准版本；同年，他用一个名为"HTML 标签"的文件对超文本标记语言（Hyper Text Markup Language，HTML）进行详细的描述。1994 年，他陈述了用统一资源定位符（Unified Resource Location，URL）地址代替超链接资源的提议。十年后的 2004 年，提姆·伯纳兹·李因发明了**万维网**，被伊丽莎白二世女王陛下封为爵士。

在科研时代，互联网的应用仅限于实现电子邮件、远程登录和文件传输等，功能有限，界面古板，操作复杂。而万维网的出现大大丰富了互联网的观感，涌入互联网领域的商业公司或以万维网作为平台，为用户架设各种各样的应用，如在线搜索、在线购物、在线交友等；或从系统出发，为互联网用户创造大量方便友好的软件，如浏览器软件、即时通信软件、文件共享软件等。尽管进入 21 世纪以后，互联网行业的泡沫化曾经几度动摇过人们的看法，但伴随着质疑而生的新应用、新技术层出不穷，互联网逐渐成为人们日常生活不可或缺的组成部分。

当然，对于万千普通用户来说，互联网的腾飞阶段仅仅拉开了人们使用互联网的序幕。在很多年之后，或许当后人再次回顾互联网发展的历史时，会把我们现在所处的时代归类为某种网络应用模式的萌芽阶段。

在回顾了互联网的历史之后，我们接下来在 1.2 节介绍网络应该如何按照规模进行划分，同时帮助读者区分网络和互联网的概念。

1.2　局域网、城域网、广域网和互联网

在前文的叙述中，"互联网"一直在充当"网络"一词的替换表达。实际上，在前述的内容中，用"互联网"和"网络"这两个术语相互替换来介绍网络对于各个领域所带来的影响，这样是完全合理的。因为在从最近十几年到未来可预见的几年时间里，对大多数人、大多数领域带来最重大影响的网络非互联网莫属。同时，随着网络融合程度的加深，"互联网"这个词的外沿会不断扩充，它所指代的范畴还会包括越来越多的网络和连接方式。

然而，对于很多读者来说，如果还能回忆起幼儿园和小学时期的计算机机房，抑或是 20 世纪的网吧，就会发现"网络"与"互联网"其实是两个无法相互取代的术语。在许多语境中，互联网只是网络的一个子集。

按照规模，网络可以粗略地划分为以下 4 类：

① 局域网（Local Area Network，LAN）；

② 城域网（Metropolitan Area Network，MAN）；

③ 广域网（Wide Area Network，WAN）；

④ 互联网（Internet）。

虽然这种分类方式比较粗糙，但从 1.3 节开始的大多数内容中，"互联网"一词不再适合作为"网络"的代名词出现，因此理解这种分类方式及这几类网络的概念会对读者学习后面的知识有很大帮助。鉴于此，本节将对局域网、城域网、广域网和互联网的概念进行简要的介绍。

注释：

在一些根据网络规模所做的分类中，还会出现个人域网（Personal Area Network，PAN）。鉴于 PAN 的分类所涉及的概念（如蓝牙技术等）与本书无关，因此这里不做介绍。

1.2.1　局域网

当一个单位需要将位于某个范围有限、行政可控的区域内的大量设备通过一种高速的方式相互连接起来，就需要组建一个局域网让这些设备实现相互通信。范围有限、行政可控的区域可以是一所高校、一栋办公楼、一家餐厅，或者是一个家庭。而高速的方式既可以是有线的，也可以是无线的，当然也可以是有线和无线混合的。

在早期，连接设备可以采用一些不同的方式（也称为**物理拓扑**），如：

① 全网状连接；

② 总线型连接；

③ 环状连接。

然而，随着时代的发展，上述 3 种连接方式逐渐淡出了历史舞台。下面我们结合这 3 种连接方式的缺陷，分别对其进行简要的介绍。

1. 全网状连接

全网状连接的缺陷最为明显，那就是随着网络规模的扩大，每增加一台设备，采用全网状连接方式相连的网络复杂程度和部署成本都会显著增加。这是因为，在一个拥有 N 台设备的环境中构建全网状连接，需要建立 $N(N-1)/2$ 条连接。由此不难算出，当网络中增加一台设备，设备的数量变成 $N+1$ 台时，管理员需要部署 N 条新的连接。在全网状连接中增加一台设备的情形如图 1-6 所示。

2. 总线型连接

总线型连接如图 1-7 所示。这种连接方式是将所有设备连接在一条总线上，因此存在单点故障的隐患，一旦总线上某一点出现故障，整个局域网就无法正常工作。此外，这条总线是所有设备共享的，与全网状连接中每两台设备之间独享一条线路相比，采用总线型连接的设备要想发送数据，只能与网络中所有的参与方共同竞争这条共享线路。

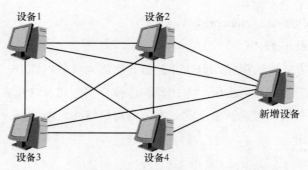

图 1-6　在全网状连接中增加一台设备的情形

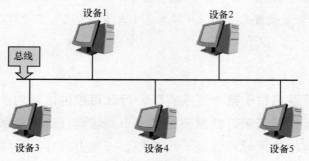

图 1-7　总线型连接

3. 环状连接

环状连接如图 1-8 所示。如果采用这种方式，局域网中两台并不直接相连的设备要想实现通信，必须依赖其他设备进行转发。这不但给网络引入了单点故障的隐患，而且每台设备都有可能因为与自己无关的通信而加重处理的负载。这个道理就像坐在自己左边的同学如果不断和坐在自己右边的同学传小条，自己听讲也会受到影响一样。

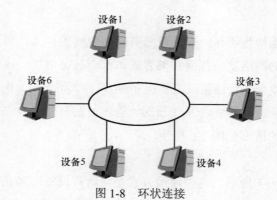

图 1-8　环状连接

有一种连接方式解决了上述 3 种连接方式的不足，这种连接方式现今在局域网实施中已经呈现出一家独大之势，它就是**星形连接**。

　　星形连接如图 1-9 所示。这种连接方式通过一台中间设备与所有设备两两互联，它的优势可以概括为以下几点。

　　① **网络的可扩展性得到显著增强**：因为在星形连接的网络中，每增加一台设备只需添加一条新的连接，所以可以避免全网状连接扩展性差的问题。

　　② **不占用其他设备转发数据**：使用中间设备连接其他设备，可以避免环状连接中由终端设备为其他设备转发数据所带来的资源消耗和安全性问题。

　　③ **终端无须竞争链路资源**：随着星形连接的中间设备从集线器（Hub）全面被交换机（Switch）取代，星形连接解决了总线型连接中的竞争问题。

　　④ **单点故障问题得到缓解**：局域网中的防环技术可以让管理员在星形连接的中间节点部署冗余交换机，这样就可以避免星形连接出现单点故障。

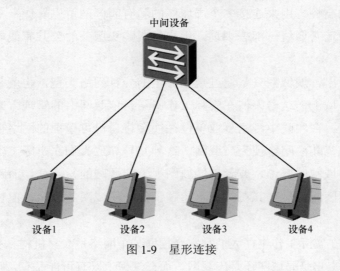

图 1-9　星形连接

注释：

　　关于局域网中的环路问题与防环技术，会在后续内容进行详细说明，这里不进行赘述。

　　当然，无论采取哪种连接方式，网络都是由部署它的单位/机构来管理的。局域网中的"Local"，在网络领域有时会包含对于管理权限范围的界定。换言之，**局域网属于一种私有网络**。

　　但在很多情况下，需要相互通信的设备之间所跨越的范围，超出了局域网物理线路信号传输距离的极限，或者超出了需要连接它们的单位所能掌控的范畴。因此，连接这些通信设备就需要通过另一种方式来实现。

1.2.2　城域网

　　城域网的规模介于局域网和广域网之间，它原本指的是跨越几千米到几十千米，为一个园区、一座城市或者一个都市圈中的用户提供各类公共通信服务的网络。

从技术层面上说，城域网目前大多是在光纤线缆的基础上，以部署以太网的方式来实现连接的（也就是城域以太网），而以太网是当前局域网中占主导地位的标准。这说明人们并没有针对城域网这种规模的网络设立专用的标准。

注释：

以太网的概念会在 4.4 节进行介绍。

由于城域网是根据网络的规模划分的，而跨越几千米到几十千米的网络既有可能属于某一家机构，也有可能需要通过公共网络服务提供商来提供接入，因此在管理运营层面，城域网既有可能是一个私有网络，也有可能是一个公共网络。例如，在一所数万平方千米的高校，用来连接多个局域网的私有园区网可以算作一个城域网；而在一个都市圈，由运营商统一部署规划，用户付费购买服务的公共有线电视网也可以称为一个城域网。

这里需要指出，城域网只是通过规模界定的一种网络类型，也就是说，这个概念基本只停留在区域上，这与人们在实际工作中常常依照网络的管理方来定义网络类型的习惯做法不同。在实践中，企事业单位往往会将自己可管理的网络视为局域网，而将超出自己管理范畴的网络视为广域网。这种差异导致人们在实际工作中很少会刻意区分城域网和广域网的概念，或者将城域网视为广域网的一部分。而跨越了数千米地理区域的私有园区网，虽然其在规模上超越了传统局域网的范畴，但往往会被工程师视为一种局域网。

再次强调，在实际工作中，人们常常会根据某个网络是一家机构私有的，还是由运营商提供的，判定它是局域网还是广域网。而在规模上既有可能私有，也有可能通过运营商获取通信服务的城域网，就成为一个比较模糊的概念。

1.2.3 广域网

如果一家总部在新加坡的企业在南非开普敦设置了一个办公场所，那么这两个场所要想实现通信，就无法通过局域网建立连接。首先，局域网线路本身无法支持如此长距离的信息传输，数千米的距离就足以让局域网信号衰减到对端设备无法识别的程度。其次，这家企业也不可能铺设一条从新加坡到开普敦的物理线缆来直连两个站点，因为其中包含的经济和政治层面的问题绝不比技术层面的问题容易解决。**在网络跨度过大，无法通过部署局域网连接通信设备的情况下，通过广域网建立两个站点之间的连接成为更加现实的选择。**因此，广域网的连接需要通过这家企业无法管理和控制的网络才能实现，如图 1-10 所示。

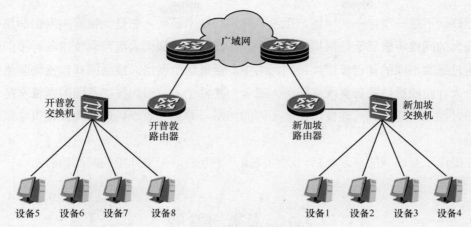

图 1-10 广域网

局域网和广域网的区别见表 1-1。

表 1-1　　　　　　　　　　　局域网与广域网的区别

	局域网	广域网
传输距离	通常不超过几千米的距离	长距离
传输速度	快	慢
管理方	部署局域网的企业	提供广域网的运营商

由于广域网能够实现远距离传输，是一种范围比局域网更大的网络，而网络的范围和规模与底层所采用的技术直接相关，因此**广域网与局域网采用的底层技术有所不同**。此外，因为广域网中使用的设备类型，以及广域网提供的数据传输技术等均与局域网存在明显区别，而设备类型与数据传输目的等因素又与网络的拓扑结构有关，所以广域网中使用的连接方式与局域网存在显著区别。网络规模与底层技术之间的关系，以及设备类型、数据传输技术与网络连接方式之间的关系，有待读者随着深入的学习慢慢体会。

注释：

上文所说的"底层"，与第 3 章介绍的模型有关，读者可以暂且将"底层技术"理解为传输的物理媒介。

1.2.4　互联网

根据英文构词法，前缀"inter-"表示"相互"。因此，当多个网络"相互"连接，就构成了一个"互联的网络（internet）"。从这个角度上看，图 1-10 所示的网络包括相互连接的两个局域网和一个广域网，因此也可以属于一个"互联的网络（internet）"。

但是如果将 internet 首字母大写，即 Internet，这个词就是一个专有名词，特指世界上著名的网络——互联网。鉴于专有名词适用音译，因此互联网也译为因特网。

互联网不是一个单一的网络，也没有特定的技术范畴，它是大量异构网络的集合。这个庞大的网络不隶属于任何机构或者个人。任何组织和个人都可以使用各种不同的方式，通过各类不同的基础设施连接到网络中。通过这个网络，接受同样连接到网络中的其他个人、组织提供的各类网络服务，或者为其他个人、组织提供不同的网络服务。互联网通过如此广泛的方式连接了无数不同的网络，并且为数以亿计的人们提供难以胜数的服务。

在提出了互联网的概念之后，我们展望一下互联网未来几年的发展趋势。

1.3   未来的发展

互联网的发展趋势用日新月异来形容毫不为过。从网络科研时代人们对 32 位 IP 地址空间的乐观，到网络泡沫化时代人们对互联网终将土崩瓦解的悲观，互联网领域在过去半个世纪的发展过程中，一直在不断突破人们的想象。

预言互联网的远期发展方向是不明智之举，在本节中，我们选取了几个热门技术进行简要概述。实际上，下面介绍的热门技术，现在已有知名高校开设了对应的专业，有些热门领域，如软件定义网络（Software Defined Network，SDN），甚至作为博士研究生的专业方向。近些年，热门技术的相关研究著作已可谓汗牛充栋。这说明了解这些热门技术不仅有助于读者掌握从业领域的发展动向，也有利于读者把握未来工作的职责任务。

1.3.1   物联网

当今互联网的主要通信协议是 TCP/IP。虽然在制定 TCP/IP 时，没有人能够预料到网络的发展，但从一开始，制定这个协议的目的就是连接异构网络。出于这种需求，研究人员结合对联网协议多样性趋势的了解，将 TCP/IP 制定成一种具有普适性的协议。从网络分层模型的角度来看，TCP/IP 既可以广泛支持大量应用和进程，又能够承接众多的物理链路规范。

随着时代的发展，TCP/IP 证明了自己完全可以适应联网设备的差异，并且经受异构网络融合带来的考验。个人计算机、智能手机、平板电脑、智能电视等设备的联网已经由时尚日渐成为人们的生活习惯。各类设备都连接到网络中，这成为许多行业的应用方向，业内人士称为**物联网**（Internet of Things，IoT）。

曾有一位来自 NSF 的专家预测，到 2023 年，互联网的联网设备数量可能会超过地球人口的 3 倍。目前看来，这些联网设备除了上文提到的几种智能设备，还有大多数的家用电器，如微波炉、洗衣机、冰箱、电动窗帘、扫地机器人、空调、空气净化器等。这些家用电器都可以通过一个集成通信和计算功能的嵌入式传感器系统与网络建立连接。于是，人们即使出差在外，也可以通过网络开关家里的用电插座，指挥扫地机器人清洁房间，根据天气状况开窗通风或关闭窗户，在猫咪吃饭时间让自动喂食饭盆供餐，在猫咪如厕后控制猫砂盆清理粪便等。同样，当人们身在家中，也可以按照自己的需求随时通过网络远程控制企业中的联网设备。

除了智能家居，物联网还广泛应用于安防系统和物流领域。

图 1-11 所示为华为物联网平台。通过物联网平台，人们可以随时随处通过智能手机管理家庭和企业中的联网设备，也可以从手表、汽车等个人物品中获取关于所有人的即时信息。

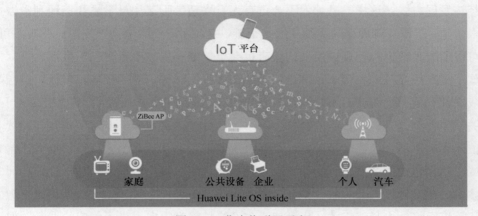

图 1-11　华为物联网平台

尽管前景一片乐观，但物联网的发展也遇到了一些需要进一步完善的技术问题。比如，若要在老人、孩子或者宠物身上配备防止走失的联网系统芯片，显然不能采用有线连接的方式，但无线连接技术大多采用了性能优于能耗的设计方案，这就让如何为这类芯片供能成为一个有待优化的问题。对于其他移动家用设备来说，也存在同样的问题。

1.3.2　大数据与人工智能

联网设备的多元化必然会使网络中传输的数据更加多样，网络容量的增加使网络中传输的数据量呈级数递增。当然，仅从这个层面上看，大数据的趋势是一种负担。然而，通过云计算汇集起来的强大计算资源可以在浩如烟海的数据中发掘重要的信息，这些以往隐藏在庞大数据背后，常常在抽样过程中被流失的关键数据将对各行各业、一个国家乃至整个世界的发展产生极为深远的影响。

过去，科学研究的目的常常是通过演绎法找出两件事物之间的因果关系，然后再不断推导出更多结论。如今，将大数据与人工智能结合起来，人们有能力直接找到问题的答案，与继续发展人类认知的外沿相比，对已知的结果推导成因反而可能显得有些鸡肋。

也许在不久的将来，许多原本致病原因不明的重大疾病，研究人员可以通过对若干个同一疾病患者进行相似性分析，找出致病因素，继而可以通过有效的预防手段避免健康人群患病；同时研究人员也可以通过对不易感染人群进行分析，找出治愈元素，并由此开发出特效药品。当一种疾病能够通过数据分析找到预防和治愈的手段时，即使根据现在的医学水平，人们无法就它们的致病成因和治疗机理达成一致，进一步解答这些问题也可以是仅仅作为学术探讨的范畴，而不再显得如过去一般性命攸关了。

又如，很多经济学问题也有可能在大数据时代找到答案。如果通过人工智能技术对大数据进行演算，人们可以发现经济发展与经济危机蕴涵的内在规律，并由此找到最有效的经济发展方式。这样，恐怕就不会再有人有兴趣旁听芝加哥学派和奥地利学派之间的学术争论。即使经济规律的成因永远是个谜，或者经济规律像物理规律一样牢不可破，只要可以通过大数据找到规律，人们就有机会更好地利用它改善自己的生活。

除了提高医疗技术和预测经济走势外，在大数据时代，诸如环境、气候、能源等问题，或许都有望通过统计而不是演绎找到更加有据的答案。

关于大数据结合人工智能的影响，本小节已经谈论了很多，但对于感兴趣的读者而言恐怕还远远不够。在这个领域，已经有大量专家著书立说，读者可以根据自己感兴趣的领域，选择相关的图书进行阅读。有一点需要说明，本小节描述的是一种趋势而非具体的技术，与这种趋势有关的数据分析技术问题属于另一个领域。大数据和人工智能虽然与计算机网络技术紧密相关，华为信息与网络技术学院也提供了相应的课程，但这些内容超出了本书的范畴，这里不再赘述。

1.3.3　云计算

数据中心架构的发展过程如果和人类文明的发展过程进行类比，会更容易理解。

粗略地说，人类文明发展至今经历过三场革命，由它们带动的生产力增长，深刻影响了当今人类的生产、生活方式。

第一场革命史称"新石器革命"，人类放弃了靠天吃饭（采集水果、狩猎）的做法，开始通过畜牧和农耕维持一种稳定的生活方式，人类文明进入了定居时代，村落的概念由此诞生。但受限于村落的居民数量、生活必需品的种类等，村落中每个居民从事的都是相同的工作，劳动分工的概念几乎不存在。每个村民都是一个能够适应各种工作的"全能"型劳作者，但没有人具备某一方面的专长，每个人的生产能力完全由自己的身体素质决定。

第二场革命诞生于公元前 5000 年左右，称为"城市革命"。在村落的物质供给出现剩余的条件下，一些人不必再为衣食而劳作，同时人类定居点也出现了一些全新的社会生活需求。于是出现了最初意义上的专业人士，如手工业者、税务官、医生等。由此诞生的简单"分工"的人类聚集区域，就是如今城市的雏形。但当时人类的生产力水平、交通、卫生等硬件因素，治安、政治等软件因素，限制了城市、分工和交易方式的进一步发展。

第三场革命一直延续至今，称为"工业革命"。科技的发展带动了生产力的发展，过剩的农业人口不断涌入城市寻求就业机会，人们对新型消费品的需求使贸易蓬勃发展。于是，工厂取代了作坊，机械取代了手工。在这样的背景下，劳动者的分工进一步细化，生产效率进一步提高，企业规模进一步扩大，单位产品的成本也变得更加低廉。规模效益下的资源分配方式，显然为人们原有的通过租赁的方式享用各种造价昂贵的资源提供了新途径。当人们想要读书时，大多数人会选择就读于一所现成的教育机构，而不是把老师请到家中或者花钱兴办一所学校；当人们想要出行，大多数人会上网购买某家航空公司的机票，而不是自行设计制造或出资购买一架飞机；当人们想要用电，大多数人会使用国家供电系统提供的电能，而不是自制发电机实现供电。

数据中心架构的发展过程可以概括为类似的三个阶段。

第一个阶段，是依靠"万能"的大型机存储和管理数据的时代。一家机构依赖一台或几台集成了大量运算和存储资源的大型机集中存储大量的数据。这些设备没有分工可言，其服务水平完全由自身的硬件和带宽决定。当时，数据中心的性能、灵活性、扩展性、可用性乏善可陈，设备高昂的价格也让很多机构望而却步，此外，机构必须聘请专业的人员专门维护这些设备，这也在无形中增加了成本。

第二个阶段的改良在于引入了多设备分布式计算的信息处理方法，多台设备能够实现分工协作。一家企业可以根据需要，在自己的网络中集中或分散地部署不同功能的服务器，为网络提供有针对性的服务。与第一个阶段相比，设备的分工协作既能够降低因某个系统故障而产生的可用性风险，也能够大大提高数据中心的灵活性和可扩展性，还可以实现并行计算，但各个机构仍然不得不承担购买和运维大量服务器的费用和由此产生的风险。

第三个阶段就是当前的云计算时代，网络用户（无论是企业还是个人）不再自行搭建数据中心，而是根据自己的需要向商家租赁各种各样的付费服务。在不远的将来，越来越多的机构根据自己的需求租赁相关的网络服务，大量涉及复杂计算的应用都会成为专业服务提供商可供出售的产品。从用户的角度来看，企业和个人通过云服务提供商购买云计算服务，省却了自行部署数据中心和聘请专业人士维护数据中心的费用。而从云计算运营商的角度来看，大量用户向云服务提供商支付租赁云计算服务的费用，他们就更有机会进一步提升服务的范围和水平。这种资源共享方式更加理性和高效，它可以让许多成本昂贵的网络服务得到大范围的推广。

云计算不仅可以简化网络用户的联网设备、降低企业成本，还有很多其他优势。比如，根据企业性质的不同，一家企业自费构建的数据中心，其资源很可能会在一些特定的时间段（如会计师事务所的年底期间）不堪负荷，也可能在一些时间段（如大中小学的寒暑假期间）无所事事。通过租赁云计算平台的服务，企业既无须按照峰值流量高价规划并搭建数据中心，也不必为节省成本而忍受高峰期的资源短缺。此外，云计算还可以为用户提供 7×24h 的无间断服务，大大提升用户的体验。

1.3.4　SDN

按照传统的方式，管理员可以管理某一台或者某一些网络设备，通过命令对设备进行配置，对性能进行测试，对故障进行排查。然而，这种传统的网络管理方式有很大的改进空间。

首先，这种方式很容易因为操作失误而出现故障。在通过配置网络设备部署一定规模的网络时，每台设备需要执行的配置量不容小觑。因此在配置时，大多数工程师需要通过配置模板简化自己的配置任务。但每台网络设备的地址等参数不同，需要管理员根据参数修改配置模板。这样，当网络达到一定规模时，配置错误在所难免。

其次，不同厂商生产的网络设备，配置相同的特性所使用的命令往往存在一定的区别。有时，同一家厂商不同型号的设备，甚至同一型号设备安装了不同版本的操作系统，都会影响配置时输入的具体命令。因此，如果一个网络中部署了大量不同厂商的设备，这对配置工作的考验就极为严峻。虽然目前很多厂商支持通过统一的标准管理生产的设备，但他们常常会加入一些只能用于自己硬件的扩展指令。

最后，在数据中心网络中，根据需求将一台物理设备虚拟为多台逻辑设备的做法相当常见。同样常见的是，管理员需要将一台逻辑设备的功能和身份从一台物理设备迁移到另一台设备上。在传统的网络管理方式中，这种虚拟设备的迁移常常会导致数据中断。

由此得出一个结论：一台网络设备的运行和控制不必统一。实际上，**厂商常常会将网络设备分为数据平面和控制平面两个模块，其中数据平面负责处理由设备进行转发的流量，而控制平面负责处理设备配置、监控、路径分析、策略定义等工作，因此后者除了设备间互操作外，还具有人机交互的功能。**图 1-12 所示为传统数据平面与控制平面的示意。

为了解决传统网络管理中的弊端，未来网络的发展趋势是将各台网络设备中的控制平面独立出来，通过独立的控制器对网络中的设备进行管理。换句话说，就是将控制平面和数据平面解耦，两者独立存在于不同设备内，通过集中的控制平面智能设备，利用标准化的接口或协议向数据平面设备推送配置信息和各类数据表。在此基础上，通过编程接口更友好而高效地实现管理平面的功能就水到渠成了。管理平面在 SDN 中充当最重要的人机对话平面，其作用是将人对网络的定义通过软件进行部署，指挥控制平面工作。控制平面通过北向接口与管理平面协调，通过南向接口与数据平面协调，起到承上启下的作用，它是 SDN 中最重要的一个平面。图 1-13 所示为 SDN 中各平面结构。

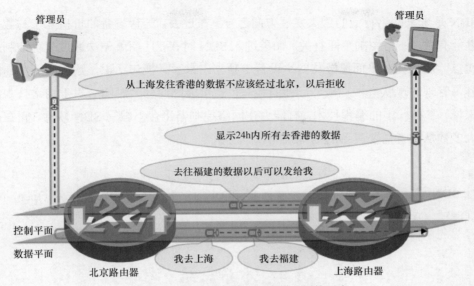

图 1-12　传统数据平面与控制平面的示意

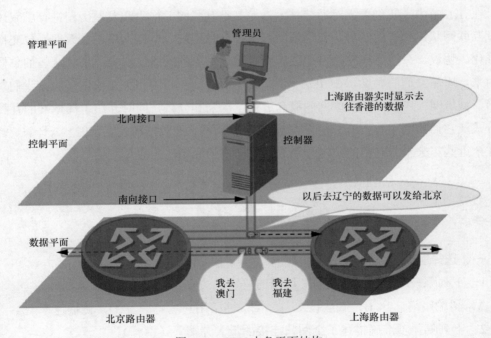

图 1-13　SDN 中各平面结构

注释：

　　图 1-12 和图 1-13 是描述不同平面流量传输的逻辑示意，图中表示通信连接的管道并不代表物理链路与接口。

　　实现 SDN 需要各个厂商采纳一套相同的技术标准。只有这样，管理员才可以通过统一的方式管理不同厂商的设备，让这些设备协同工作。

SDN 是未来网络行业的重大发展方向之一。在过去，一台设备的价格除了与数据平面的性能有关，还与控制平面有关。如果进入 SDN 时代，厂商就无法通过改善控制平面增加卖点，因为控制平面已经从网络设备中独立出来了。换句话说，购买同一厂商的设备更容易管理的现状会被打破，厂商的利润也有可能因此受到影响。对于网络技术的从业者来说，掌握一定的编程技术，有能力在网络控制器平台上编写 SDN 软件，正在成为一项大多数从业者需要具备的基本技能。

注释：

对 SDN 技术感兴趣、希望进一步了解 SDN 的读者，可以学习和了解 OpenFlow、NETCONF、OVSDB 等协议。

1.4　本章总结

在 1.1 节中，我们首先对通信技术，尤其是互联网的产生和发展历程进行了叙述。通过互联网从无到有的经历，我们依次提出了分时系统、电路交换、（数据）包交换、标准化、协议、分层等概念，希望读者能够通过形象的网络发展史，了解这些抽象概念的由来，厘清它们的含义。在 1.2 节中，为了给后文介绍的相关知识做铺垫，我们对局域网、城域网、广域网和互联网的概念进行了区别和分析，同时介绍了局域网的几种连接方式及它们的利与弊。在 1.3 节中，我们对物联网、大数据和人工智能、云计算、SDN 这 4 个近些年来十分热门的技术分别进行了简要的介绍。

1.5　练习题

一、选择题

1. 下列哪一项不是局域网与广域网的差别？（　　　）

A. 传输距离　　　　B. 底层技术　　　　C. 网络用户　　　　　　　D. 传输速率

2. 下列哪一项准确描述了全网状连接的最大弊端？（　　　）

A. 扩展性差　　　　B. 单点故障　　　　C. 竞争资源　　　　　　　D. 影响性能

3. 电路交换与包交换的区别不包括下列哪一项？（　　　）

A. 是否采用相同的路径转发同一次通信的信息

B. 通信双方是否需要在通信开始之前建立呼叫

C. 发送的数据是否按照发送的先后顺序到达

D. 通信网络采用的物理介质是否为铜线或光纤

4．在网络技术领域，下列哪一个名词与协议一词的表意最接近？（　　）

A．标准　　　　　B．特性　　　　　C．应用　　　　　　　D．性能

5．下列哪几项与物联网技术的发展有关？（多选）（　　）

A．云计算　　　　B．智能家居　　　C．远程安防　　　　　D．SDN

6．"以租代买，节省用户成本"这句话最适合描述下列哪种技术带给用户的利好？
（　　）

A．物联网　　　　B．云计算　　　　C．大数据　　　　　　D．SDN

二、判断题

1．ARPAnet 在建立之初使用 TCP/IP 协议栈连接了 4 个异构节点。　　　（　　）

2．TCP 的设计初衷是实现异构网络的互联，最初的 TCP 中包含了 IP。　（　　）

3．网络设备不会通过同一个接口同时转发控制平面的流量和数据平面的流量。

（　　）

第2章
操作系统与网络

2.1 操作系统

2.2 华为VRP系统

2.3 VRP系统入门操作

2.4 本章总结

2.5 练习题

本章内容涉及的知识面广，我们首先从操作系统的概念和作用讲起，然后对网络设备的硬件构成进行简单的介绍，并将其与个人计算机的硬件进行比较，引出通过操作系统管理网络设备的方法，并由此进入本章的核心，也就是如何使用华为数通设备平台的操作系统——通用路由平台（Versatile Routing Platform，VRP）。在本章中，我们为零基础读者熟悉 VRP 系统的用法提供了一些由浅入深的演示操作。

学习目标

- 理解操作系统的概念与作用；
- 了解网络设备的硬件构成；
- 了解如何通过 Console 接口等对华为网络设备进行配置与管理；
- 理解视图、用户等级、命令等级等概念；
- 掌握在 VRP 系统中配置网络设备的基本方法，如配置设备名、系统时钟等；
- 掌握 VRP 系统提供的一些功能，如信息显示命令、系统快捷键、命令帮助和提示信息等。

2.1　操作系统

"操作"并不是现代汉语中的新增词汇。《后汉书·梁鸿传》中提到，梁鸿因为对妻子孟光婚后浮华的着装感到不满，七天不与妻子交谈。孟光在了解到丈夫的心意后，"乃更为椎髻，著布衣，操作而前"。这里的"操作"指做女人的活计。

这个词沿用到现代汉语中，意思大体是指根据规范完成某些动作。不过日常用语中谈到的"操作"，则倾向于描述人们的使用行为与被用物品的工作方式之间关联并不十分直接的情形。恰恰因为关联并不直接，才需要给用户定义使用该物品的规范。比如，人们在驾车时踩下油门踏板的"操作"，目的是让更多燃料进入汽缸。但机动车的运行，其实靠的是火花塞点燃气缸内压缩气体形成的机械推力，而不是驾驶员踩下油门的力量直接转化为汽车的动能，这与自行车直接将人踩脚踏板的力量转化成动力的原理完全不同。因此，人们常常可以看到"机动车操作手册"，却很少听到"操作自行车"这样的说法。

把"操作"一词的这一层表意套用到计算机领域，会有助于读者对"操作系统"这个概念产生更加形象的认知。

2.1.1　操作系统功能

本小节以汽车为例，解释了"操作"这个动作与被用物品产生效能之间的关联相对模糊，因此操作的行为是需要进行定义或者规范的。当前用户操作智能设备的行为基本都是借助设备的操作系统来实现的，那么到底什么是操作系统？人们在操作所有设备时是不是都要借助操作系统呢？

操作系统是智能设备中安装的一种软件。当然，不是所有设备都需要安装这样的软件，像机动车就很少会安装操作系统。究其原因，一方面是因为机动车的各个部件都是独立操作的，除了油门踏板外，方向盘操作的是转向轴，挡位操作的是齿轮箱，它们的操作对象虽然都是机动车上的零部件，但存在一一对应的关系。也就是说，方向盘、油门等这些操作件不需要集成在一个完整的系统中，转向系统、发动机等机动车上的组件也不需要有某种机制来统一进行调用[①]；另外，不同款车辆的方向盘、油门等操作件也不需要装配到其他车辆中使用。

计算机的结构则完全不同。在使用计算机时，人们并不是操作计算机中的某个组件，而是让计算机综合调用自己的各个组件来达到计算的目的，这就需要有一个平台能够综合调配各类硬件资源；另外，计算机运行在二进制环境中，在没有操作系统时，早期的管理员要想让计算机按照自己的需求工作，需要根据它的硬件信息手册有针对性地使用二进制编写机器代码。这段代码编写好之后，如果管理员希望在另一台计算机上执行相同的操作，那么一旦这两台计算机装备的硬件不同，管理员就必须重新编写机器代码。这是因为机器代码需要参照计算机硬件的技术手册进行编写，只适用于这一款硬件。

鉴于此，给计算机安装一个既可针对管理员提供统一操作标准，又可支持各类不同

[①] 当前一些机动车提供的一键泊车功能，在某种意义上可以类比计算机的操作系统。

硬件[①]实现系统性运作的平台，就成了一个自然而然的需求，这类平台就是操作系统。图 2-1
展示了操作系统的用途，即向下覆盖硬件差异，向上为程序提供统一接口。

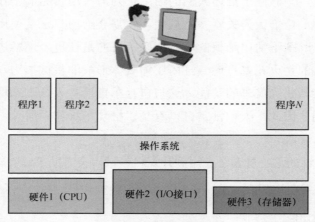

图 2-1   操作系统的用途

在不同计算机安装了相同的操作系统后，管理员就得根据操作系统而不是硬件设备
来编写应用程序。又因为操作系统可以控制各类硬件设备，所以应用程序就可以随着操
作系统移植到装备不同硬件的计算机上，而不需要在每台计算机上重新编写应用程序了。
由此，操作系统实现了"向应用程序提供简单一致的机制来控制复杂而通常又大相径庭
的硬件设备"的功能。

操作系统既然为用户提供了通过程序统一控制计算机硬件的渠道，就需要为用户
提供人机交互接口，让用户能够对计算机进行操作。**操作系统（及其他程序）提供的
人机交互接口称为该系统（或程序）的用户界面。**由于用户界面是操作系统提供给管
理员操作计算机的接口，因此一款操作系统留给用户最直观的印象往往来自它的用户
界面[②]。

从形式上，用户界面分为下面两类。

① **图形用户界面（Graphical User Interface，GUI）**：管理员在通过 GUI 管理计算
机时，可以使用鼠标、键盘等外部设备，用十分直观的方式管理计算机。使用 GUI 管理
计算机是目前最主流的设备操作方式，GUI 已经成为各类操作系统和软件的标配。图 2-2
所示为苹果计算机操作系统的 GUI。

② **命令行界面（Command Line Interface，CLI）**：管理员在通过 CLI 管理计算机
时，只需要通过键盘向计算机输入命令，以此完成对计算机的管理。CLI 十分朴素，但
对于熟练的操作者，在 CLI 中输入命令管理设备往往比在 GUI 中寻找配置路径更加高效。
图 2-3 为华为路由器操作系统的 CLI。

---

① 这里所说的"各类硬件"包括但不限于中央处理器（CPU）、存储器和输入输出（I/O）接口。
② "界面"和"接口"这两个词都是由同一个英文单词（Interface）翻译而来的。

图 2-2　苹果计算机操作系统的 GUI

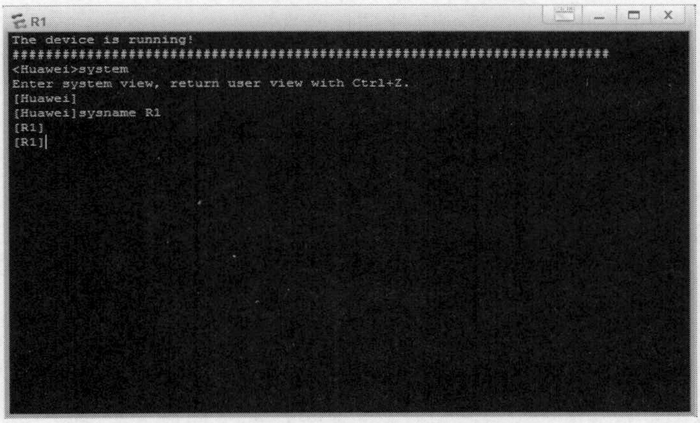

图 2-3　华为路由器操作系统的 CLI

　　尽管操作系统不胜枚举，但如果对大多数缺乏技术背景的人士提到操作系统，他们想到的难免都是 Windows、iOS、Android 等系统提供的 GUI；提到通过操作系统管理设备，他们往往想到的是使用键盘、鼠标、触摸屏、显示器等外部设备连接智能设备，在本地实现设备管理的方式。在本小节中，我们用更加普适的方式介绍操作系统的作用和分类，就是希望读者能够破除对操作系统相对狭隘的认知。从 2.1.2 节开始，读者会渐渐发现，虽然网络设备也属于计算机的一种，但日常操作路由器、交换机等网络设备使用的操作系统和人们熟悉的这几种操作系统存在一定的差异，它们的操作方式也与操作个人计算机有所不同。

2.1.2　网络设备与操作系统

　　在 1.1.3 节中我们曾提到，ARPAnet 是通过 IMP 来为各个节点执行消息转发的，而 IMP 正是当今路由器的始祖。其实，ARPAnet 使用的 IMP 就是一些经过了改造的霍尼韦尔（Honeywell）微型计算机。这也可以说明：用来执行消息转发的网络设备也属于计算机的一种。实际上，在个人计算机的操作系统上安装一个路由选择软件，就可以轻松地将一台拥有多个网络接口的个人计算机部署到网络中，让它充当路由器来执行数据转发。不过，比起让个人计算机充当网络设备，那些为网络转发功能配备了定制硬件和操作系统的专用网络硬件设备，显然在吞吐量、接口类型和数量、可靠性等方面拥有个人计算机所无法比拟的巨大优势。本书之后讨论的网络设备都是指专用的路由器、交换机等网络硬件设备。为了比较网络设备和个人计算机的异同，我们首先来介绍路由器和交换机的硬件构成。

图 2-4 和图 2-5 分别为一台华为路由器和华为交换机的后面板，尽管它们在用途、外观和管理方式上都与个人计算机存在一定的区别，但在硬件构成上却与个人计算机区别不大。

图 2-4　一台华为路由器的后面板

图 2-5　一台华为交换机的后面板

一台专用路由器/交换机硬件的组成一般包括以下几个部分。

① **处理器**。个人计算机依靠中央处理器（Central Processing Unit，CPU）来处理数据，网络设备作为一种特殊用途的计算机，同样也需要依靠 CPU 来完成数据运算并执行控制功能。与个人计算机不同的是，很多网络设备除了 CPU 外，还专门为设备执行某些处理而安装了专用的硬件处理芯片，以便对某些数据执行加速处理。在处理数据时，**由 CPU 执行的数据处理行为称为软件处理，而由网络设备的专用集成电路（Application Specific Integrated Circuit，ASIC）芯片或神经网络处理器（Neural-network Processing Unit，NPU）执行的处理行为则称为硬件处理**。

② **存储器**。网络设备中会安装多种不同作用的存储器，其中包括：

- 用来存放临时文件，断电后即文件丢失的随机存取存储器（Random Access Memory，RAM），其功能和用途相当于个人计算机的内存；
- 用来存放操作系统文件，断电后文件不会消失的闪存（Flash），相当于个人计算机的硬盘；
- 用来存放设备出厂程序的只读存储器（Read Only Memory，ROM），ROM 中的程序不可修改，断电也不会消失，数通设备中的 ROM 在功能上和个人计算机的互补金属氧化物半导体（Complementary Metal Oxide Semiconductor，CMOS）相似；
- 用来存放启动配置文件，断电也不会消失的非易失性随机存取存储器（Non-Volatile Random Access Memory，NVRAM）。如果设备中没有安装 NVRAM，那么启动配置文件就会保存在设备的 Flash 当中。

③ **输入输出（Input/Output，I/O）接口**。网络设备作为网络中的数据传输转发装置，除了用于控制设备的控制接口外，还要配备大量数据接口来连接其他设备（如终端设备）。虽然网络设备的数据接口远比作为终端设备的个人计算机丰富，但网络设备的控制接口在种类和数量上都不及个人计算机丰富。这是因为在配置网络设备时，技术人员只需要通过一根线缆将自己的计算机连接到网络设备，就可以使用自己计算机的外部设备来对网络设备进行管理，所以不需要给每台网络设备分别配备大量接口用来连接诸如键盘、鼠标、显示器这类耗费空间的外部设备。

图 2-6 为数通设备的硬件模块示意。

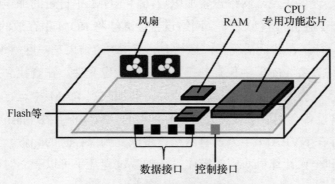

图 2-6 数通设备的硬件模块示意

表 2-1 将一台专用网络设备的硬件进行了汇总，并与个人计算机进行了类比。

表 2-1 专用网络设备的硬件汇总

组件类型	硬件	功能	个人计算机上类似功能的组件
处理器	CPU	对数据执行软件处理	CPU
	专用功能芯片	对某些数据执行加速硬件处理	为提升音效安装声卡、为提升视效安装显卡都与为提升转发效率安装专用芯片有相似之处
存储器	RAM	存放运行数据及一些转发表项等	内存
	Flash	存放操作系统等文件系统中的数据	硬盘
	ROM	存放出厂程序	CMOS
	NVRAM	存放启动配置文件	N/A
I/O 接口	控制接口	用来接收和发送这台设备的管理流量	计算机的 USB 接口既可以用于管理目的（连接键盘、鼠标），也可以用于数据目的（连接存储器）
	数据接口	执行流量转发，也用于接收和转发远程管理流量	网卡的 RJ-45 接口

当然，除了这些组件外，网络设备还搭载了很多其他的构成元素，最典型的如电源、

LED 指示灯等；此外，一些中高端和高端的模块化网络设备上还可以安装一些板卡，但这些内容与本小节没有太大相关性，这里不再赘述。

前文我们所讲述的操作系统，正是覆盖在设备的 CPU、存储器和 I/O 接口上，从而为上层程序提供了统一的运行环境。通过这种方式，管理员在管理设备时可以直接按照操作系统提供的用户界面进行管理，而不需要使用针对这台设备硬件的技术参数编写的机器代码，更不需要自己使用二进制编写机器代码；同时操作系统平台也赋予了上层程序的可移植性，只要使用的操作系统相同，同一个程序就可以不加修改地安装、运行在另一台设备上。这两点对于网络设备同样具有相当重要的意义。

对于华为网络设备来说，网络设备加电后，将 ROM 中自带的加电硬件自检程序加载到 RAM 中执行。在完成自检之后，网络设备会继续将 ROM 中存放的 BootROM 程序加载到 RAM 中运行。在默认情况下，运行 BootROM 的结果是，网络设备在 BootROM 的引导下查找网络设备 Flash 中保存的操作系统的镜像文件。在查找到操作系统的镜像文件后，网络设备就会对该文件进行解压，并将其加载到 RAM 中运行。操作系统在运行 RAM 后，网络设备会读取管理员之前保存的配置文件（保存在 Flash 中，如果配备了 NVRAM，则保存在 NVRAM 中），将网络设备恢复到保存时的配置。上述网络设备加载操作系统过程和个人计算机对应的操作系统加载过程几乎可以一一对应起来，如图 2-7 所示。

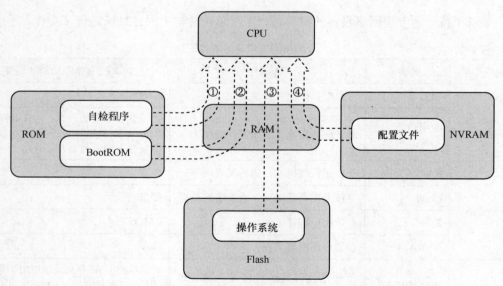

图 2-7　网络设备加载操作系统过程

当然，如果这台网络设备因故没有操作系统，那么 BootROM 就无法引导网络设备找到操作系统。此时，管理员就会被引导到 BootROM 系统中给设备添加操作系统。

2.1.3　本地访问网络设备的操作系统

网络设备可以分为数据平面和控制平面两个模块。其中网络设备为终端系统转发的数据由数据平面负责处理，而终端系统向网络设备下达的管理操作则由控制平面负责处理。显然，无论是网络设备要执行转发的数据，还是发往网络设备的管理流量，它们都需要通过某个接口进入网络设备，因此**网络设备的接口也分为控制接口和数据接口**。

网络设备的管理方式分为本地管理和远程管理两种。所谓**远程管理是指穿越数据网络向网络设备的数据接口发送管理数据，以实现对其管理**的网络设备操作方式。而**通过一条物理线路将网络设备（被管理设备）的控制接口与计算机（管理设备）直接连接，在现场对设备实施管理的方式称为本地管理**。在很多场合中，管理员都需要通过本地管理的方式对设备实施配置，比如，当设备处于出厂的初始配置状态时，它没有 IP 地址可以让管理员通过数据网络对其发起远程管理。

在本地管理方式中，管理员需要用相应的线缆将自己的计算机与网络设备的控制接口连接。华为网络设备配备的控制接口通常是一个 RJ-45 标准的控制台（Console）接口。

图 2-8 所示为华为 AR2200 企业路由器的 Console 接口。

Console接口

图 2-8　华为 AR2200 企业路由器的 Console 接口

通过 Console 接口对网络设备发起管理是最常见的也是唯一的本地管理方式。采用 Console 接口管理网络设备需要借助一条 Console 线缆来完成，图 2-9 所示为标准的 Console 线缆的两端的接头。

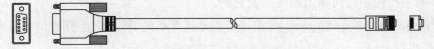

图 2-9　标准的 Console 线缆的两端的接头

在图 2-9 中，Console 线缆的一端是 RS-232 DB-9 接头（图片左侧），这一头用来连接计算机（管理设备）的串行接口（COM）；另一端是 RJ-45 接头（图片右侧），这一头则需要连接网络设备（被管理设备）的 Console 接口（可参见图 2-8）。

在开始对网络设备进行管理之前，管理员需要按照图 2-10 所示的方式将自己的计算机（管理设备）、Console 线缆和网络设备（被管理设备）连接起来。

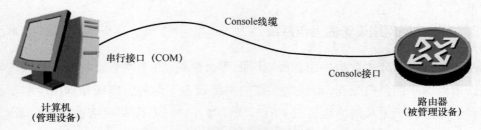

图 2-10　用 Console 线缆连接被管理设备的 Console 接口

　　在完成连接之后，管理员需要在计算机上使用终端模拟程序对被管理设备发起 Console 管理连接。Windows Vista 及之前版本的 Windows 系统，均自带名为"超级终端"的终端模拟程序，虽然最新版本的 Windows 操作系统不再自带超级终端程序，但无论使用哪种终端模拟程序向路由器发起管理访问，管理员需要执行的设置都是类似的，因此读者可以自行选择、安装要使用的终端模拟软件。比较常用的终端模拟程序除了超级终端外，还有 SecureCRT、PuTTY 等。本书选用 SecureCRT 作为终端模拟软件。

　　在完成模拟终端软件的安装之后，管理员需要用它向被管理设备发起连接。使用 SecureCRT 建立连接的方式是单击图 2-11 所示的"Quick Connect"选项。

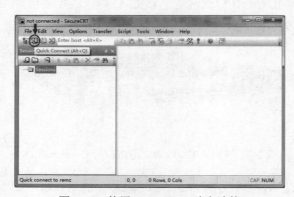

图 2-11　使用 SecureCRT 建立连接

　　接下来，SecureCRT 会弹出图 2-12 所示的窗口，其中包含下面几个参数，这些参数是使用终端模拟程序访问路由器需要设置的。

　　① **Protocol（协议）**：Console 线缆连接的是计算机的 RS-232 串行接口，因此这里选择 Serial（串行）。

　　② **Port（端口）**：Console 线缆连接的是计算机的串行接口 COM1，因此这里选择 COM1。

　　③ **Baud rate（波特率）**：大多数华为设备 Console 接口的默认波特率为 9600，因此在波特率这一部分，大多数情况下选择 9600。在管理某些不常见的网络设备时，如出现问题，可以查阅网络设备手册关于 Console 接口默认波特率的介绍，验证该设备的波特率是否为 9600。

④ **Data bits（数据位）**：需要设置为 8。

⑤ **Parity（奇偶校验）**：需要设置为 None。

⑥ **Stop bits（停止位）**：需要设置为 1。

⑦ **Flow Control（流控/数据流控制）**：这里不勾选任何选项，有些软件在此需选择 None（无）。

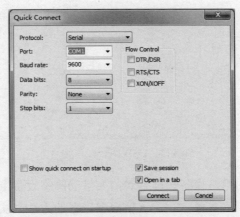

图 2-12 使用终端模拟程序访问路由器需要设置的参数

完成上述设置后，单击"Connect"选项，SecureCRT 就会向路由器发起快速连接。如果设备是初次启动，设备的操作系统会弹出下面的提示，要求管理员设置通过 Console 接口登录的密码。

```
Please configure the login password (maximum length 16)
```

此时，管理员需要输入一个 Console 接口登录密码用于以后的 Console 接口管理访问。再次确认密码后，管理员就可以开始对设备进行管理配置了。再次确认密码提示如下。

```
Enter password:huawei
Confirm password:huawei
<Huawei>
```

注释：

近年来，配备 RS-232 串行接口的笔记本电脑已经相当罕见了。这造成的结果是，用笔记本电脑管理网络设备常常需要借助一个"USB 转 RS-232 的装置"来让笔记本电脑连接 Console 线缆。在这种情况下，使用 Windows 操作系统的管理员可以在控制面板中单击设备管理器，查看 USB 串行接口的编号，以便在终端模拟程序中选择对应的端口。在图 2-13 中，USB 串行接口的编号为 COM7。此外，若使用 USB 转换头连接 Console 线缆，那么只要管理员更换了计算机上连接转换头的 USB 接口，就必须在"设备管理器"中重新查看 COM 编号，这样才能顺利地向被管理设备发起管理访问。

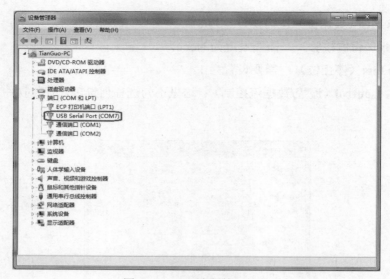

图 2-13　USB 串行接口编号

　　还有一种比较常用的网络设备管理方式需要借助网络设备上配备的一个专用控制接口——AUX 接口（辅助接口）来实现。这种管理设备的方法其实就是分时系统远程管理方式，即管理员一侧将网络设备的 AUX 接口与一台调制解调器相连，另一侧通过计算机连接调制解调器，两台调制解调器均连接到公共交换电话网络中，管理员使用拨号的方式通过电话网络对网络设备进行管理，如图 2-14 所示。

图 2-14　通过 AUX 接口管理网络设备

　　在数据网络尚不发达的年代，通过公共交换电话网络管理网络设备的方式作为一种备用方法确实可以应对不时之需，这是一种有效的补充手段。不过，随着时代的发展，这种方法使用得越来越少。鉴于此，本书仅对这种网络设备管理方式进行简单说明，不再对具体实现方法进行详细介绍。

　　此外，少数型号的网络设备也支持通过 Mini USB 接口进行本地管理，其具体方法与通过 Console 接口管理设备大同小异。只是通过网络设备的 Mini USB 接口来管理设备时，用来连接管理设备与被管理设备的线缆要由 Console 线缆换成其中一头为 Mini USB 接头的 USB 线缆。鉴于这种方法并不常见，这里同样不进行赘述。

　　接下来，我们介绍如何使用华为 VRP 系统来管理华为网络设备。

2.2　华为 VRP 系统

VRP 系统是华为数据通信产品统一使用的操作系统。本节会介绍 VRP 系统中的一些基本概念和配置命令，以便读者对华为网络设备的操作系统有一个直观的认识。

2.2.1　VRP 系统概述

VRP 系统是华为公司具有完全自主知识产权的网络操作系统，可以运行在多种数据通信产品的硬件平台之上。 VRP 系统以 TCP/IP 协议栈为核心，可以实现多种网络协议。VRP 系统中集成了路由交换技术、服务质量（Quality of Service，QoS）技术、安全技术和 IP 语音技术等数据通信功能，并以 IP 转发引擎技术作为基础，为网络设备提供出色的数据转发能力。

目前，VRP 系统一共开发了 5 个版本，这 5 个版本分别为 VRP1、VRP2、VRP3、VRP5 和 VRP8。其中，前三代 VRP 系统目前已被淘汰。当前大多数华为设备使用的操作系统为 VRP5，这是一款分布式网络操作系统，在架构设计层面拥有高可靠性、高性能、可扩展的特点。使用 VRP8 作为操作系统的华为设备以数据中心交换机居多，因为 VRP8 作为新一代网络操作系统，拥有分布式、多进程、组件化的架构，支持分布式应用和虚拟化技术，更适应未来的硬件发展和企业急剧膨胀的业务需求。

VRP 的命名由 VRP 自身版本号和关联产品版本号两部分组成，前文介绍的是 VRP 的自身版本号，同一个自身版本号可以和不同的产品版本相关联。随着产品版本的增加，产品支持的特性也在增加。产品版本格式包含 Vxxx（产品码）、Rxxx（大版本号）、Cxx（小版本号），如 Version 5.90（AR2200 V200R001C00），VRP 版本号为 5.90，而产品版本号则为 V200R001C00。如果 VRP 产品版本有补丁，VRP 产品版本号中还会包括 SPC 部分，如 Version 5.120（AR2200 V200R003C00SPC200），VRP 版本号为 5.120，而产品版本号为 V200R003C00SPC200，SPC 表示这款产品版本包含了补丁包。

2.2.2　命令行基础

操作系统（乃至其他软件）的用户界面可以分为 GUI 和 CLI，其中 GUI 虽然可以降低使用智能设备的技术门槛，但对于专业人士来说，使用 CLI 管理设备常常是一种更加高效的方式。

网络技术人员属于专业人士的范畴，因此在大多数情况下，网络工程师需要通过 CLI 来管理路由器、交换机和防火墙等数据通信设备，在通过计算机上的终端模拟程序连接

Console 接口、本地管理网络设备时尤其如此。因此，掌握华为 VRP 系统的 CLI 使用方法是学习操作华为网络设备的必由之路。

1. 命令与视图

VRP 系统定义了一系列的**视图**（**View**），视图和操作命令之间存在对应关系。也就是说，管理员需要先进入正确的视图，然后再输入命令，系统才能识别这条命令。否则，即使管理员输入的命令是正确的，系统也会因为管理员所在的视图中没有这条命令，而无法将命令识别出来。

用户视图的提示符是尖括号(< >)，尖括号里面是设备名称。在前面介绍通过 Console 接口管理设备时，当管理员确认了 Console 接口密码后，就会看到下面的提示符，这表示管理员已经进入 VRP 系统的**用户视图**（**User View**）。

```
<Huawei>
```

用户视图所对应的命令以查看信息为主，如果管理员需要对这台设备全局的参数进行配置和修改，则需要在用户视图下输入命令 **system-view** 进入**系统视图**（**System View**），具体如下。

```
<Huawei>system-view
Enter system view, return user view with Ctrl+Z.
[Huawei]
```

可以看到，在输入命令后，系统会弹出提示信息 "Enter system view, return user view with Ctrl+Z." 告知管理员：已进入系统视图。接下来，提示符就会由尖括号变为方括号（[ ]），方括号里面同样是设备名称，这表示目前管理员已经从用户视图进入了系统视图。

注释：

在 VRP 系统中，管理员可以通过 quit 命令返回上一级视图。如果希望直接退回初始的用户视图，可以使用 "Ctrl+Z" 组合键。

在系统视图中，管理员可以对这台设备的整体参数进行配置和修改，2.2.3 节将讲解如何在系统视图下为设备配置名称、时区等参数。但如果管理员希望修改或设置关于某个特定接口的参数，就需要通过 **interface** 命令进入接口所对应的**接口视图**（**Interface View**）进行配置。例如，如果管理员希望进入设备的 GigabitEthernet 0/0/0 接口，那么在系统视图中输入 **interface gigabitethernet 0/0/0** 命令后，就会发现中括号里的内容除了设备名称外，还包含一个连字符和这个接口的编号，这就代表目前管理员已经进入这个接口的接口视图中。

```
[Huawei]interface gigabitethernet 0/0/0
[Huawei-GigabitEthernet0/0/0]
```

注释:

对于接口编号 0/0/0，从左至右，第一个 0 为这个接口的槽位所在机框位的编号；第二个 0 为接口所在槽位的编号；第三个 0 为该机框的槽位对应接口的编号。

2. 用户等级与命令等级

在 Windows 操作系统中，管理员可以给不同用户定义不同的操作权限，再通过给不同用户提供不同账户密码的方式，来限定每个用户可以操作的范围。相比数据通信设备，计算机专人专用的机会反而要大得多，因此 VRP 系统比 Windows 系统更有必要采用分级的管理机制来增加设备的安全性。

为了落实分级管理机制，VRP 系统在默认情况下将命令分为 4 个级别（0～3 级），将用户分为 16 个等级（0～15 级）。它们的对应关系见表 2-2。

表 2-2　用户等级、命令等级及其对应关系

用户等级	名称	可执行的命令等级	命令类型
0	访问级	0	0 级命令包括网络诊断工具相关的命令（如 **ping**、**tracert**）、从本设备出发访问外部设备的命令（如 **telnet**）和部分 **display** 命令等
1	监控级	0、1	1 级命令包括用于系统维护的命令及 **display** 命令等
2	配置级	0、1、2	2 级命令包括路由及网络各层的命令等，用于向用户提供直接网络服务
3～15	管理级	0、1、2、3	3 级命令包括文件系统管理、电源控制、备份板控制、用户管理、命令级别设置、系统内部参数设置，以及用于业务故障诊断的 **debugging** 命令等

在有些情况下，管理员并不希望所有管理级用户都可以执行某些命令。这时，管理员可以通过配置，让这些命令只能由具有更高用户等级的用户执行，其余管理级用户则不能执行该命令；再针对可以使用该命令的管理级用户，分别将他们的用户等级提升到相应的级别。

比如，如果一台设备有多个管理级用户，但是管理员只希望其中某一个用户可以通过命令 **save** 来保存配置文件，那么管理员就可以修改命令，让具有 4 级以上用户等级的管理级用户才能执行，并且只赋予那一个管理级用户 4 级以上的权限。这就是 VRP 系统将管理级用户划分为 13 个级别（3～15）的原因。

2.2.3　VRP 系统配置基础

数据通信设备的价值需要与其他设备连接才能充分发挥出来。但在本小节中，为了简化环境、突出重点，帮助读者迅速熟悉 VRP 系统的 CLI，我们只对一些仅与一台设备有关的本地配置进行介绍，而读者也确实只需要一台路由器就可以完成本小

节中的全部实验。

1. 命名网络设备

一个网络中常常拥有大量的同类设备，为了区分这些设备，管理员通常需要根据设计需求或者自己的定义，来给每一台设备分配一个名称。这一配置步骤在项目实施中越早执行越好。

在命名设备时，管理员需要进入系统视图，然后输入如下命令。

```
sysname sysname
```

注释：

根据习惯，本书在介绍配置命令时，会用粗体字表示命令的关键字，用斜体字表示管理员设置的参数。在介绍配置命令时，业内还有其他一些类似的约定俗成的表示法，本书会在后文用到时进行介绍。

通过上述命令对设备进行命名的示例见例 2-1。

例 2-1　使用 sysname 命令对设备进行命名

```
<Huawei>system-view
Enter system view, return user view with Ctrl+Z.
[Huawei]sysname R1
[R1]
```

从例 2-1 可以看到，用 **sysname** 命令命名设备是立刻生效的。在输入 **sysname R1** 之后，一旦管理员按下"Enter"键，在下一行中，方括号中的设备名称就会更改为 R1。

注释：

鉴于命名设备的目的在于区分不同的设备，因此在实际工程项目中，网络技术人员为设备赋予的名称应尽量体现设备的类型（如路由器、交换机、防火墙等）、设备所属部门和物理位置（简称）等，并且通过编号区分同一部门同一类型的设备（如将 X 企业 IT 部第一台防火墙命名为 X-IT-FW1 ）。

2. 设置系统时钟

系统时钟是设备上的系统时间戳。一个网络中各台设备的时钟应尽可能保证准确且同步，这在管理员定义与时间有关的访问策略及通过系统日志对网络故障进行排错时，都发挥着决定性的作用。

设置系统时间需要在用户视图下，使用关键字 **clock datetime** 按照"时时:分分:秒秒 年年年年-月月-日日"的格式进行设置，即输入如下命令。

```
clock datetime HH:MM:SS YYYY-MM-DD
```

这里有一点需要注意，如果管理员没有设定时区，或者将时区设定为零，那么系统就会将管理员设定的日期和时间认定为世界协调时（Universal Time Coordinated，UTC），因此建议在设置系统时间和日期前先设置时区。

设置系统时区同样需要在用户视图下完成，管理员需要使用 **clock timezone** 命令对本地时区信息进行设置，命令后面需要添加时区的命名，以及与 UTC 相比，这个时区是否具有增/减偏移量。具体而言，设置时区需要在用户视图下输入如下命令。

```
clock timezone time-zone-name {add | minus} offset
```

注释：

根据习惯，命令中用大括号（{ }）括起来的关键字为必选项，其中用管道符（|）分割开多个关键字，表示多选一。以设置系统时区为例，关键字 add 表示与 UTC 时间相比，这个时区增加的时间偏移量；关键字 minus 指的则是与 UTC 时间相比，这个时区减少的时间偏移量。管理员在定义时区时，必须从 add 和 minus 这两个关键字中选择一个，后面加上 UTC 的偏移时长。北京时间属于 UTC+8 时区，因此应采用例 2-2 中的方法设置时区。

在例 2-2 中，笔者按照本段文字的创作时间，设置了路由器的时区、日期和时间。

例 2-2　设置时区、日期和时间

```
<R1>clock timezone BEIJING add 08:00:00
<R1>clock datetime 04:01:49 2022-03-05
<R1>display clock
2022-03-05 04:01:58
Saturday
Time Zone(BEIJING) : UTC+08:00
```

在例 2-2 中，北京处于 UTC+8 时区，因此可以通过命令 **clock timezone BEIJING add 08:00:00** 将这台设备的系统时区设置为 UTC+8 时区，同时将这个时区命名为 BEIJING。在完成时区的设置之后，我们通过第二条命令 **clock datetime 04:01:49 2022-03-05** 对设备的系统的日期和时间也进行了设置。通过后面的 **display** 信息可以看出，系统时区、日期和时间都已经修改为设置之后的参数了。

注释：

通过例 2-2 不难发现，时区设置的偏移量也是采用 HH:MM:SS（时时:分分:秒秒）的格式进行设置的。实际上，在很多地方，当地时间并不是在 UTC 的基础上加上小时的整数倍，如缅甸使用的时间为 UTC+6:30，尼泊尔使用的时间为 UTC+5:45，采用 HH:MM:SS 则可以满足所有地区关于时区设置的需求。

注释：

很多国家目前应用夏令时制。在 VRP 系统中，管理员可以通过命令 **clock daylight-saving-time** 将系统时间设置为夏令时。这条命令既可以让系统仅执行一次夏令时制，也可以让系统每年固定执行夏令时制。鉴于我国已在多年前便放弃夏令时制，这里不再对夏令时制及这条命令进行进一步的解释说明。

3. 配置标题信息

管理员可以使用系统视图下的 **header** 命令来配置标题信息，使系统在某些情况下显示提示、警告等信息的标题，而 **header** 后面的关键字则定义了显示标题信息的时机，其中包括：

① **header login** 用来设置当用户在登录设备的认证过程中，激活终端连接时显示的标题信息；

② **header shell** 用来设置当用户成功登录设备，已经建立会话时显示的标题信息。

下面是 **header** 命令的完整格式。

```
header {login | shell} information text
```

例 2-3 为管理员通过命令 **header shell** 设置的"Do not reboot the device"的标题信息。

例 2-3　设置登录标题信息

```
[R1]header shell information "Do not reboot the device."
[R1]quit
<R1>quit

 Configuration console exit, please press any key to log on

 Do not reboot the device.
<R1>
```

在例 2-3 中，当管理员完成配置，中断现有会话并重新进入设备时，已配置的标题信息就显示出来了。当然，任何人登录设备时，都会看到这条标题信息，这正是配置要达到的效果。

4. 配置接口 IP 地址

借助 TCP/IP 协议栈实现数据通信的设备，往往需要通过对方的 IP 地址完成通信。若加以类比，那么 IP 地址在通信中的作用就类似于家庭/工作地址在信件中的作用。而在路由器接口上配置 IP 地址，则是网络工程师的工作任务中最基本也是最日常的一项。

在路由器上给某个接口配置 IP 地址，需要进入对应接口的视图，输入命令 **ip address**，后面指明 IP 地址和掩码（Mask）长度（也可以是添加掩码本身）。这条命令的格式如下。

```
ip address ip-address {mask | mask-length}
```

例 2-4 是管理员将路由器 GigabitEthernet 0/0/0 接口的 IP 地址设置为 10.0.12.1/ 24 的示例。在这个示例中，管理员使用掩码长度作为参数进行配置。

例 2-4　设置接口的 IP 地址

```
[R1]interface gigabitethernet 0/0/0
[R1-GigabitEthernet0/0/0]ip address 10.0.12.1 24
```

注释：

掩码是用来标识 IP 地址的前多少位属于网络位的编码。掩码与 IPv4 地址同为 32 位，设备通过对一个 IP 地址和它对应的掩码执行"与"运算，可以判断哪些地址处于同一个网络中。关于 IP 地址和掩码的内容，本书将在第 5 章中进行详细介绍。关于掩码长度与掩码之间的转换，由于涉及 IP 地址的表示法和进制转换，也请读者阅读本书的第 5 章进行了解。

5. 配置的保存、清空与设备的重启

管理员在进行配置时，所做的配置会立刻生效，但这些配置命令只会保存在 RAM 中，并作为设备当前的"运行配置文件"。本书在前文中介绍过，RAM 相当于计算机的内存，断电文件即会丢失。因此，要想让设备在重新启动之后，当前所做的配置依然生效，必须通过命令对管理员所做的配置进行"存盘"，使之成为设备的"启动配置文件"。

存盘命令相当简单，管理员只需要在用户视图中输入命令 **save** 即可将当前 RAM 中的运行配置文件保存为启动配置文件。例 2-5 为使用 **save** 命令保存配置文件的示例。

例 2-5　将运行配置文件保存为启动配置文件

```
<R1>save
 The current configuration will be written to the device.
Are you sure to continue? (y/n)[n]:y
 It will take several minutes to save configuration file, please wait........
 Configuration file had been saved successfully
 Note: The configuration file will take effect after being activated
```

如例 2-5 所示，在管理员输入 **save** 命令之后，系统会提示管理员"The current configuration will be written to the device.（当前配置会被写入设备）"，并要求管理员确认"Are you sure to continue?（是否继续）"。此时输入 **y**，系统就会保存配置。很快，系统就会提示管理员"Configuration file had been saved successfully（配置文件已经保存成功）"。

重启设备也很简单，管理员只需要在用户视图中输入命令 **reboot** 即可，具体见例 2-6。

例 2-6　重启设备

```
<R1>reboot
Info: The system is comparing the configuration, please wait.
System will reboot! Continue ? [y/n]:y
Info: system is rebooting ,please wait...
```

```
<R1>##################################
```

如例 2-6 所示，当管理员输入 **reboot** 命令后，设备会要求管理员确认刚才的操作，在输入 **y** 后，设备即会重启。

如果管理员希望清除启动配置文件，让设备下次启动时使用默认的设置进行初始化，可以在用户视图中使用命令 **reset saved-configuration** 重置启动配置文件，见例 2-7。

例 2-7　重置启动配置文件

```
<R1>reset saved-configuration
This will delete the configuration in the flash memory.

The device configurations will be erased to reconfigure.

Are you sure? (y/n)[n]:y
 Clear the configuration in the device successfully.
```

如例 2-7 所示，在管理员输入命令 **reset saved-configuration** 之后，系统就立刻弹出一条告警消息，指出 "This will delete the configuration in the flash memory.（这台设备中的配置会被删除）"，要求管理员确认 "The device configurations will be erased to reconfigure.（配置文件会被删除以重新配置）"。在 "Are you sure?（你确定吗）" 输入 **y** 之后，系统会告诉管理员 "Clear the configuration in the device successfully.（已经成功删除设备中的配置）"。

当然，管理员在执行 **save** 命令后，所做的配置的确会按照默认的存储路径和文件名在设备的存储器中生成一个文件（vrpcfg.zip）。由此可以看出，VRP 作为操作系统的一种，同样拥有自己的文件系统。管理员完全可以像操作其他常见的操作系统那样进入其中的各级目录，并进行创建、修改、命名和删除文件。

2.3　VRP 系统入门操作

相比更加直观的 GUI，CLI 对于用户的专业水平提出了一些要求，因为对于没有配置命令经验的用户来说，在 CLI 这个颇显单调冷峻的界面中，似乎看不到任何系统主动提供的文字参考和对话框选项。

但是，在学习了本节之后，读者会发现上述对 CLI 的认识其实有失公允。就华为 VRP 系统而言，它的确为用户提供了丰富的手段，让用户能够更加方便地了解系统和设备的状态，更加轻松地编辑和调整命令参数，更加简便地从系统中获得关于命令的帮助信息。本节会对这些手段一一进行介绍。读者如果能够灵活使用这些命令和功能，就一定会把某些 GUI 的花拳绣腿抛诸脑后，领会到 CLI 之所以能够让管理工作事半功倍的原因。

2.3.1　快捷键的使用

有时，管理员在输入命令的过程中，会发现自己刚刚键入的内容存在一些问题需要修改。VRP 系统对此提供了一些快捷键，可以让管理员像编辑文档一样对一条命令中的部分内容进行编辑和修改。这些快捷键如下。

- **←或 Ctrl+B**：将光标向左移动一个字符。
- **→或 Ctrl+F**：将光标向右移动一个字符。
- **Ctrl+A**：将光标移动到当前行的开头。
- **Ctrl+E**：将光标移动到当前行的末尾。
- **Ctrl+D**：删除当前光标所在位置的字符。
- **Backspace 或 Ctrl+H**：删除光标左侧的一个字符。
- **Ctrl+W**：删除光标左侧的一个字符串。
- **Esc+D**：删除光标右侧的一个字符串。
- **Ctrl+X**：删除光标左侧所有的字符。
- **Ctrl+Y**：删除光标所在位置及其右侧所有的字符。
- **Esc+B**：将光标向左移动一个字符串。
- **Esc+F**：将光标向右移动一个字符串。

还有一种情况，管理员前后输入的某两条命令之间只有部分参数不同，只需要简单编辑之前输入的命令就可以得到下一条命令。在这种情况下，管理员可以在 VRP 系统中上下翻找历史命令缓冲区中管理员之前输入过的命令。历史命令缓冲区中命令的快捷键如下。

- **↑或 Ctrl+P**：显示历史命令缓冲区中的前一条命令。
- **↓或 Ctrl+N**：显示历史命令缓冲区中的后一条命令。

在 VRP 系统显示之前输入的命令后，管理员就可以使用前面介绍的快捷键，通过简单编辑历史命令来得到新的命令。

此外，读者可以使用 **display hotkey** 命令来了解系统中定义的所有快捷键及这些快捷键的功能。这条命令没有其他参数，输出信息一目了然，因此这里不再通过示例进行演示。

2.3.2　命令帮助功能

CLI 操作比 GUI 操作更难在非专业用户中普及，其中的一个重要原因在于，操作 CLI 需要用户主动输入大量的命令和参数。而通过 GUI 操作设备时，用户只需要对软件/系统本身已经设计好的图标、标签、对话框等进行设置，就可以完成操作工作。针对这种情况，VRP 系统提供了一些帮助功能。这些功能可以在很大程度上帮助管理员缓解因为不熟悉 VRP 系统而带来的不便。

1. 命令提示功能

管理员可以在系统中输入问号（?），向系统查询当前可以输入的命令、关键字和参数。这样一来，当前可以使用的操作对管理员来说可谓一目了然。管理员不仅可以在一定程度上免于记忆大量不常使用的命令、关键字和参数，而且又不必像使用 GUI 那样，忙于到处寻找能够完成所需操作的图标、标签和对话框。因此，活用问号（?），可以让 VRP 系统变得格外直观和友好。

问号最简单的用法就是在视图下直接输入"?"，这时系统会向管理员提示这个视图下，所有可用命令的第一个关键字。例如，当管理员直接在用户视图中输入"?"时，设备就会提供下面的提示信息，详见例 2-8。

例 2-8 问号（?）的使用

```
<R1>?
User view commands:
  arp-ping                ARP-ping
  autosave                <Group> autosave command group
  backup                  Backup  information
  cd                      Change current directory
  clear                   <Group> clear command group
  clock                   Specify the system clock
  cls                     Clear screen
  compare                 Compare configuration file
  copy                    Copy from one file to another
  debugging               <Group> debugging command group
  delete                  Delete a file
  dialer                  Dialer
  dir                     List files on a filesystem
  display                 Display information
  factory-configuration   Factory configuration
  fixdisk                 Try to restory disk
  format                  Format file system
  free                    Release a user terminal interface
  ftp                     Establish an FTP connection
  help                    Description of the interactive help system
  hwtacacs-user           HWTACACS user
  license                 <Group> license command group
  lldp                    Link Layer Discovery Protocol
  ---- More ----
```

注释:

上面输出信息中的最后一行 "---- More ----",表示上面显示的仅仅是输出信息中的第一部分,由于一页显示不下,因此分页输出。此时,管理员要想继续查看后面的内容,可以按空格键来进行翻页,也可以按 "Enter" 键来显示下一行的信息,或者可以按 "Ctrl+C" 组合键退出命令提示。

此外,管理员也可以在输入部分字母之后紧跟问号(?)。此时,系统会向管理员提示在当前视图可用命令中所有以这些字母开头的关键字。例如,管理员可以在用户视图中输入 "d?" 来查看当前可用命令中,所有首个关键字以字母 d 开头的命令,详见例 2-9。

例 2-9　输入"d?"后系统输出的信息

```
<R1>d?
  debugging  <Group> debugging command group
  delete     Delete a file
  dialer     Dialer
  dir        List files on a filesystem
  display    Display information
```

如果管理员在输入一条命令的第一个关键字或前几个关键字之后,发现自己忘记了后面的关键字,则可以在已输入的关键字后面输入问号(?),要求系统提示下一个关键字或者参数,详见例 2-10。

例 2-10　输入 "display ?" 后的输出信息

```
<R1>display ?
  aaa                      AAA
  access-user              User access
  accounting-scheme        Accounting scheme
  acl                      <Group> acl command group
  actual                   Current actual
  adp-ipv4                 Ipv4 information
  adp-mpls                 Adp-mpls module
  alarm                    Alarm
  antenna                  Current antenna that outputting radio
  anti-attack              Specify anti-attack configurations
  ap                       <Group> ap command group
  ap-auth-mode             Display AP authentication mode
  ap-elabel                Electronic label
  ap-license               AP license config
  ap-performance-statistic Display AP performance statistic information
  ap-profile               Display AP profile information
```

```
ap-region                    Display AP region information
ap-run-info                  Display AP run information
ap-type                      Display AP type information
ap-update                    AP update
ap-whitelist                 AP white list
apv2r3                       PAF(Product Adaptive File)
arp                          <Group> arp command group
arp-limit                    Display the number of limitation
---- More ----
```

2. 命令补全功能

除了问号（?）外，命令行还提供了命令补全功能。当管理员将某个关键字输入足够消除歧义的字母之后，虽然该输入信息仍不完整，但由于已输入信息只能唯一地对应到一个关键字，因此管理员可以通过单击键盘上的"Tab"键，直接将该关键字补充完整。在例 2-11 中，管理员输入了"displ"。通过使用问号可以看出，在用户视图下，第一个关键字以 displ 开头的命令只有 **display**，不存在任何歧义。因此，此时使用 Tab 键，系统就会自动补全这条命令。

例 2-11 使用 Tab 键补全命令

```
<R1>displ?
  display  Display information
<R1>displ
<R1>display
```

如果一条命令中，管理员输入的关键字足以消除歧义，那么管理员完全可以立刻按"Enter"键执行命令。也就是说，**VRP 系统可以识别不完整的命令，前提是已经输入的信息在该视图下可以独一无二地对应到某一条命令**。鉴于用户视图中，以 sy 开头的命令只有 **system-view**，因此在输入"sy"之后直接按"Enter"键，系统同样可以进入系统视图中，详见例 2-12。

例 2-12 使用缩写快速进入系统视图

```
<R1>sy
Enter system view, return user view with Ctrl+Z.
[R1]
```

同理，在系统视图中，第一个关键字以 int 开头的命令只有 **interface**。而 **interface** 命令中的关键字以 g 开头的只有 GigabitEthernet。因此，管理员在系统视图下输入"int g0/0/0"，就可以进入 GigabitEthernet 0/0/0 接口的接口视图中，详见例 2-13。

例 2-13 使用缩写快速进入接口视图

```
[R1]int g0/0/0
[R1-GigabitEthernet0/0/0]
```

初级工程师应该经常通过问号来获取系统提示，这样久而久之就会熟悉大多数常用命令的最简化输入方式。

如果管理员能够将简化命令和各种快捷键结合起来使用，可以大大缩短输入命令的时间，提升项目实施的效率。

为帮助读者掌握完整的配置命令，本书在后面介绍命令和关键字时，都会展示它们完整的输入方法。但对于已在前文中反复出现过的命令和关键字，我们也使用它们的简化输入方法。

3. 错误提示信息

如果管理员输入的命令，VRP 系统无法识别，它就会弹出错误提示信息，提示管理员刚才输入的命令有误。

（1）错误 1：关键字的简化存在歧义

VRP 系统可以识别不完整的命令，但前提是管理员必须将该命令中的关键字输入至足够消除歧义的字母为止。如果整个命令中有某个或某些关键字尚未输入至足够消除歧义的字母时，系统就会弹出下面所示的错误信息，详见例 2-14。

例 2-14　关键字的简化存在歧义

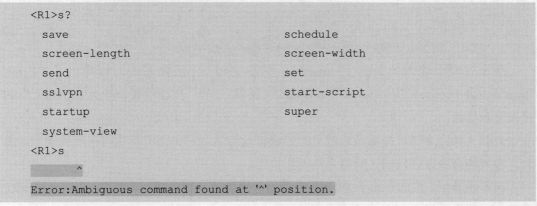

```
<R1>s?
  save                        schedule
  screen-length              screen-width
  send                        set
  sslvpn                      start-script
  startup                     super
  system-view
<R1>s
       ^
Error:Ambiguous command found at '^' position.
```

如上例所示，在用户视图中，以 s 开头的可用关键字有 11 个，因此只输入 s，系统并不清楚管理员希望执行其中的哪个关键字，于是弹出了"Error:Ambiguous command found at '^' position.（错误：'^' 所指位置的命令存在歧义）"的错误提示信息。

（2）错误 2：命令没有输入完整

如果一条命令由多个关键字和参数组成，而管理员并没有输入所有的关键字和参数，那么系统就会弹出下面所示的错误信息，详见例 2-15。

例 2-15　命令没有输入完整

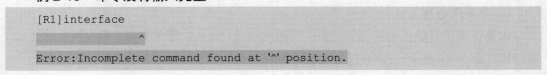

```
[R1]interface
                ^
Error:Incomplete command found at '^' position.
```

命令 **interface** 的作用是进入某个接口的接口视图，因此使用这条命令时，必须在 **interface** 关键字后面加上管理员希望进入的接口编号。在上面的输入中，由于管理员没有指明要进入哪个接口，因此系统不知道该如何执行这条命令，于是就弹出了"Error:Incomplete command found at '^' position.（错误："^"所指位置命令不完整）"的错误提示信息。

（3）错误 3：命令无法识别

如果因输入错误或者模式不匹配，导致系统无法识别管理员输入的关键字，那么系统同样会弹出错误信息，详见例 2-16。

例 2-16   命令无法识别案例 1

```
[R1]system-view
          ^
Error: Unrecognized command found at '^' position.
```

命令 **system-view** 的作用是从用户视图进入系统视图中，显然这条命令不应该在系统视图中输入，因此系统弹出了"Error: Unrecognized command found at '^' position.（错误："^"所指位置命令无法识别）"的错误提示信息。再看下一个案例，详见例 2-17。

例 2-17   命令无法识别案例 2

```
[R1]inteface g0/0/0
          ^
Error: Unrecognized command found at '^' position.
```

由于管理员输入的关键字 **interface** 缺少字母 r，因此系统同样弹出了"Error: Unrecognized command found at '^' position.（错误："^"所指位置命令无法识别）"的错误提示信息。

上面 3 种命令错误提示是最常见的错误提示信息，它们会清楚地向管理员展示，因为其输入的命令存在问题，所以系统无法执行。

在本小节中，我们介绍了 VRP 系统为用户提供的一些功能。接下来，我们介绍 VRP 系统中一些查看设备信息的基本命令。

2.3.3   查看及验证设备信息

管理员在针对设备进行操作时，应该参考系统、设备和网络当前的状态，否则一切配置都是无源之水、无本之木。

前文提到过用来查看系统和设备信息的一些命令。在介绍如何设置系统时钟时，可以通过 **display clock** 命令来查看设置的结果。下面介绍几条常用的 **display** 命令。

1. 查看设备信息

如果管理员希望了解自己当前正在管理的设备，如它的硬件型号、系统版本等信息，可以通过命令 **display version** 进行查看，见例 2-18。

例 2-18　使用 display version 命令查看设备信息

```
<R1>display version
Huawei Versatile Routing Platform Software
VRP (R) software, Version 5.120 (AR2200 V200R003C01SPC900)
Copyright (C) 2011-2013 HUAWEI TECH CO., LTD
Huawei AR2220 Router uptime is 0 week, 0 day, 0 hour, 34 minutes
BKP 0 version information:
1. PCB       Version      : AR01BAK2A VER.A
2. If Supporting PoE    : No
3. Board    Type       : AR2220
4. MPU Slot Quantity    : 1
5. LPU Slot Quantity    : 6

MPU 0(Master)             : uptime is 0 week, 0 day, 0 hour, 34 minutes
SDRAM Memory Size      : 2048    M bytes
Flash Memory Size      : 16      M bytes
NVRAM Memory Size      : 512     k bytes
SD Card1 Memory Size   : 1914    M bytes
MPU version information  :
1. PCB       Version      : AR01SRU2A VER.B
2. MAB       Version      : 0
3. Board    Type       : AR2220
4. CPLD0    Version      : 104
5. BootROM  Version      : 654

LPU 1 : uptime is 0 week, 0 day, 0 hour, 34 minutes
SDRAM Memory Size      : 256     M bytes
Flash Memory Size      : 16      M bytes
LPU version information  :
1. PCB       Version      : AR01SDSA2A VER.C
2. MAB       Version      : 0
3. Board    Type       : 2SA
4. BootROM  Version      : 305

LPU 2 : uptime is 0 week, 0 day, 0 hour, 34 minutes
SDRAM Memory Size      : 96      k bytes
Flash Memory Size      : 384     k bytes
LPU version information  :
1. PCB       Version      : AR01SEG1CA VER.B
2. MAB       Version      : 0
```

```
3. Board     Type : 2FE
4. BootROM  Version          : cb


LPU 3 : uptime is 0 week, 0 day, 0 hour, 34 minutes
SDRAM Memory Size          : 96      k bytes
Flash Memory Size          : 384     k bytes
LPU version information :
1. PCB        Version        : AR01SEG1CA VER.B
2. MAB        Version        : 0
3. Board     Type           : 2FE
4. BootROM  Version          : cb


LPU 4 : uptime is 0 week, 0 day, 0 hour, 34 minutes
SDRAM Memory Size          : 96      k bytes
Flash Memory Size          : 384     k bytes
LPU version information :
1. PCB        Version        : AR01SEG1CA VER.B
2. MAB        Version        : 0
3. Board     Type           : 2FE
4. BootROM  Version          : cb
```

在例 2-18 中，管理员可以看到，当前设备是一台 Huawei AR2220 系列路由器，其
VRP 系统版本为 5.120 等相关信息。

注释：

MPU Slot Quantity 和 LPU Slot Quantity 分别为微处理器（Micro Processor Unit，
MPU）插槽数量和线路处理单元（Line Processing Unit，LPU）插槽数量。它们代表这
台设备上可以安装几个主控模块和几个业务模块。

2. 查看设备当前的配置

在对网络设备进行配置、变更和排错时，管理员往往需要频繁地查看设备当前的配
置，这可以通过命令 **display current-configuration** 来实现。这条命令的输出信息中不仅
包含管理员所修改的配置，还包含一些重要的默认配置。

这条命令的输出信息见例 2-19。

例 2-19　使用命令 **display current-configuration** 查看设备当前的配置

```
<R1>display current-configuration
[V200R003C01SPC900]
#
sysname R1
header shell information " Do not reboot the device. "
```

```
#
 snmp-agent local-engineid 800007DB03000000000000
 snmp-agent
#
 clock timezone BEIJING add 08:00:00
#
portal local-server load portalpage.zip
#
 drop illegal-mac alarm
#
 set cpu-usage threshold 80 restore 75
#
aaa
 authentication-scheme default
 authorization-scheme default
 accounting-scheme default
 domain default
 domain default_admin
 local-user admin password cipher %$%$K8m.Nt84DZ}e#<0`8bmE3Uw}%$%$
 local-user admin service-type http
#
firewall zone Local
 priority 15
#
interface GigabitEthernet0/0/0
 ip address 10.0.12.1 255.255.255.0
#
interface GigabitEthernet0/0/1
#
interface GigabitEthernet0/0/2
#
interface NULL0
#
user-interface con 0
 authentication-mode password
user-interface vty 0 4
user-interface vty 16 20
#
wlan ac
#
return
```

关于这条命令的输出信息，有两点需要注意。首先，在这条命令的输出信息中，只有阴影部分的两条命令是笔者所做的配置，其余部分皆为系统默认的配置；另外，这条命令并不会显示所有管理员执行的操作。比如，由于系统时间会在管理员配置后不断变化，因此通过 **clock datetime** 命令配置的系统时间就不会在 **display current-configuration** 命令的输出信息中显示。管理员要想查看系统时间，需要使用前文中展示过的 **display clock** 命令进行查看。

3. 查看接口的信息

数据设备的接口是网络设备之间实现相互连接和转发数据的门户，是设备赖以转发数据的关键组件。考虑到数据接口对于网络设备的重要作用，管理员在工作中常常需要查看接口的配置信息和状态。在华为 VRP 系统中，用来查看接口状态的命令并不单一，各个命令的输出信息也各不相同。下面介绍一些比较常见的数据接口查看命令。

如果管理员希望了解当前设备上配备了哪些数据接口，以及这些接口的物理状态和协议状态，可以使用命令 **display ip interface brief** 来获取各个接口的状态信息，见例 2-20。

例 2-20　查看各个接口的状态信息

```
<R1>display ip interface brief
*down: administratively down
^down: standby
(l): loopback
(s): spoofing
The number of interface that is UP in Physical is 2
The number of interface that is DOWN in Physical is 2
The number of interface that is UP in Protocol is 2
The number of interface that is DOWN in Protocol is 2

Interface                 IP Address/Mask       Physical       Protocol
GigabitEthernet0/0/0      10.0.12.1/24          up             up
GigabitEthernet0/0/1      unassigned            down           down
GigabitEthernet0/0/2      unassigned            down           down
NULL0                     unassigned            up             up(s)
```

在例 2-20 中，这条命令会同时显示所有接口的物理（Physical）状态和协议（Protocol）状态，同时还可以看出这台设备上目前处于某种状态的接口共有多少。

接下来，管理员可以使用接口编号来进一步查看与某个接口有关的详细信息。

比如，在我们刚刚介绍的 **display current-configuration** 命令后面添加关键字 **interface** 和对应接口的类型与编号，就可以让 VRP 系统只输出与这个接口相关的配置。在例 2-21 中，管理员通过命令 **display current-configuration interface GigabitEthernet0/0/0** 查看 GigabitEthernet0/0/0 接口下的配置。

例 2-21 查看 GigabitEthernet0/0/0 接口下的配置

```
<R1>display current-configuration interface GigabitEthernet0/0/0
[V200R003C01SPC900]
#
interface GigabitEthernet0/0/0
 ip address 10.0.12.1 255.255.255.0
#
return
```

注释：

在例 2-21 中，这条命令的作用是给 GigabitEthernet0/0/0 接口配置 IP 地址（10.0.12.1）和掩码（255.255.255.0）。这两个参数在数据通信网络中扮演着至关重要的角色，后面会用大量篇幅对它们的作用、含义、结构和用法进行详细剖析。本小节主要介绍查看接口配置的操作方式，暂不对 IP 地址进行详述。

上述命令虽然提供了接口的配置，但是并不会提供有关这个接口的其他信息。如果管理员需要了解这个接口的具体信息与参数，可以使用命令 **display interface** 来查看各个接口的详细参数，见例 2-22。

例 2-22 查看 GigabitEthernet0/0/0 接口的详细参数

```
<R1>display interface GigabitEthernet0/0/0
GigabitEthernet0/0/0 current state : UP
Line protocol current state : UP
Last line protocol up time : 2022-03-05 03:32:31 UTC+08:00
Description:HUAWEI, AR Series, GigabitEthernet0/0/0 Interface
Route Port,The Maximum Transmit Unit is 1500
Internet Address is 10.0.12.1/24
IP Sending Frames' Format is PKTFMT_ETHNT_2, Hardware address is 00e0-fc9c-6840
Last physical up time   : 2022-03-05 03:32:07 UTC+08:00
Last physical down time : 2022-03-05 19:10:35 UTC-08:00
Current system time: 2022-03-05 03:32:53+08:00
Port Mode: FORCE COPPER
Speed : 1000,  Loopback: NONE
Duplex: FULL,  Negotiation: ENABLE
Mdi   : AUTO
Last 300 seconds input rate 0 bits/sec, 0 packets/sec
Last 300 seconds output rate 0 bits/sec, 0 packets/sec
Input peak rate 96 bits/sec,Record time: 2022-03-05 03:35:06
Output peak rate 96 bits/sec,Record time: 2022-03-05 03:35:06
```

```
Input: 1 packets, 60 bytes
    Unicast:               0, Multicast:                    0
    Broadcast:             1, Jumbo:                        0
    Discard:               0, Total Error:                  0

    CRC:                   0, Giants:                       0
    Jabbers:               0, Throttles:                    0
    Runts:                 0, Symbols:                      0
    Ignoreds:              0, Frames:                       0

Output: 1 packets, 60 bytes
    Unicast:               0, Multicast:                    0
    Broadcast:             1, Jumbo:                        0
    Discard:               0, Total Error:                  0

    Collisions:            0, ExcessiveCollisions:          0
    Late Collisions:       0, Deferreds:                    0

    Input bandwidth utilization threshold : 100.00%
    Output bandwidth utilization threshold: 100.00%
    Input bandwidth utilization  :  0%
    Output bandwidth utilization :  0%
```

在例 2-22 中，这条命令的输出信息相当丰富。其中包括这个接口当前的物理状态是否为启用状态（UP），线路协议状态是否为启用状态（UP）。这两个状态与接口当前是否能够正常转发数据息息相关，也可以用来分析接口无法转发数据的原因。

不仅如此，这个接口的最大传输单元（Maximum Transmission Unit，MTU）、IP 地址和硬件地址也可以通过这条命令的输出信息看到。另外，通过这条命令，管理员还可以看到这个接口的速率（Speed）、双工模式（Duplex）和协商方式（Negotiation），以及这个接口的输入/输出数据包等大量信息。

同样可以提供丰富信息的接口查询命令是 **display ip interface**，这条命令会提供该接口与 IP 有关的数据，见例 2-23。

例 2-23 查看 GigabitEthernet0/0/0 接口与 IP 有关的信息

```
<R1>display ip interface GigabitEthernet0/0/0
GigabitEthernet0/0/0 current state : UP
Line protocol current state : UP
The Maximum Transmit Unit : 1500 bytes
input packets : 0, bytes : 0, multicasts : 0
output packets : 0, bytes : 0, multicasts : 0
```

```
Directed-broadcast packets:
 received packets:              0, sent packets:              0
 forwarded packets:            0, dropped packets:            0
ARP packet input number:        1
 Request packet:                1
 Reply packet:                  0
 Unknown packet:                0
Internet Address is 10.0.12.1/24
Broadcast address : 10.0.12.255
TTL being 1 packet number:      0
TTL invalid packet number:      0
ICMP packet input number:       0
 Echo reply:                    0
 Unreachable:                   0
 Source quench:                 0
 Routing redirect:              0
 Echo request:                  0
 Router advert:                 0
 Router solicit:                0
 Time exceed:                   0
 IP header bad:                 0
 Timestamp request:             0
 Timestamp reply:               0
 Information request:           0
 Information reply:             0
 Netmask request:               0
 Netmask reply:                 0
 Unknown type:                  0
```

在例 2-23 中，这条命令的输出信息同样会包含这个接口当前的物理状态和线路协议状态。其他涉及的信息，如 ARP 数据包、组播地址、生存时间（Time To Live，TTL）和 ICMP 数据包等，会在后面的内容中一一进行说明。

VRP 系统提供的查看、测试和调试信息林林总总，上述几条只是管理员在实际工作中最常用的命令。

2.4　本章总结

2.1 节从操作系统的通用概念入手，通过比较网络设备与个人计算机硬件的相似之处，说明了网络设备操作系统的作用，并且详细介绍了在本地通过计算机访问网络设备操作系统的方法。2.2 节首先对华为网络设备的 VRP 系统进行了概述，而后介绍了 VRP 系统下的一些常见概念和配置命令。在 2.3 节中，我们把重点内容放在了 VRP 系统为管理员提供的工具和帮助信息上，包括如何在 VRP 系统中查询设备和系统信息、如何使用快捷键简化命令的编辑，以及 VRP 系统提供的命令提示、简化和帮助功能等。

2.5 练习题

一、选择题

1．路由器的硬件构成中不包括下面哪个组件？（　　　）

A．CPU　　　　　　　　B．RAM　　　　　　　C．Flash　　　　　　　D．声卡

2．所谓硬件处理是指（　　　）。

A．由 CPU 执行正常处理　　　　　　　B．由专用芯片执行快速处理

C．存储在 RAM 中等候处理　　　　　　D．发送给外部设备代为处理

3．通过 Console 线缆连接数通设备并对其执行本地管理时，计算机需要使用什么向被管理设备发起管理连接？（　　　）

A．调制解调器　　　　　　　　　　　　B．网络浏览器

C．终端模拟软件　　　　　　　　　　　D．网络设备模拟器

4．下列哪个提示符表示管理员目前正处于 VRP 系统的系统视图下？（　　　）

A．<Huawei>　　　　B．[Huawei]　　　　C．{Huawei}　　　　D．/Huawei/

二、判断题

1．操作系统的作用是给用户提供一个图形化的智能设备控制平台。（　　　）

2．本地管理数通设备，是指使用 Console 接口、AUX 接口等控制接口连接键盘、鼠标、显示器等外部设备，在现场对设备进行管理的方式。（　　　）

3．命令 **display current-configuration interface** 并不会显示接口的物理状态和协议状态。（　　　）

4．VRP 系统支持简化输入，管理员只需要输入命令中各个关键字的首字母，系统即可识别出管理员要输入的命令。（　　　）

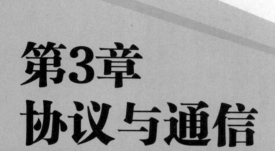

第3章
协议与通信

3.1 网络协议和标准

3.2 实现数据传输

3.3 本章总结

3.4 练习题

在第 1 章中，我们通过 1822 协议的局限性说明了一个问题，即单一协议在解决复杂的通信问题时常常显得捉襟见肘。由此可以得出一个结论，在面对这类问题时，用一系列协议从不同角度规范通信中涉及的问题，是最合理的方法。因此，为了确保这些协议之间不会存在逻辑上的矛盾、规范上的冲突，或者用途上的重合，需要一个框架规范协议与协议之间的关系，以及设备根据协议处理数据的顺序和协议的用途。本章的重点，正是介绍这类框架的概念和具体信息等。

在对协议和协议分层进行介绍之后，我们会将整个通信过程分成终端部分和网络部分，分别参照协议模型对通信的流程进行介绍和分析。最后，我们将整个网络组合起来，从网络拓扑这种宏观的层面，一步一步地完整复现整个通信的过程。

学习目标

- 理解数据通信网络中的几项通信规则；
- 理解协议的概念和必要性；
- 了解协议分层的由来及其对于实现异构网络互联的重要意义；
- 了解 OSI 参考模型和 TCP/IP 模型的起源；
- 掌握 OSI 参考模型涉及的相关概念和具体分层；
- 理解 OSI 参考模型和 TCP/IP 模型的区别；
- 掌握封装与解封装的概念与流程；
- 掌握在简单的网络拓扑中，数据从始发设备应用层到目的设备应用层的完整处理过程。

3.1　网络协议和标准

伟大的理论物理学家史蒂芬·霍金（Stephen Hawking）曾对宇宙是否存在统一理论进行了探讨。在探讨的过程中，霍金教授提到："如果你相信宇宙不是任意的，而是被明确的定律制约的，你最终必须将这些部分理论合并成一个能描述宇宙中万物的完整统一理论。"

探索自然或宇宙的规律是科学家们几千年来不懈奋斗的目标，尽管人们或许永远无法确认这个世界是否是任意的。但是，网络不是任意的，这是人类根据自己对通信的需求而定义的、受规则制约的系统，这些统一规则正是通信得以实现的保障。在本章中，我们将围绕着这些规则及它们的作用展开介绍。

3.1.1　通信规则

通信是多方借助某种媒介实现信息互通的行为，因此，人们在构建一个通信系统时，必须对一些问题给出答案，而这些答案会构成这个通信系统的通信规则。在本小节中，我们会介绍数据通信网络对其中某些问题给出的答案。

问题一：信息的形式包括文本、表格、图片、音频、视频等，如何才能将这些信息放到媒介中进行传输？

稍有网络基础知识的人不会像图 3-1 一样，认为自己发送和接收的文本、表格、图片、音频、视频等，正原封不动地在计算机网卡连接的那根数据线中传输。为了能够把这些林林总总的信息统统通过传输媒介（如五类线）进行发送，人们不免要将它们统一用一种尽可能简单的方式表达出来。**在数据通信网络中，人们采用的数据表示方式就是二进制编码。**

图 3-1　信息不是原封不动地在介质中进行传输的

注释:

严格地说,二进制不只是数据在数据网络中的传输形式,还是数据在终端系统中的保存形式。美国的卡内基·梅隆大学的教授 Randal E. Bryant 和 David R. O'Hallaron 曾写道:"系统中所有的信息——包括磁盘文件、存储器中的程序、存储器中存放的用户数据,以及网络上传输的数据,是由一串位表示的。"这里所说的位(bit),指的是一个或为 0 或为 1 的二进制数。

通过二进制表达的信息,能非常容易地以不同形式实现远程交互,所以这类通信的历史源远流长,无论商周时期的烽火示警,还是如今还在使用的灯语,都是通过二进制实现通信的范例。在网络时代,二进制描述的信息可以在各类传输介质中,很轻松地通过电平高低、光线明灭的形式实现传输。

由此可知,当发送方发送数据时,会将数据(二进制数)通过信息的输入/输出接口,用相应的物理信号描述出来;当接收方在收到数据时,则会通过输入/输出接口将物理信号转化为二进制数,并将它们还原为发送方最初发送的信息。

问题二:既然通信是多方系统,那么如何才能保证信息可以被正确地发送给接收方?

在解决各类数据信息通过媒介进行传输的问题之后,还有一个所有通信系统必须解决的问题,那就是如何把数据传输给应该接收这个数据的那台设备。

对此,邮政系统采取的做法很有参考价值。首先邮递员根据信封上接收方的地址把信件投递到接收地址,然后接收方再(在公司传达室或小区物业)根据收件人姓名从寄给同一地址的邮件中选出寄给自己的信件拆封阅读。这说明**为了解决数据在数据通信网络中寻址的问题,每一个网络通信系统的参与者需要拥有某种地址信息标识自己所在的位置**(类似于邮政系统中的收件人地址),**并且拥有某种身份识别信息标识自己这台设备**(类似于收件人姓名)。IP 地址就是人们为了标识设备所在位置而定义的逻辑地址。

在大多数通信系统中,地址和身份标识信息都不会包含在实际通信的内容[①]中。人们会通过信封、快递单的形式在实际通信数据的基础上,另外添加供转发方寻址的信息。这种做法同样被应用在了数据通信网络中。

问题三:如何保证被转发的数据能够有序、高效而又可靠地到达接收方?

在包交换网络中,发送方会将要传输的信息划分为多个数据包。包交换网络在传输这些数据包时,也会以数据包为基本单元,分别独立地对这些数据包执行转发操作,如图 1-3 所示。所以,关于有序到达问题,其答案是:在数据通信网络中,数据常常不会按照转发的先后顺序到达接收方。后发先至的情况司空见惯。

至于高效和可靠到达,这两大通信需求在一定程度上存在着此消彼长的关系,常常需要人们做出取舍。**在包交换网络中,发送方和接收方之间需要有某种机制,保障它**

---

① 在数据通信中,通信的内容称为负载(Payload)。

们可以在发送一些追求时效性的数据时，以尽可能高的效率完成数据的收发；而在发送追求可靠性的数据时，又能够根据数据的接收情况相互协调数据的发送速率和进程，如图 3-2 所示。

慢慢来，我这里处理不过来了，你把刚才说过的话再说一遍。

图 3-2 需要有某种机制保障数据的可靠传输

网络世界定义的通信规则远不止上述几点，我们在此仅罗列了数据通信网络中具有普适性的几项规则。当然，这些数据网络的通信规则都需要通过网络协议进行规范。实际上，上面 3 个问题的答案分别对应了网络通信协议栈中某些分层（Layer）的核心协议。为了帮助读者进一步了解本小节介绍的内容，我们在后文会分别对协议与协议栈的作用，以及两大网络协议栈对各层功能的定义进行详细说明。

提示：

在学习完本章的内容之后，读者如果能够重新阅读本小节的内容，也许会对这些描述产生更加具体的认知。

3.1.2 网络协议的作用

在通信领域，协议是为了保障通信能够按照既定流程进行，给参与各方定义的一套标准。

即插即用时代给用户带来了一种"连接物理线缆等于建立通信"的假象。实际上，连接物理线缆只是给通信的双方提供了一种媒介，距离真正建立通信还有很大距离。在建立通信的过程中，除了媒介外，协议同样厥功至伟。如果通信双方没有这样的标准，那么通信一方发布的内容可能无法被另一方正确接收，或者能够被接收却无法正确解析。

信息是以二进制的形式在数据网络中进行传输的。大部分计算机类专业的读者应该知道，二进制和十进制是可以相互转换的。既然如此，我们现在就以本书作为媒介，向每位读者传达一段用十进制表示的以下信息，看看读者能否理解。

082101230509

注释：

我们会在后文中，介绍二进制数与十进制数的转换方法，这里不做说明。

显然，读者虽然能够看到这段十进制数，但由于这段信息并没有可读性，所以纵然可以读到，也是无法真正理解我们想要表达的意思。可是如果在写下这段数字之前，我们和读者约定："在下面这段数字中，我会用每两位数代表一个拉丁字母，即从 A 到 Z，这两位数等于它们代表的拉丁字母在字母表中的位置，例如，08 代表从 A 到 Z 的第 8 个拉丁字母 H"，那么相信很多读者就能顺利理解这段数字的意思。

如上例所示，约定的规则相当于一种简单的通信协议。如果进一步细化这个约定的规则，那么笔者甚至完全可以用二进制编写出一本读者能够看懂的书，读者也可以用二进制给笔者写信。

上例旨在说明一个道理：协议是为了让各方参与者有序推进某项事宜而定义的标准。具体到通信领域，通信协议或**网络协议是人们为了确保通信各方能够相互交流，给信息的表达、传递方式定义的标准或规则。**

然而，随着接触的协议越来越多，初学者难免会产生一种"协议等同于功能"或者"协议等同于服务"的印象。这样理解并不准确，而且这种理解方式对初学者深入学习各个协议的内容、准确掌握数据包的结构，甚至参与新协议的制定都不会带来任何好处。实际上，**协议与功能之间的关联可以比较谨慎地解释为：多个参与方会因共同遵循某种协议而让整个环境产生某种既定的效果，或者让设备展现出一些对应的功能。但是，功能仍然是参与方的属性，协议本身并不会赋予或者剥夺参与方的任何功能。**比如，两国签署和平协议，相互承诺放弃武力。那么只要双方都遵守这项协议，两国之间就不会爆发战争。当两国共同遵守这一协议时，就会出现和平的状态，但这不代表该协议具有消除其中任何一个当事国发动战争的能力，因而不能说协议具有维护和平的功能。

人类不是机器，也没有像机器那样对标准有苛刻要求，因此在给自己制定协议时，往往会赋予协议极高的灵活度留给参与方自由量裁。没有哪种协议会对活动参与方的每一次行为予以严格定义。然而，以半导体元器件为基础制造的机器（设备）之间容不得灵活的通信协议。要想让一台设备的应用与另一台设备的应用之间完成一次有效的通信，无论是内容的编码和压缩方式，还是消息的格式与转发方法，又或是通信参与方使用的电压等，都必须予以严格的界定。只有各个环节按照既定的顺序和方式进行处理，双方才能真正实现通信。

总而言之，通信过程应该在逻辑上合理，在执行中有序，在排错时有据，而不是"眉毛胡子一把抓"。

3.1.3　协议栈的必要性

在 3.1.2 节中，我们用一组数字举例，旨在说明协议的作用是给通信各方定义通信的标准或规则。读者按照约定规则，可以推测出 3.1.2 节中给出的十进制数 082101230509 表达的内容是 HUAWEI。

下面，请读者按照相同的"协议"，尝试理解这组数字要表达的意思。

1005 1405 19010919 160119

尽管这组数字依然是按照前面的"协议"处理的拉丁字母，而且表达的信息相当明确，但我们相信绝大多数读者都无法理解这句话。因为这组文字在转化成数字之前并不是汉语拼音，而是另一种语言[①]。同样，如果读者给我们写信，按照相同的约定将拉丁字母转换成数字，用的却是另一种语言，我们也可能读不懂读者来信。这次通信失败，是因为没有在约定将拉丁字母转化成数字之前，先约定通信的语言。

由此可见，如果我们和读者通过这种十进制的方式相互交流，那么想要每一次成功通信，双方都要按照同样的顺序处理，即：

① 我们构思内容；

② 按照约定的语言组织内容；

③ 我们把拉丁字母转化成数字；

④ 读者把数字转化为拉丁字母；

⑤ 读者按照约定的语言阅读内容；

⑥ 读者理解内容。

通信过程如图 3-3 所示。

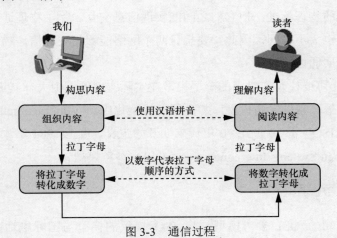

图 3-3　通信过程

在图 3-3 所示的过程中，"使用汉语拼音"的内容协议和"以数字代表拉丁字母顺

---

① 这组数字表达的信息是法语 Je ne sais pas，意思是我不知道。

序的方式"的编码协议在顺序上是绝对不能调换的，这是因为没有人可以直接把对法语编码的数字翻译成对汉语拼音编码的数字，所以我们和读者之间必须先确定要用哪种语言写作，然后再将拉丁字母转换为数字。

在现实世界的交流中，除非通信双方存在保密之类的特殊需求，或者身处不便使用文字通信但便于使用数字通信的特殊环境，否则人们不会多此一举，将文字按照这种方式转换成数字来相互交流。然而，计算机和其他终端设备在相互通信时却不得不进行大量的转化工作。当计算机或者其他终端设备通过数据网络进行通信时，通信各方会相互发送不同的数据。虽然信息门类繁多，但信息在通信介质中传输的形式却很单一：它们都需要通过电平高压、光线明灭等物理手段描述这些由 1 和 0 构成的二进制消息。这样一来，通信双方之间要想实现消息互认，也就必须应用相同的转换和复原标准。

当然，通信是一个系统工程，一项规定或者一种协议无法使其他通信需求标准化。这里说的其他需求包括前文提到的内容：两台设备如果想要相互通信，就要解决如何让这些二进制数到达预期的接收方设备；在寻址之外，如何让对方设备知道这些数据应该通过哪个应用来解析等。这就需要有一个标准化机构，给通信规则制定一种分层的框架，让整个通信过程中涉及的协议不仅不会在内容上相互重复或冲突，还能共同定义从内容表现形式到电压表示方式的完整的通信标准。这样的框架和其中包含的协议共同构成了一个**协议栈**（**Protocol Suite**）。

TCP/IP 协议栈是当今应用最广泛，对网络世界产生影响最大的协议栈。这个协议栈开发的初衷是为了实现卫星数据包网络、地面无线电数据包网络与计算机网络之间的网际互联。由于这些通信网络的物理通信原理大相径庭，因此人们必须给这些网络定义一种能够相互通信的物理标准，使它们之间能实现信息交互。除了物理通信原理外，这些网络的通信协议也大不相同，因此，要想让两个网络能够相互通信，物理标准必须有能力支持不同的上层通信协议。

尽管 TCP/IP 协议栈及其对应的分层模型在实际应用领域中大行其道，但人们在谈论技术问题时引用最频繁的参考模型，却是国际标准化组织（International Organization for Standardization，ISO）于 20 世纪 70 年代末期开始定义，直至 1984 年才予以公布的开放式系统互连（Open Systems Interconnection，OSI）参考模型。

3.1.4　OSI 参考模型

目前广为人知的 OSI 参考模型是将 ISO 提议的模型与国际电话电报咨询委员会（International Telegraph and Telephone Consulative Committee，CCITT）提议的标准相互融合的模型，明确区分了服务、接口和协议三者的关系，如图 3-4 所示。

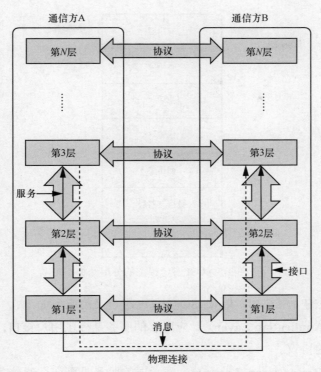

图 3-4　服务、接口与协议三者的关系

注释：

　　CCITT 是国际电信联盟电信标准分局（ITU Telecommunication Standardization Sector，ITU-T）的前身。

　　关于**协议**，本书在前文中反复介绍了，这里不再赘述。这里所说的**服务**，是模型中每一层在作用上的界定。在后文中，我们会分别介绍 OSI 参考模型各层在通信过程中发挥的作用，即每一层应该提供的服务。OSI 参考模型中的**接口**则定义了模型上下层之间相互访问的标准。

　　按照 OSI 参考模型的定义方式，每一层皆通过接口为上一层提供特定服务，同时也通过接口接受下一层提供的服务。同一层设备之间的通信则通过协议来定义标准，如图 3-4 所示。

　　图 3-4 所示的这种服务、接口和协议的关系是 OSI 参考模型最大的贡献。这种区分不仅强化了通信流程的逻辑性，让各层的职责更加清晰，还实现了分层模型的模块化，为协议甚至分层的不断更新做好了框架上的准备。正是由于 OSI 参考模型将协议、接口和服务相互独立，用同类协议替换某一种协议才不会对通信产生影响。

　　OSI 参考模型将计算机网络的体系结构分为 7 层，如图 3-5 所示，并分别对这 7 层提供的服务进行定义。

图 3-5　OSI 参考模型的分层结构

OSI 参考模型的分层结构，以及 ISO 为每一层定义的服务如下。

① 应用层（**Application Layer**）：应用层的服务是提供用户接口，因此，应用层包含各类用户常用的协议。

② 表示层（**Presentation Layer**）：表示层的服务是既保证通信各方在应用层相互发送的信息能够被相互解读，也保证双方在信息的表达方式上是一致的。如加密/解密、压缩/解压、编码方式转换等属于表示层的服务，因此，本小节将拉丁字母转换为数字的做法如果对应到网络技术上，那么大致属于表示层的服务。

③ 会话层（**Session Layer**）：会话层的服务是完成各方在交互信息之前，建立会话的准备工作。这里的工作包括确认通信方的身份及可以执行的操作，因此，如认证、授权和计费（Authentication Authorization and Accounting，AAA）AAA 中的认证、授权功能皆属于会话层的服务。

④ 传输层（**Transport Layer**）：传输层的服务是规范数据传输的功能和流程，因此，这一层的协议会对是否执行消息确认、如何对数据进行分片和重组等制定标准。**传输层的交换单元叫作段，即经传输层协议封装后的数据称为数据段。**

⑤ 网络层（**Network Layer**）：网络层的服务是将数据从源设备转发给目的设备，由此可知，这一层的协议需要定义如地址格式、寻址方式等标准。**网络层交换单元叫作包，即经网络层协议封装后的数据称为数据包（Packet）。**

⑥ 数据链路层（**Data Link Layer**）：数据链路层的服务是为相连设备或处于同一个局域网中的设备实现数据帧传输，并对传输的数据帧进行校验和控制，因此，数据链路层的协议会定义如何检测数据在传输过程中出现的错误、如何向发送方确认收到了数据、如何调节流量的发送速率等。**数据链路层交换单元叫作帧，即经数据链路层协议封装后的数据称为数据帧（Frame）。**

⑦ **物理层**（**Physical Layer**）：物理层的服务是实现信号在两台相邻网络实体之间的传输，因此，物理层协议需要定义通信的机械、电子和功能标准。比如，二进制 1 和 0 在传输时具体的描述方法，物理接口每个针脚的作用。**物理层交换单元的名称是比特（Bit）。**

注释：

OSI 参考模型其他各层的数据单元均有专门的命名，这些命名甚少提及，而且容易造成混淆。为了突出重点概念，本书不一一加以介绍，也不推荐读者逐层记忆交换单元的名称。

在上面的 7 层模型中，表示层和会话层的定义广受诟病，它们的存在也确实显得相当多余。这两层的服务在实际使用时，基本都合并到应用层（第 7 层）中。

注释：

虽然与表示层和会话层相关的内容在实际工作中基本不会出现，但当工程师们进行技术交流时，大家还是会称应用层为第 7 层。当然，第 5 层和第 6 层的说法在技术领域中相当罕见。

除了把服务划分得过于琐碎，导致模型中的表示层和会话层大体处于空白外，OSI 参考模型最终没有得到广泛应用的原因还有一些其他因素。例如，OSI 参考模型的定义先于对 OSI 参考模型中协议的定义，这让 OSI 参考模型多少有一些纸上谈兵的意味。TCP/IP 模型则正好相反，它是通过既有协议归纳总结出来的模型，因而比 OSI 参考模型更有现实意义，在实际应用中也得到了最广泛的认可与采纳。

3.1.5 TCP/IP 模型

TCP/IP 模型与 OSI 参考模型的根本区别在于建立标准的方式，其中，OSI 参考模型的定义早于 OSI 参考模型各层对应协议的定义，也就是说，OSI 参考模型是在对各层对应的协议缺乏充分了解的情况下定义服务的。因此，使用现有协议和 OSI 参考模型构建网络，往往会出现搭建的网络无法满足服务规范的情况。而专门针对 OSI 参考模型开发的协议又会因 OSI 参考模型在设计时把服务定义得过于复杂，导致这些协议也难以实现或者实现效率很低。OSI 参考模型定义的服务难以准确匹配协议的情况，给 OSI 参考模型增添了一些理想主义的色彩。

TCP/IP 模型则正好相反，这个模型一开始就对 TCP 和 IP 两个网络的协议进行描述，因此模型定义的服务与 TCP 和 IP 高度吻合。除了 TCP 和 IP 外，TCP/IP 协议栈中还有很多协议是先在一些设备上进行使用并实现通信，然后再一边使用一边制定具体的协议规范。如果从这个角度上类比，OSI 参考模型就像是建筑设计师凭借理论标准起草的建筑设计草图，而 TCP/IP 模型则像是照着一栋现成建筑测绘的建造参数。如果一定要从这两者中选择一个作为建筑的建造方案，后者提供的标准显然更具实用性，也更有说服力。

TCP/IP 模型没有明确划分协议、服务和接口的关系，这在一定程度上与 TCP/IP 模型的诞生背景有关。IP 起初就是 TCP 中的一个组件，后来才从 TCP 中分离出来。这也意味着这两个协议之间完全不需要借助定义接口就可以相互访问。另外，由于 TCP/IP 协议栈是对现有协议的描述，各层当前的服务一般与这一层的协议有关。

TCP/IP 模型将通信过程定义为 4 层，它们的名称和作用如下。

① 应用层（Application Layer）：应用层在功能上等同于 OSI 参考模型中应用层、表示层和会话层功能之和。Telnet、FTP、SMTP、HTTP 等协议都是 TCP/IP 模型中的应用层协议。关于这一层及一些对应的协议，本书会在第 8 章中进行详细介绍。

② 传输层（Transport Layer）：传输层在功能上与 OSI 参考模型的传输层相同。这一层最重要的两个协议是 TCP 和用户数据报协议（User Datagram Protocol，UDP）。关于传输层和 TCP 与 UDP 两大协议的内容，本书会在第 7 章中进行详细介绍。

③ 互联网层（Internet Layer）：互联网层在功能上与 OSI 参考模型的网络层类似，其目的是让数据实现从源地址到目的地址的正确转发。IP 就是这一层的协议。

④ 网络接入层（Network Access Layer）：网络接入层也可以视为主机与线路之间的接口。这一层的功能与 OSI 参考模型最下面的两层存在一定的重叠，但 TCP/IP 模型的网络接入层没有制定通过介质传输信号时所使用的协议。

TCP/IP 模型与 OSI 参考模型之间的对应关系如图 3-6 所示。

如图 3-6 所示，TCP/IP 模型比 OSI 参考模型在层级划分上的轮廓要粗糙。从上三层的角度上看，TCP/IP 模型将 OSI 参考模型的表示层、会话层都整合到应用层，这与实际环境中的情况基本吻合；但对数据链路层和物理层不加区分的做法有时会造成一些混淆，毕竟这两层在通信任务中扮演的角色截然不同。

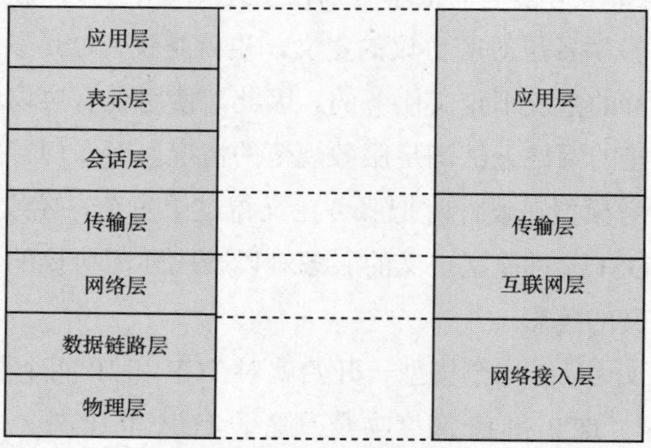

图 3-6　OSI 参考模型与 TCP/IP 模型之间的对应关系

从第 4 章开始，本书会按照 TCP/IP 模型，以从网络接入层到应用层这种自底向上的顺序，依次介绍各层的任务及重要协议。为了回答为何应该区分物理层和数据链路层的功能这一问题，本书将在第 4 章中，参照 OSI 参考模型及实际使用情况，分别对物理层和数据链路层进行一些简单的介绍。

3.2　实现数据传输

本节会通过 TCP/IP 模型并结合一些常用的协议,介绍通信双方在一次通信过程中是如何对数据进行处理的,解释协议这种标准如何让通信双方兑现模型给各层定义的服务,并且从不同的角度分别介绍数据的处理方式。

3.2.1　封装与解封装

很少有人愿意在自己要发的包裹上直接写上一段文字,说明这封信的收件人是谁、是否加急、是否在对方收到时给自己发送短信,所以才需要在包裹的外面贴上快递单。同理,要传输的数据本身也不会附带一段信息,说明自己的目的地、数据类型、是否需要对方回复、是否加密、如何加密解密,因此,要想传输数据,必须在传输的数据上添加相应的信息。至于添加什么样的信息、什么样的长度和格式等具体的标准,要由对通信进行标准化的协议来定义,而这正是协议兑现服务的方式。**传输设备根据协议向数据负载中添加功能性信息的操作称为封装(Encapsulation)。**

当然,读者根据 3.1 节介绍的分层模型也可以推断出来:在一次通信过程中,设备不会只对数据执行一次封装,而是根据处理数据的各层协议,自上而下地对数据进行层层封装。

发送方在各层封装数据的示例如图 3-7 所示。

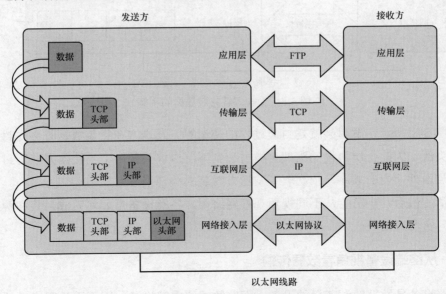

图 3-7　发送方在各层封装数据示例

如图 3-7 所示，数据每到一层，设备就会按照该层的协议给数据封装一个相应的头部（Header）。实际上，当设备开始按照当前层的协议处理数据时，上一层协议封装的头部信息已经成为数据负载的一部分。

注释：

为了突出头部封装的处理过程，图 3-7 没有展现将一段完整信息拆分成多个数据包的处理过程，也没有考虑协议给数据包封装尾部信息的情况。

当接收方通过接口接收发送方经过层层封装的数据之后，需要从下到上根据各层的协议，去掉发送方添加的头部信息，将数据层层还原为发送方最初传输的数据，这个过程叫作解封装（Decapsulation）。

接收方解封装数据的示例如图 3-8 所示。

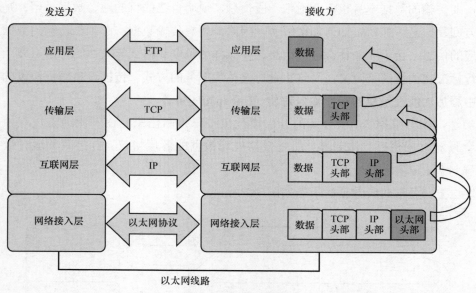

图 3-8　接收方解封装数据的示例

如图 3-8 所示，解封装就是封装过程的逆运算。发送方在封装数据时会先封装上层协议的头部，因此上层协议的头部会被封装到下层协议头部内。当接收方在解封装时，自然按照由外而内的顺序，依次取下发送方封装的头部信息。

本章的最后几小节会从不同视角观察网络中，各类设备是如何完成封装和解封装，以及如何实现通信。

3.2.2　从终端设备视角看数据传输

终端设备是数据的源或目的设备，而非数据的中间设备，因而不为网络中的其他设备提供数据转发。终端设备需要和计算机用户之间进行交互，由此可知，终端设备拥有应用层及以下的各层功能，它们的数据操作常常始于应用层（发送方）、终于应用层（接收方）。因此，两台终端设备的通信流程基本相当于封装和解封装流程之和，如图 3-9 所示。

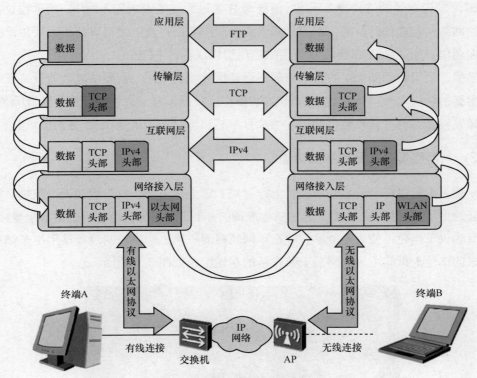

图 3-9　两台终端设备的通信流程

在图 3-9 所示的环境中，位于办公室的终端 A 正在通过 FTP 向位于咖啡厅的终端 B 发送数据。由于工作在应用层的 FTP 要求传输层的 TCP 与对方建立可靠的连接，终端 A 会在传输层给数据封装 TCP 头部。接下来，终端 A 会在互联网层给数据封装 IPv4 头部。在 IPv4 头部中，终端 A 会以自己的 IP 地址作为源地址，以终端 B 的 IP 地址作为目的地址。将数据通过线缆发送出去之前，终端 A 会根据以太网协议再给数据封装上以太网头部（和尾部），这是因为终端 A 连接在一个以太网环境中。

当终端 B 通过无线接入点（Access Point，AP）接收到数据后，它的解封装流程是：首先按照网络接入层协议摘掉数据的无线局域网（WLAN）协议头部（和尾部），然后依次去掉数据的 IPv4 头部和 TCP 头部。这样一来，终端 B 在将数据交给应用层进行处理之前，还原了终端 A 在应用层中最初生成的信息。

当终端 B 通过 FTP 向终端 A 发送数据时，两台终端设备执行封装和解封装的过程与上文介绍的过程正好相反。

图 3-9 演示了两台相互通信的终端设备分别作为数据的发送方和接收方，在一次通信中如何完成封装并传输和解封装并还原的过程。另外，还有一点需要读者格外留意，那就是图 3-9 显示了跨越 IP 网络建立通信的两台非直连设备之间，并非每一层需要使用相同的协议，靠近底层的协议很可能仅规范一定范围内的通信参与方，比如，图 3-9 中的终端 A 通过有线的方式接入网络，而终端 B 通过无线的方式接入网络。当远程设备跨越数据网络相互通信时，通信双方只需参照相同的高层协议，便可以掩盖底层协议的差异实现通信，如终端 A 和终端 B 使用的应用层协议都是 FTP。

显然，采用相同的上层协议来掩盖下层通信环境的不同，需要依靠数通设备在中间完成封装的转换工作，它们的封装和解封装操作让数据拥有了在不同环境中转发的条件。数据转发设备如何在转发数据的过程中执行封装和解封装，正是 3.2.3 节的重点。

3.2.3 从网络设备视角看数据传输

一列火车可以在全世界任何铁轨上行驶吗？答案是未必。要想实现无缝接轨，相邻国家必须使用相同标准的铁轨，这里的标准指的是轨距。如果轨距不同的国家想要接轨，就需要为火车换轮，使火车能够行驶在不同轨距的铁轨上。换轮的过程是用吊车把车厢从原来的车轮上拆卸下来，然后安装在新的车轮上，如图 3-10 所示。

图 3-10　二连浩特国际换轮库给列车换轮

因物理环境和标准不同，而将一部分遵循原标准的组件用适合新标准的组件进行替换，以便满足新标准，这种做法在标准错综复杂的网络世界中更加常见。在图 3-9 中，终端 A 和终端 B 在网络接入层就采用了不同的通信方式，即使通信的双方的下层采用不同的协议，也能相互通信，这是因为在网络中为两台终端设备提供转发服务的设备也可以对接收的数据执行解封装。在获得转发所必需的信息之后，它们会根据需要重新封装数据。换言之，网络接入层的通信方式只具有本地意义。假设有乘客从 A 国乘坐列车，穿越 B 国去 C 国，这名乘客在 A 国和 B 国的边境经历一次列车从窄轨到宽轨的换轮，然后再在 B 国和 C 国的边境经历一次列车从宽轨到窄轨的换轮,但这是否代表 A 国与 C 国的铁路必须使用相同的轨距呢? 答案当然是否定的, A 国的轨距和 C 国的轨距是否相同, 这对列车的运行毫无影响。由此可见, 轨距这种近似于 OSI 参考模型中物理层的标准, 就像网络通信模型的底层标准一样。只具有本地意义, 仅和国内铁路运输及邻国间的铁路运输有关。

不过, 我们在 3.2.1 节中介绍的终端设备工作在应用层, 但其他互联网中的设备并不都工作在应用层。这些负责给数据提供转发服务的中间设备没有必要了解应用层那些终端与用户之间交互的数据, 就像快递员没有必要了解包裹的内容一样。**传统上, 交换机工作在 TCP/IP 模型的网络接入层, 也就是 OSI 参考模型的数据链路层, 由于数据链路层位于 OSI 参考模型的第二层, 因此交换机常常被称为二层设备。路由器工作在 TCP/IP 模型的互联网层, 也就是 OSI 参考模型的网络层, 由于网络层位于 OSI 参考模型的第三层, 因此路由器常常被称为三层设备。**

注释:

本书在第 2 章提到, 这种通过分层功能区分路由器和交换机的方法目前已经不再适用于所有设备。现今, 大量中低端汇聚层交换机已经拥有三层功能, 模块化的路由器和交换机无论在功能上还是在分层上, 都已经无法进行非此即彼的区分了。但是, 为了便于叙述概念, 本书如无特别说明, 所涉交换机皆为不具备三层功能(网络层功能)的二层交换机。

在业内, 人们但凡谈及第 X 层时, 参照的模型往往是 OSI 参考模型的层数, 而不是 TCP/IP 模型。

图 3-11 用一台路由器替代了图 3-9 中比较笼统的 IP 网络。图 3-11 重点展示了终端 A 和终端 B 在相互发送信息的过程中, 转发设备对数据的处理。此外, 图 3-11 还展示了各个转发设备工作的协议栈分层。

在图 3-11 中, 当终端 A 发送的数据到达交换机时, 交换机会对数据最外层封装的以太网头部信息进行查看, 了解数据的目的硬件地址。当看到数据的目的硬件地址之后, 交换机会把这个数据帧发送给路由器。交换机并不会对数据帧进行解封装, 这是因为只要知道以太网头部中包含的硬件地址信息, 就能够正确地将数据转发给路由器。

路由器在接收到数据之后, 也会首先查看最外层封装的以太网头部信息。当发现这里的目的硬件地址是自己的时, 路由器就会将以太网头部进行解封装, 查看数据的逻辑地址。在根据数据的逻辑地址做出转发决策后, 路由器会使用下一跳设备的硬件地址作为以太网头部的目的硬件地址, 重新封装以太网头部并将数据转发给 AP。同样, 由于路由器工作在互联网层, 不会进一步对数据进行解封装, 因此互联网层头部提供的逻辑地址足够支持路由器完成数据转发工作。

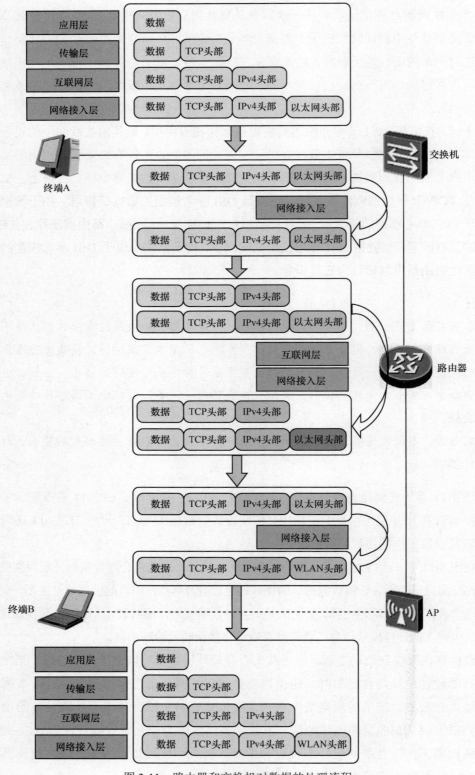

图 3-11　路由器和交换机对数据的处理流程

接下来，数据到达 AP，接入点会查看以太网头部。在这之后，由于 AP 是一台通过 WLAN 与终端交换数据的无线设备，因此会解封装数据包最外层的以太网头部，并且给数据包封装 WLAN 头部，然后将数据转发给终端 B。

3.2.4 从网络拓扑视角看数据传输

图 3-12 为一个简单的拓扑环境，两台路由器使用串行接口通过 PPP 相连。两台路由器各自连接一台交换机，每台交换机连接两台终端设备。终端 B 正在通过 FTP 向终端 C 发送数据。

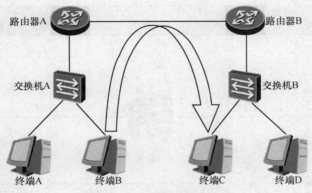

图 3-12　一个简单的拓扑环境

如前文所述，图 3-12 中的终端为应用层设备，交换机和路由器则分别工作在网络接入层（OSI 参考模型的数据链路层）和互联网层（OSI 参考模型的网络层）。当终端 B 准备发送数据时，会首先在设备内部进行纵向处理，即按照自上而下的顺序，逐层对数据进行封装；然后再进行横向转发，即通过以太网链路将数据发送出去，如图 3-13 所示。

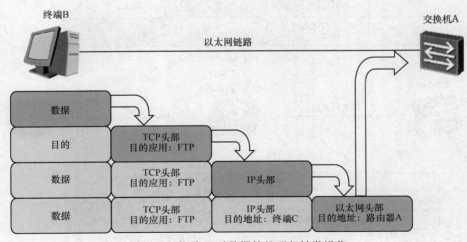

图 3-13　终端 B 对数据的处理与转发操作

当交换机 A 接收到终端 B 发来的数据之后，会查看以太网头部中包含的目的硬件地址。交换机 A 发现该数据在以太网中的目的地址是路由器 A，然后执行横向处理操作，将数据转发给路由器 A，如图 3-14 所示。

当路由器 A 接收到数据时，依旧会按照先纵向后横向的顺序对数据进行处理。首先，路由器 A 会对数据最外层的以太网头部进行解封装，当看到 IP 头部载明的目的逻辑地址之后，通过查询路由表发现：要想将数据转发给终端 C，需要先将数据转发给路由器 B。于是，路由器 A 按照转发环境重新封装数据包，在完成封装之后， A 将它通过 PPP 链路转发出去，如图 3-15 所示。

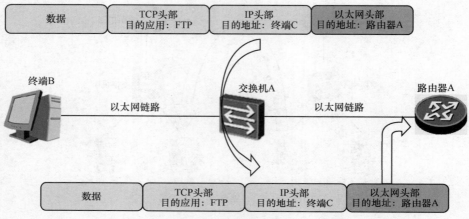

图 3-14　交换机 A 对数据的查看与转发操作

注释：

在通过运行 PPP 的链路接口上，设备给数据帧的地址字段封装的是一个长度为 1 字节的全 1 位地址（0xff）。

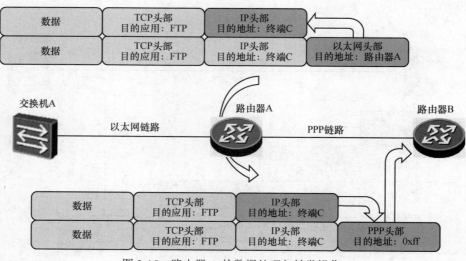

图 3-15　路由器 A 的数据处理与转发操作

路由器 B 所做的处理与路由器 A 基本相同，都是首先对数据最外层的 PPP 头部进行解封装。当路由器 B 看到 IP 头部载明的目的地址之后，通过查询路由表发现：要想将数据转发给终端 C，需要从与交换机 B 相连的以太网接口发送出去。于是，路由器 B 按照转发环境重新封装数据包，即用终端 C 的硬件地址为数据包封装以太网头部，并转发给交换机 B，如图 3-16 所示。

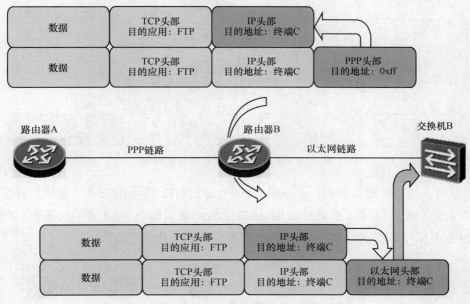

图 3-16　路由器 B 的数据处理与转发操作

如同前文，交换机 B 对数据的处理方式也可以类推出来。由于不具备互联网层的功能，交换机 B 和交换机 A 一样，只会查看最外面的以太网头部。当交换机 B 发现该数据在以太网中的目的地址是终端 C 之后，会将数据从与终端 C 相连的接口发送出去，如图 3-17 所示。

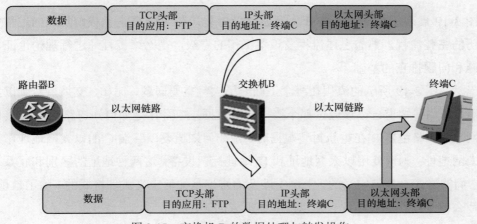

图 3-17　交换机 B 的数据处理与转发操作

最终，当终端 C 接收到数据时，会按照自下而上的顺序，逐层对数据进行解封装，直至恢复最初的数据为止，如图 3-18 所示。

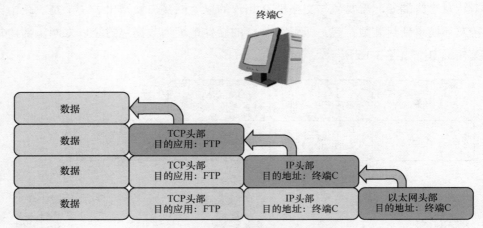

图 3-18　终端 C 对数据的解封装操作

如果对上述过程进行总结，那么数据在经过图 3-12 所示的拓扑环境中的通信设备时，接受的处理过程可以参照 TCP/IP 模型层级，概括为图 3-19 所示的流程。同时，图 3-19 也显示了所有通信设备在 TCP/IP 模型中实际工作的层级。

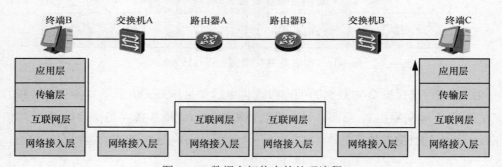

图 3-19　数据在拓扑中的处理流程

图 3-19 展现了数据在终端 B 上开始接受封装、在终端 C 上完成解封装的过程中，所经历的完整流程。熟悉上述流程及设备工作的层级，是网络工程师进行理论论证、项目实施和问题排查的基础。

当然，图 3-19 所示的流程在概念上回避了大量重要问题，比如，交换机看到以太网地址后，是如何知道自己该通过哪个接口转发数据；终端 B 是如何知道路由器 A 接口的以太网地址；路由器 B 在重新封装数据时，是如何知道要以终端 C 的以太网地址作为目的以太网地址；为何要用以太网地址和 IP 地址标识设备，这两种地址的区别和联系是什么，它们的格式是如何定义的；上例中涉及的协议是如何定义头部格式的，除了地址外，还有什么参数；路由表是什么，以及如何形成的等。

　　网络技术领域是一个技术和概念存在紧密相关性的领域，大量概念很难脱离其他技术独立地进行介绍。因此，学习网络技术的人员无论从哪些概念为起点，开始接触这个领域，都难免会在掌握某些技术的具体定义和理论之前，就已经在学习其他技术的过程中接触过这些定义和理论。不过，上述遗留的问题，在后续内容能找到答案。本节所涉及的案例，也会在后面的内容中再次使用。

3.3　本章总结

　　本章重点对协议模型进行详细介绍。在 3.1 节中，我们首先介绍了通信的规则，随后通过一个用编码进行表意的游戏，进一步诠释了协议的作用和必要性。在同一节中，我们又通过深化编码的游戏，简单解释了协议分层，尤其是层级间存在逻辑关系的概念。在引出了协议分层的理念之后，本章分别对 OSI 参考模型和 TCP/IP 模型这两个最知名的模型进行介绍，内容涉及这些模型的历史、每一层定义的职责，以及这两种模型之间的区别。

　　在 3.2 节的开始，为了对读者理解设备处理数据的过程进行铺垫，本章对封装和解封装的概念和操作进行了说明。在 3.3.2～3.2.4 节中，我们用示例结合 TCP/IP 模型的方法，对通信各方处理数据的方式（包括封装、解封装和转发）进行了逐步分析。其中，3.2.2 节和 3.2.3 节分别分析了位于网络应用层的终端设备处理数据的方式和数据转发设备处理数据的方式；3.2.4 节将前面的内容组合起来，用逐步分析的方式演示了一次完整的数据转发过程。

3.4　练习题

一、选择题

1. 下列哪一层是 TCP/IP 模型特有的分层？（　　　）

A．网络接入层　　　　B．网络层　　　　C．传输层　　　　D．应用层

2. TCP/IP 模型中的网络接入层包含了 OSI 参考模型中的哪两层的定义？（多选）（　　　）

A．应用层　　　　　　B．网络层　　　　C．数据链路层　　　D．物理层

3. 下列哪项陈述与 TCP/IP 模型相符？（　　　）

A．区分了应用层、表示层和会话层的服务

B．区分了协议、接口和服务的概念

C．先有协议，后有模型

D. 区分了数据链路层和物理层的服务

4. 下列哪项陈述不符合事实？（多选）（　　　）

A. 封装操作会导致数据增加　　　　　　B. 解封装操作会导致数据增加

C. 发送方设备对数据执行封装　　　　　D. 接收方设备对数据执行封装

5. 路由器工作在 TCP/IP 模型的哪一层？（　　　）

A. 应用层　　　　　　B. 传输层　　　　　C. 互联网层　　　　　D. 网络层

6. 计算机工作在 OSI 参考模型的哪一层？（　　　）

A. 应用层　　　　　　B. 传输层　　　　　C. 物理层　　　　　D. 互联网层

7. 二层交换机中的"二层"是指交换机工作在（　　　）。

A. TCP/IP 模型的网络层　　　　　　　　B. OSI 参考模型的互联网层

C. TCP/IP 模型的网络接入层　　　　　　D. OSI 参考模型的数据链路层

8. 路由器为何被称为三层设备？（　　　）

A. 因为路由器工作在 OSI 参考模型的互联网层

B. 因为路由器工作在 OSI 参考模型的网络层

C. 因为路由器工作在 TCP/IP 模型的互联网层

D. 因为路由器工作在 TCP/IP 模型的传输层

二、判断题

1. 因为人们称路由器为网络层设备，所以路由器不会查看数据链路层封装的头部信息。　　　　　　　　　　　　　　　　　　　　　　　　　（　　　）

2. 两台使用不同底层协议的设备之间也可以实现通信。　　　　（　　　）

第4章
网络接入层

4.1　物理层协议

4.2　网络介质

4.3　数据链路层

4.4　以太网协议

4.5　本章总结

4.6　练习题

在 TCP/IP 模型中，最底层为网络接入层。在这一层中，通信设备需要对接收到的信息进行包括从物理信号到逻辑数据的转换、将解封装的数据交付给互联网层的一系列处理。在 OSI 参考模型中，这些复杂的处理被分为两个层级，分别是定义物理信号、线缆、接口等机械电子标准的物理层，以及定义数据纠错、流量控制和局部网络寻址的数据链路层。

在本章中，我们会将网络接入层按照 OSI 参考模型的定义，分为物理层和数据链路层，分别对这两层提供的服务及其中涉及的重点标准和技术进行说明。在 4.4 节，我们将介绍在有线局域网的数据链路层中占据统治地位的以太网技术，解释以太网技术两大并行标准的由来，以及它们对于数据帧封装格式的定义。结合集线器、交换机转发数据的方法，我们还介绍数据链路层硬件地址在局域网寻址中的作用。

学习目标

- 了解物理层的作用和一些规程；
- 了解一些连接局域网的双绞线和光纤标准；
- 了解无线介质，特别是 802.11 无线局域网的由来、参数和连接方式；
- 理解数据链路层应当提供的服务；
- 了解数据链路层的几种错误校验机制；
- 掌握数据链路层常用的冲突避免方式；
- 理解以太网的由来，以及以太网标准的发展变化；
- 掌握两种以太网标准定义的数据帧封装格式，以及各字段的作用；
- 掌握 MAC 地址的格式和分类；
- 掌握共享型以太网和交换型以太网的数据转发方式。

4.1　物理层协议

物理层是 OSI 参考模型中的第一层，而在 TCP/IP 模型中，物理层的功能属于网络接入层功能的一部分。所谓物理层协议——其更常见的称谓是物理层规程（Procedure），谢希仁教授曾经进行这样的解释："其实物理层规程就是物理层协议。只是在'协议'这个名词出现之前，人们就先使用了'规程'这一名词。"OSI 参考模型定义，这一层的服务包括制定与通信物理介质和物理信号传输相关的标准，因此，物理层规程是指这些物理层面的通信标准。

物理层规程可以概括地划分为两类，分别是与网络基础设施有关的标准和与被传输物理信号有关的标准，下面分别对它们进行简单说明。

① **与网络基础设施有关的标准**：我们在第 1 章引出"协议"这一概念时就曾经提到："A 品牌汽车在保养时不能将其空气滤清器更换为 B 品牌汽车的空气滤清器，这是因为 B 品牌空气滤清器的尺寸、形状、大小和 A 品牌完全不同，所以 B 品牌的空气滤清器无法安装到 A 品牌汽车的空气滤清器槽位……"由此可见，人们哪怕只是想把不同厂商、不同用途的网络基础设施连接在一起，尚不考虑后续逻辑层面的消息互认和物理层面的消息互通，那也必须先通过物理层规程将设备接口与线缆接头的尺寸和形状、引脚的数量和排列等设计规范化。鉴于物理层面的消息互通也是物理层应该提供的服务，那么物理层的标准还应包括针脚的用途、线缆的材料与设计等因素。大家耳熟能详的（RJ-11 和 RJ-45 水晶头）、EIA-RS-232（串行接口）、ANSI/TIA/EIA-568（网线线序）都属于这一类标准。

② **与被传输物理信号有关的标准**：既然接收方设备通过传输介质接收到用物理表示方法描述的二进制信号时，需要将物理信号还原成本来的二进制数据，那么数据的收发双方就必须拥有一套相同的数据编码标准。显然，这类标准首先需要规定用什么物理表现形式描述二进制 0 和 1。例如，若用电压的高低描述 0 和 1，那么高电压是多高？低电压是多低，是否低至 0V？若用脉冲的长短来描述 0 和 1，那么长脉冲是多长？短脉冲是多短？仅仅定义这些标准还不够。如果单纯地定义一种物理表现形式（如低电压）为 0，另一种物理表现形式（如高电压）为 1，那么连续的 0 或 1 又如何与单个的 0 或 1 进行区分呢？如果信息以 0 开始，那么接收方又如何判断在第一个 1 之前，发送方已经发送了多少个 0；如果信息以 0 结束，那么接收方又如何判断在最后一个 1 之后，发送方又发送了多少个 0 呢？因此，每比特的时长、传输开始和终止的信号标志都需要进行定义。不归零编码（Non-Return-to-Zero，NRZ）、曼彻斯特编码、不归零反转编码（Non-Return-to-Zero-Inverted，NRZI）和 4B/5B 编码等都对信号的标准进行了定义。

注释：

如果用电压的高低描述信号，那么用最简单的方式来说，NRZ 就是用低电压描述 0，用高电压描述 1；曼彻斯特编码是用电压由高变低描述 0，由低变高描述 1；NRZI 是用电压不变描述 0，用电压变化描述 1；4B/5B 是用 5 比特信号描述 4 比特数据，多出的 1 比特用来打断信号中连续的 0 和 1。

在一些实际网络中，二进制数字信号在传输的过程中需要借助电话线路等模拟网络进行发送。在这种情况下，终端与模拟线路之间需要安装一台调制解调器，将终端的数字信号转换为模拟信号，这样，数字信号才能在模拟网络中进行传输，如图 4-1 所示。

图 4-1　数字信号在模拟网络中传输

注释：

数字信号与模拟信号之间如何实现转换超出了本书的知识范畴，拥有相关技术需求或者对这类问题感兴趣的非计算机或通信专业读者，可以自行学习信号与系统的相关内容。

除了信号本身外，与物理层联系比较密切的就是信号的传输介质，毕竟不同的物理介质在特性上也不尽相同。

4.2　网络介质

所有通信介质可以笼统地分为有线介质或无线介质两类。有线介质和无线介质最直观的区别就是介质本身是否限制通信参与方的范围：对于有线网络来说，通信的参与方之间一定会通过某些网络基础设施在物理上相互连接；对于无线网络来说，参与方之间则不依靠设备之间的物理线缆作为通信媒介，在一个开放范围内，具有无线功能的设备都有条件连接到网络当中。

有线网络和无线网络各自拥有鲜明的优缺点：有线网络是一个封闭的通信环境，相比于无线网络更加安全，也不容易受到干扰；无线网络在接入网络时更加灵活，可以降低一些部署有线连接的物资和人力成本。

4.2.1　有线介质简介

目前，搭建局域网采用的有线介质以双绞线和光纤为主。

　　双绞线是指为了冲抵干扰，将由两根相互绝缘的导线按照一定规格相互缠绕而形成的通信介质，如图 4-2 所示。双绞线可以分为屏蔽双绞线（Shielded Twisted Pair，STP）和非屏蔽双绞线（Unshielded Twisted Pair，UTP）。与非屏蔽双绞线相比，屏蔽双绞线一般在双绞线和外层的绝缘封套之间多了一个金属屏蔽层，这个金属屏蔽层的作用是屏蔽电磁干扰。IEEE 对双绞线进行了分类，几种目前常用于搭建局域网的 UTP 及其适用的以太网传输速率见表 4-1。

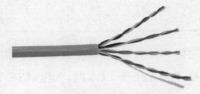

图 4-2　双绞线

表 4-1　　　　　　　　　　　　常用 UTP 及其适用的以太网传输速率

线缆类型	适用的以太网传输速率
3 类线（CAT-3）	10Mbit/s、100Mbit/s
5 类线（CAT-5）	10Mbit/s、100Mbit/s/、1000Mbit/s
超 5 类线（CAT-5e）	10Mbit/s、100Mbit/s、1000Mbit/s
超 6 类线（CAT-6e）	10Mbit/s、100Mbit/s、1000Mbit/s、10Gbit/s

　　双绞线使用 RJ-45 接头连接网络设备，RJ-45 接头即人们平时所说的水晶头，如图 4-3 所示。

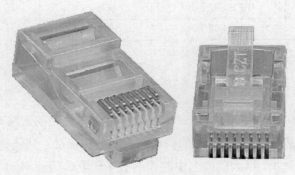

图 4-3　RJ-45 接头

　　为了保证终端能够正确收发数据，接头中的针脚必须按照一定的线序排列。RJ-45 接头的线序分为 568A 和 568B 两种。若一条线缆两头的线序均为 568B，则该线缆为直通线（Straight-Through）；若一条线缆两头的线序分别为 568A 和 568B，则该线缆为交叉线（Cross-Over）。在过去，是使用直通线还是交叉线连接设备，取决于线缆两侧连接的设备类型。如今，即使在应使用交叉线的环境中使用了直通线或者相反，绝大多数网络设备也已经具备自动识别和适应线缆类型的功能，因此，采用哪种线序制作线缆已经不像过去那么重要，重要的是线缆应该按照表 4-2 所列的标准正确地设置线序。

表 4-2 以太网线序标准

线序类型	1	2	3	4	5	6	7	8
568A	白绿	绿	白橙	蓝	白蓝	橙	白棕	棕
568B	白橙	橙	白绿	蓝	白蓝	绿	白棕	棕

直通线：568B－568B

交叉线：568A－568B

采用双绞线连接以太网的标准由传输速率为 10Mbit/s 的 IEEE 802.3i 标准发展而来，最早的标准为使用 3 类线连接 10BASE-T 以太网。10BASE-T 以太网标准是从同轴电缆演变而来的，这是因为双绞线的成本更低，部署更简单。目前，同轴电缆几乎已经退出历史舞台，而采用双绞线建立连接的以太网标准却一代又一代地发展，从用 3 类线连接 10BASE-T 以太网标准发展到未来很可能用 8 类线连接 40GBASE-T 以太网标准，新的标准仍然在研究和确立当中。目前常见的以太网双绞线连接标准见表 4-3。

表 4-3 常见的以太网双绞线连接标准

以太网命名	IEEE 标准	传输速率	线缆
10BASE-T	IEEE 802.3i	10Mbit/s	2 对 3/4/5 类线
100BASE-TX	IEEE 802.3u	100Mbit/s	2 对 5 类线
100BASE-T4		100Mbit/s	4 对 3 类线
100BASE-T2	IEEE 802.3y	100Mbit/s	2 对 3 类线
1000BASE-T	IEEE 802.3ab	1Gbit/s	4 对超 5 类线
10GBASE-T	IEEE 802.3an	10Gbit/s	6 类线

注释：

关于以太网相关技术的内容，这里只介绍与物理层有关的参数。

在表 4-3 中，100BASE-TX 是 IEEE 802.3u 标准（即快速以太网）之一，制定了在 5 类 UTP 或 STP 上，速率达 100Mbit/s 的快速以太网信令标准。其他标准可以按照同样的方式进行理解，也就是说，以太网命名中前面的数字代表传输速率，即 10 代表 10Mbit/s、100 代表 100Mbit/s、1000 代表 1Gbit/s，而 10G 代表 10Gbit/s。BASE 代表基带传输。BASE 后面的字母 T 代表采用的介质是双绞线（Twisted Pair）。T 后面如果还有数字或者字母，则多与传输的频率或者采用的编码有关，属于接口电路规范，而接口电路决定了使用线缆的类型。

双绞线传输数据的方法是将数据转换为电信号，而光纤传输数据的方法是将数据转换为光信号。常用的光纤线缆如图 4-4 所示。

图 4-4　光纤线缆

与双绞线相比，光纤连接器的种类较多，包括 ST、FC、SC、LC 等，如图 4-5 所示。

　（a）ST　　　　　　　（b）FC　　　　　　　（c）SC　　　　　　　（d）LC

图 4-5　4 种光纤连接器

相比于双绞线连接，传输距离是光纤一大优势。双绞线的最大传输距离为 100m。根据光信号模式的不同，光纤可以分为单模光纤和多模光纤。多模光纤可以让不同模式的光信号在一根光纤上进行传输。由于模间色散较大，导致信号脉冲展宽严重，因此多模光纤的传输距离较短。多模光纤主要用于局域网中的短距离传输，但传输距离也可以达到数百米相对于双绞线已经拥有数倍的优势。单模光纤只能传输一种模式的光信号，不存在模间色散，因此适用于长距离高速传输，其传输距离可以达到数千米，甚至上百千米。

光纤的传输速率同样包括 10Mbit/s、100Mbit/s、1Gbit/s、10Gbit/s 等。目前常见的以太网光纤连接标准见表 4-4。

表 4-4　　　　　　　　　　　　　　常见的以太网光纤连接标准

以太网命名	IEEE 标准	传输速率	传输介质	传输距离
10BASE-F	IEEE 802.3j	10Mbit/s	多模光纤	2000m（全双工）
100BASE-FX	IEEE 802.3u	100Mbit/s	多模光纤	400m（半双工）2000m（全双工）
1000BASE-SX		1Gbit/s	多模光纤	550m
1000BASE-LX	IEEE 802.3z	1Gbit/s	多模光纤	550m
		1Gbit/s	单模光纤	5000m
1000BASE-ZX		1Gbit/s	单模光纤	（70～100）km
1000BASE-BX	IEEE 802.3ah	1Gbit/s	单模光纤	10km
10GBASE-SR		10Gbit/s	多模光纤	300m
10GBASE-LR	IEEE 802.3ae	10Gbit/s	单模光纤	10km
10GBASE-ER		10Gbit/s	单模光纤	40km

光纤不仅在传输距离上拥有双绞线无法比拟的优势，而且传输的信号不会受到电磁场的影响，因此，以光纤为介质传输的信号保真度更高。另外，光纤提供的带宽也比铜线提供的带宽更高，因而更适合用于高速网络的环境。不仅如此，光纤线缆还比铜线更

难被人从中进行窃听，所以在安全性方面也更加可靠。目前，光纤得到更广泛使用的瓶颈之一是光纤接口高昂的成本。

除了双绞线和光纤外，人们在建设广域网时，也会采用以 EIA-RS-232 标准为主的串行连接（Serial 接口）的其他连接标准，这里不再一一列举。

4.2.2　无线介质简介

使用有线介质在通过线缆传输信号时，终端会用电压和光强来描述二进制信号。而对于无处不在的无线介质，终端设备会使用电磁波描述要传输的信号，并通过微波来承载这些信号。这种采用无线介质传输信号的方式和通过有线介质传输信号的方式相比，二者最大的区别在于无线介质本身不会限制信号的传输范围，因此传输覆盖面大，可以给用户提供良好的移动性，但同时也比较容易受到其他信号发生器的干扰。

通过无线的方式传输数据的实现形式有很多种。从广义上讲，小至蓝牙（IEEE 802.15）这类用于主/从设备之间建立数据连接的 PAN 技术，大到 WiMAX（IEEE 802.16），都可以划分到无线技术的范畴中。在众多可以划分为无线网络的技术和标准当中，无线局域网是与计算机网络从业人员联系密切的技术之一。

第一个无线局域网的标准 802.11 制定于 1997 年。虽然同期制定了一些其他的无线 LAN 标准，但它们都无一撼动 802.11 的统治地位。根据 802.11 标准，无线 LAN 可以通过 2.4GHz 的频带，实现最大 2Mbit/s 的数据传输。这个标准后来出现了大量的变体。1999 年，802.11b 标准制定，新标准使用的工作频段不变，可以实现的最大传输速度为 11Mbit/s。同年，多个无线制造商成立了 Wi-Fi 联盟，这个非营利组织的职责包括按照 802.11 系列标准对无线设备进行认证，通过认证的设备之间才能够相互实现互联。

常用的 IEEE 802.11 系列标准及其对应的频段、数据传输速率、调制和复用技术等相关参数见表 4-5。

表 4-5　　　　　　　　　常用的 IEEE 802.11 系列标准及其相关参数

IEEE 标准	通信频段	最高数据传输速率	调制及复用技术
802.11	2.4GHz	2Mbit/s	DSSS、FHSS
802.11b	2.4GHz	11Mbit/s	DSSS
802.11a	5GHz	54Mbit/s	OFDM
802.11g	2.4GHz	54Mbit/s	OFDM
802.11n	2.4GHz、5GHz	600Mbit/s	MIMO-OFDM
802.11ac	5GHz	1Gbit/s	MIMO-OFDM
802.11ad	60GHz	7Gbit/s	OFDM、SC、LC

注：DSSS（Direct Sequence Spread Spectrum，直接序列扩频）；FHSS（Frequency Hopping Spread Spectrum，跳频扩频）；OFDM（Orthogonal Frequency Division Multiplexing，正交频分复用）；MIMO（Multiple-Input Multiple-Out，多输入多输出）。

表 4-5 所列的标准均采用了调制及复用技术。不同技术定义的编码和传输方式各不相同，这让不同标准在通信的效率和抗干扰性等因素上存在优劣之分。

注释：

之所以将 802.11a 放在 802.11b 之后，是因为虽然 802.11a 工作组的成立先于 802.11b 工作组的成立，但 802.11a 使用了在部分国家存在使用约束条件的 5GHz 通信频段，导致 802.11b 实际上比 802.11a 更先获得批准，也使 802.11b 对应的产品比 802.11a 对应的产品更早投入市场。采用了较高的通信频率的 802.11a 尽管在速率上大大超过 802.11b，但是在相同功率条件下，其覆盖范围却不到 802.11b 的 1/7。

无线的连接方式主要分为下面两种。

① **基础设施连接（Infrastructure）**：这种方式是第 3 章示例拓扑中无线网络部分采用的连接方式。终端设备通过 AP 接入局域网，进而访问更大的网络（常常是互联网）。

② **自组织连接（Ad hoc）**：即终端设备之间直接通过无线信号实现连接，这种连接方式的目的是建立一个小规模的通信网络，而未必是为了连接到其他更大的网络（如互联网）。

鉴于无线技术并非本书的重点，这里仅做概述性介绍。

4.3　数据链路层

在本节中，我们会首先阐述数据链路层在实现网络传输中发挥的作用，并再次总结数据链路层提供的服务，然后对数据链路层提供的服务逐项进行解释说明。

4.3.1　数据链路层的作用

根据 OSI 参考模型的定义，当接收方设备通过物理层协议将电压的高低、光的明灭、电磁特征等物理描述方式转换为由数据编码成的二进制信号时，这台设备就要继续通过数据链路层处理这些接收到的比特流，并将经过处理的数据帧交由上层的网络层进行处理。同样，当发送方设备将网络层封装好的数据包交给数据链路协议处理时，这一层的协议也需要将其封装成数据帧，交由物理层进行编码和发送。

为了完成这些任务，数据链路层需要解决以下问题。

① **数据成帧**：当网络层封装的数据包到达数据链路层时，数据链路层协议需要给数据包添加上头部和尾部，这个封装之后的结构称为数据帧（Frame）。数据帧就是物理层执行编码转换的数据。

② **错误校验**：由于信号在物理层传输的过程中难免会出现差错，因此位于物理层之上的数据链路层就需要承担错误校验的功能，以确保交付给网络层的数据帧是正确的。校验功能是数据链路层协议给数据包封装尾部的一大原因，这部分内容将在 4.3.2 节中进行介绍。

③ **物理寻址**：数据链路层为处于同一个网段中的设备提供物理寻址的依据，让发送方设备可以使用接收方设备的地址封装数据帧，以确保接收方设备能够接收并处理发送方发来的数据。这部分内容将在 4.4 节介绍 MAC 地址时进行进一步说明。

④ **可靠传输**：在物理介质差错率比较高的情况下，数据链路层协议可以像传输层协议一样提供保障数据可靠传输的机制，即通过确认和重传确保通信的接收方接收到了数据。由于确认和重传也会占据链路的开销，在物理介质差错率不高的环境中，数据链路层协议往往不会提供与可靠传输有关的功能，而会把相关的步骤留给传输层协议进行处理。

4.3.2 错误检测

信号从发送端发送出去到被接收端接收的过程中，必然会经历各种各样的变化。当然，物理层在定义二进制信号判别标准时，会考虑信号在传输过程中发生变化的因素，让一定程度之内物理信号的变化不至于会影响设备对二进制消息的识别。比如，接收方在判断接收到的数据是否为高电压时，往往会参照一个电压区间进行判断，在区间范围内的电压都会被识别为高电压。尽管如此，过度衰减而导致接收方将信号 1 识别为 0 的情况仍然不可彻底避免。除了信号衰减外，外部干扰也可能导致发送方的信号在传输过程中产生变化。即使排除外部干扰对信号的影响，传输介质自身的物理属性也可能导致信号出现失真。无论接收方是将 1 识别为 0 还是将 0 识别为 1，这些都是数据在传输中希望尽量避免出现的情形。

物理层的信号编码方式会影响接收方对信号的识别准确率，比如，我们在 4.1 节中介绍的不归零编码就容易让接收方在接收到连续的 0 或 1 时，判断 0 或 1 的基线降低（如连续接收到 0）或者提高（如连续接收到 1），导致接收方对后续信号出现误判。因此，合理的编码技术可以起到降低信号传送错误率的作用。

在物理层之上，数据链路层也要承担差错校验的功能。为了让接收方能够判断其接收到的信息是否与自己发送的数据一致，发送方需要在信息的基础上添加一部分数据，供接收方设备进行校对。目前，用来执行错误校验的做法有以下几种。

① **奇偶校验**：在传输之前，发送方和接收方要确定使用奇校验还是偶校验。在开始传输时，发送方会在原数据的基础上增加一位，增加这一位的目的是确保每个数据中数字 1 的个数是偶数（或奇数）。比如，原始数据为 0100011011，如果采用偶校验，那么发送方会在校验位填充 1，确保自己传输的每个数据中，1 的个数是偶数（本例中补充后

1 的个数为 6）。这样一来，如果接收方接收到数据，发现 1 的个数不是偶数，那么会意识到收到的数据与原始数据不一致。然而，当传输环境的差错率比较大时，奇偶校验就不再适用。

② **校验和**：校验和指发送方在发送数据之前，先通过累加，计算数据的总校验和值，然后将这个值封装在数据的外部送给接收方。接收方在接收到数据后进行计算，如果发现这段数据实际的校验和值与数据携带的校验不符，那么表示信息在传输中出现了问题。

③ **循环冗余校验**：这种检验方法借助多项式除法判断数据在传输过程中是否出现差错。如果由被发送数据和一个附加比特所组成的函数能够被系数次幂的多项式整除，那么说明数据在传输的过程中没有出现问题。正是因为采用了多项式除法，循环冗余校验成为目前计算机网络中应用最广泛的校验方式。这种方法不仅准确率高、可以用于任何长度的编码，而且这种相对于比较复杂的数学算法在硬件上更容易实现。

注释：

多项式除法理论属于数学领域，具体的运算方法超出了本书的范畴，这里不再进行进一步介绍。感兴趣的读者可以参考涉及有限域概念的数学专著。

4.3.3　链路类型

从贴近物理层的角度来看，设备之间的相互连接需要通过某种介质实现，而这种介质要么是共享型介质，要么是两台设备专用的点对点连接。总体来说，广域网（Wide Area Network，WAN）环境中多采用点对点连接，而一部分 LAN 环境中，尤其是无线局域网环境中，使用的则是共享型介质。

在集线器（Hub）被交换机取代之前，由于集线器本身并不具有按照目的地址对数据执行转发的功能，只会将接收到的数据从自己的所有接口转发出去，这就让集线器在功能上等同于一个连接了大量以太网线缆的多向接头，这时的以太网通信环境也属于共享型介质。对于所有通过同一个共享型介质连接的设备来说，只要有超过一台数量的设备同时发送数据，这些被发送的数据就会在共享介质上叠加，导致接收方难以识别其中任何一台设备发送的数据。**这种因数据在共享介质上叠加导致接收方无法识别原数据的情形称为冲突（Collision），而通过同一个共享型介质连接的设备则称为处于同一个冲突域（Collision Domain）中。**

鉴于处于一个冲突域中的设备，只能同一时间有一台发送数据，共享型网络的通信效率不高。后来，集线器逐渐被交换机淘汰。与集线器不同，交换机可以根据数据帧头部信息查看数据的目的设备，并由此判断应该将数据从自己的哪个接口转发出去，交换机不同端口连接的设备并不会因同时发送数据而导致冲突，因此，以太网环境也就变成了大量终端与交换机之间分别建立点对点连接的网络。换言之，因为**交换机可以通过端口隔离冲突域**，所以由交换机连接的以太网也就不再属于需要竞争链路资源的共享型介质了，这类用交换机连接的以太网称为交换型以太网。这也是为什么"随着设备集线器全面由交换机取代，星形连接解决了总线型连接的资源竞争问题"。

由前面的叙述可知，点对点连接采用的模式是连接的双方独占通信信道，并没有第三方参与，因而其中涉及的转发问题相当简单。而采用共享介质传输数据的环境则不然，这类协议需要解决的问题至少比采用独占信道通信的协议多出了以下两点。

① 如何找到接收方。

② 如何避免冲突。

在数据链路层环境中，设备用来定义发送方和接收方的地址并不是逻辑层面的 IP 地址，而是硬件地址。如何在发送和接收数据时避免冲突，显然也属于硬件层面的标准。因此，相比于点对点连接，诸如 WLAN 这类共享型介质环境要求数据链路层协议提供更多硬件层面的标准。尽管相比于 TCP/IP 模型，OSI 参考模型已经细化了对底层的定义，将 TCP/IP 模型中网络接入层的服务分散到数据链路层和物理层。但是，在面对共享型介质这类同时需要对硬件和软件标准进行定义的环境时，OSI 参考模型为数据链路层定义的服务仍然显得不够"立体"。如果数据链路层的服务可以细化为从上到下及从软件到硬件这两个层级，并分别制订本地环境中传输数据的软件服务和硬件服务，那么对于落实这一层的协议，实现不同硬件环境之间的互联将起到十分重要的作用。于是，共享型数据链路环境催生了 IEEE 对数据链路层层级的细分。

4.3.4 介质访问控制子层

共享型网络要想实现数据传输，必须针对大量设备如何在网络中有序收发数据、如何实现相互寻址等服务制定明确的规则，而这类规则在逻辑上应该比数据链路层的其他服务更加靠近物理层，于是 IEEE 将数据链路层的服务分为了逻辑链路控制（Logical Link Control，LLC）子层和介质访问控制（Medium Access Control，MAC）子层，如图 4-6 所示。它们的作用概括如下。

① **LLC 子层**：与网络层相接，为不同的 MAC 子层协议与网络层协议之间提供统一的接口，并提供流量控制服务。

② **MAC 子层**：与物理层相接，为统一的 LLC 子层协议和不同的物理层介质之间提供沟通的媒介，并执行与硬件有关的服务，包括在共享环境中实现资源分配，让通信可以适应不同的传输介质，实现数据寻址，等等。

由于 MAC 子层贴近物理层，因此不同的通信介质常常对应不同的 MAC 子层协议标准，比如，前文介绍的以太网标准为 IEEE 802.3，无线局域网标准为 IEEE 802.11。这些标准分别定义了不同介质中与寻址、避免冲突等 MAC 子层需要提供的服务。

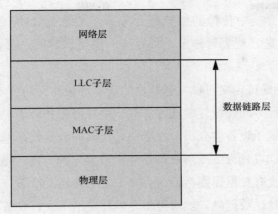

图 4-6　LLC 子层和 MAC 子层

　　没有制定交通规则的公共交通环境一定比较容易出现交通事故，会导致大量的交通参与者无法有效利用交通资源，到达自己的目的地。没有制定议事规则的议会会议也一定比较容易出现混乱的场面，让推动国计民生发展的政策和立法制定程序无法顺利进行。总之，每当涉及共享公共资源的问题时，就难免需要有一套成文或不成文的规则，定义参与者如何有序占用这些资源。人类社会如此，网络技术领域更是如此。当大量设备共同使用相同的介质转发信息时，需要有如交通规则那样的协议规定各方如何共享这个介质，以实现信息转发。从逻辑上看，保障共享介质不会出现冲突的方法有以下两种。

　　① 定义**不可**发送数据的情形：如果介质中有数据正在传输，则设备不能发送数据，否则可以随时发送数据。

　　② 定义**可以**发送数据的情形：只有获得发送数据许可的通信设备才可以发送数据，同时只有一台设备可以获得许可。

　　在共享型数据链路层环境中，不同传输介质往往对应不同的 MAC 子层协议，而不同的协议则利用不同的技术手段来避免冲突。下面介绍 3 种常见的避免冲突的技术，尽管其中有些技术的使用环境已经过时或者发生重大变化，但这些技术或技术背后的理念却仍然广泛应用于计算机网络的其他领域。

　　① **带冲突检测的载波监听多路访问**（Carrier Sense Multiple Access with Collision Detection，CSMA/CD）是一种通过定义不可发送数据的情形来避免冲突的技术。载波监听多路访问类似于十字路口所有交通信号灯反复闪烁黄灯的情形，这代表驾驶员在经过观察判断没有车辆行车的情况下，即可安全通过。具体来说，载波监听多路访问指每个站点在发送数据之前，需要首先监测共享介质，查看介质中是否有消息正在传输，如果有则暂不发送数据。不过，如果因为介质中有数据正在传输，导致多台准备发送数据的设备都暂停发送数据，那么这些设备难免会在介质中信号传输结束之后同时开始发送数据，从而导致冲突发生。因此，发送方站点在开始发送数据之后仍会

侦听传输介质，查看介质中传输的信号是否与自己发送的信号一致，如果不一致说明发生了冲突，此时发送方就会暂停发送，等待一段随机时间之后再发送，这个过程叫作冲突检测。

② **令牌环**是一种通过定义可以发送数据的情形避免冲突的技术，其方法类似于驾驶员在十字路口等待前行方向为绿灯时通过。在一个环形拓扑环境中，一台设备要发送数据必须首先获取一个赋予设备向介质中发送信号权限的特殊数据帧，这个数据帧就称为令牌（Token），如图 4-7 所示。令牌在网络中沿着固定的方向一站一站地进行传输，如果收到令牌的设备并没有数据需要传输，会立刻把令牌转发给下一台设备，否则会持有该令牌，最大限度地发送数据帧，然后再将令牌转发给下一台设备。

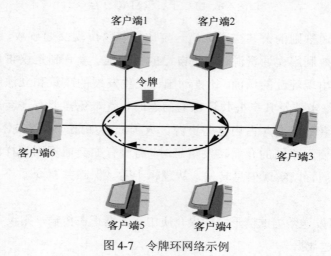

图 4-7　令牌环网络示例

③ **带冲突避免的载波监听多路访问**（Carrier Sense Multiple Access with Collision Avoidance，CSMA/CA）是用于无线局域网环境中的冲突避免技术。无线环境之所以没有沿用传统的 CSMA/CD 技术，主要有两方面原因。一方面，无线环境中的信号衰减得十分严重，发送方无法在发送信号的同时，通过判断自己接收到的信号与发送的信号是否一致的方式检测信号是否在信道中发生了冲突，这是因为相对于发送方正在发送的信号而言，接收到的信号往往过于微弱，使设备难以判断信号是否在信道中与其他信号产生了叠加；另一方面，无线设备是以帧为单位发送数据的，即使检测到冲突也不会为了避免冲突而立刻停止发送数据帧。由此可得：在无线环境中执行冲突检测不仅难以做到，而且没有必要。于是，CSMA/CA 技术规定除了发送第一个数据帧的设备可以在检测到信道空闲时，仅仅经历一段短暂的间隔时间就可以发送数据帧外，其他设备即使检测到信道空闲，也必须随机回退一段时长，以避免发生冲突。设备在回退时会设置一个计时器，等待过程中只要检测到信道被占用，就暂停计时器倒计时，待计时器倒计时结束再执行数据帧的发送。

4.4　以太网协议

在人们认为电磁波也必须在某种介质中才能传播的时代，人们将这种"借电磁波传播的介质"命名为了以太（Ether）。现在，电磁波可以在真空中传播，以太这种介质仅仅停留在人们的假设当中。然而，关于以太的故事并没有结束，虽然作为电磁波载体的以太并不存在，但它却因为以太网（Ethernet）这项重大发明在网络领域的普及，成为当今大量局域网信息传播的理想载体。时至今日，以太网已经成为有线局域网（Wired Local Area Network）的代名词。在本节中，我们会详细介绍以太网的由来，以及相关的技术和标准。

4.4.1　以太网概述

当拥有一定数量的计算机时，将这些计算机连接起来，建立一个局域网络的需求也会随之产生。1973 年，Robert Metcalfe 在施乐公司（Xerox）的帕洛阿尔托研究中心（Palo Alto Research Center，PARC）用粗同轴电缆搭建了第一个局域网，这个总线型结构的网络（可参考图 1-7）速率为 2.94Mbit/s，并将这个网络用实际上并不存在的介质"以太"命名。以太网由此开始。几年后，DEC、英特尔（Intel）和施乐公司共同制定了 10Mbit/s 速率以太网的标准，该 10Mbit/s 以太网标准的命名取自这 3 家公司的首字母，因而又被称为 DIX 标准，目前常被称为 EHTERNET Ⅱ标准。本书为求一致且通用，后续将使用 ETHERNET Ⅱ标准。

1983 年，IEEE 802.3 标准出炉，这个标准对 ETHERNET Ⅱ标准进行了少许修改，希望通过这种方式重新定义以太网的标准。不过，在 IEEE 802.3 标准问世之前，大量 ETHERNET Ⅱ标准的软硬件已经在市场中铺开，这些软硬件厂商大都缺少充足的动力按照新的 IEEE 标准去生产软硬件产品，这也导致了当时以太网采用的标准以 ETHERNET Ⅱ标准为主。1997 年，IEEE 声明认可 ETHERNET Ⅱ标准，表示这两种标准都可以采用。

以太网采用的物理传输介质也经历了一系列的变化。从 Robert Metcalfe 采用的粗同轴电缆发展到价格更便宜、线缆更有韧性的细同轴电缆，再发展到用集线器连接双绞线。用集线器和双绞线搭建以太网这种方式，不仅避免了因同轴电缆的问题而导致整个网络通信中断的单点故障问题，还将物理线缆故障的影响范围隔离在集线器和一台终端设备之间，而且这种物理层星形拓扑的结构也让管理网络变得更加轻松，人们可以更加方便地增删站点，或者对站点故障进行排错。因此，以这种方法取代同轴电缆，成为部署以太网最为常见的方式。

然而，正如在前文中提到的那样，集线器虽然在物理上可以构建一个星形拓扑结构，但集线器这种物理层设备实际上就相当于一个多向接头，通过这个接头连接在一起的双绞线在逻辑上形成了一个与采用同轴电缆相同的总线型拓扑，所有设备共享转发数据的物理线缆介质共用网络容量。因为连接到这个以太网的终端设备之间，和通过同轴电缆连接为以太网的设备一样同处于一个冲突域中，因此这些设备也同样会通过 CSMA/CD 技术检测和避免冲突。这样带来的影响是，集线器上连接的设备增加，网络的性能就会随之降低，这让集线器在使用方面就像是装在盒子中的总线，如图 4-8 所示。而采用同轴电缆，或者采用集线器连接双绞线构建出来的以太网，也因此被称为**共享型以太网**。

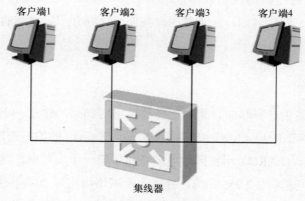

图 4-8　盒子中的总线

在传统的共享型以太网中，所有终端设备处于同一个冲突域中，通过 CSMA/CD 技术检测和规避冲突，这种做法限制了以太网规模的扩大。于是，能够隔离冲突域的交换机逐渐取代集线器成为星形拓扑中的中心设备。交换机只会将数据帧转发给目的设备所在的接口，其余接口均不会转发该数据帧，因此每台终端设备与交换机之间也就形成了一个独立的冲突域。不仅如此，全双工模式在这种环境中的普遍使用也让设备可以实现"边收边发"。由于在这种环境中，通信各方借助的已经不再是共享媒介而是两两通过独占媒介进行通信，因此冲突不复存在。这种用交换机隔离冲突域，构成的新型以太网称为**交换型以太网**。

交换型以太网迅速发展，速率从百兆的快速以太网（IEEE 802.3u）发展至如今的万兆以太网（IEEE 802.3an），每次更新换代的标准会重新定义这种标准支持的线缆介质（见表 4-1 和表 4-2）、双工模式等，但这并不意味着用户必须放弃过去的产品，新标准中提供的自动协商机制可以让连接到以太网中的设备与交换机双方通过协商，使用速率和双工模式较差一方的最高水平实现双向通信。

4.4.2　以太网数据封装格式

在前文中，我们提出了一个概念，即网络协议不等同于功能。因为功能是网络实体的自然属性，协议并不能赋予设备功能，但遵循相同协议的通信各方可以展现出某些功能。在很大程度上，这些标准和协议定义了数据的封装格式，而格式中的字段则可以让通信参与方获得执行相关功能所需的信息，因此，在学习网络技术的过程中，每当技术人员需要深入了解一项网络协议或者标准，最直观的方法就是观察这项协议或者标准定义的封装格式。

ETHERNET Ⅱ标准定义的数据帧封装格式如图 4-9 所示。

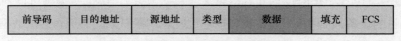

| 前导码 | 目的地址 | 源地址 | 类型 | 数据 | 填充 | FCS |

图 4-9　ETHERNET Ⅱ标准数据帧

如图 4-9 所示，ETHERNET Ⅱ标准在以太网封装格式中定义了如下字段。

① 前导码（Preamble）：前导码的长度为 7 字节，每字节固定为 10101010。在 7 字节的前导码之后的字节称为帧起始定界符，该字节固定为 10101011。这 8 字节的目的是通过编码，让一个以太网数据帧的开头部分表现为有规律的物理信号，以便提醒接收方设备，让它的时钟与自己的时钟同步。而帧起始定界符的最后两位被定义为 11，这是为了告知接收方，在这两个比特之后为以太网数据帧下一个字段的开始。以太网数据帧头部封装的前导码与帧起始定界符各位的数值如图 4-10 所示。

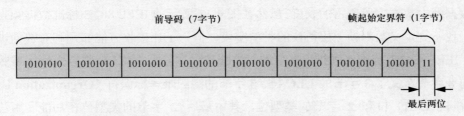

图 4-10　前导码与帧起始定界符各位的数值

② 目的地址（Destination Address）：目的地址的长度为 6 字节，其作用是标识数据帧的目的设备，类似于快递包裹的收件人地址。关于目的地址的内容将在 4.4.3 节进行详细介绍。

③ 源地址（Source Address）：源地址的长度为 6 字节，其作用是标识数据帧的始发设备，类似于快递包裹的发件人地址。关于地址的内容将在 4.4.3 节进行详细介绍。

④ 类型（Type）：类型字段的长度为 2 字节。在第 3 章中，我们介绍了设备逐层封装和解封装的过程。类型字段的作用是告知接收方，这个数据帧在网络层是使用什么协议进行封装的，以便接收方选择同样的协议，对这个数据帧进行解封装。在后面的学习中，读者会发现有很多协议都采用了类型字段或者类似的方法标识上层的封装协议。但在以太网标准中，对这个字段的定义是 ETHERNET Ⅱ标准和 IEEE 标准之间重要的区别之一。

⑤ **填充（Pad）**：以太网标准规定，一个以太网数据帧的最小长度不得小于 64 字节，即数据部分不得少于 46 字节。如果数据部分不足 46 字节，则用填充位填充这个数据帧，让它的长度可以满足最小长度的要求。

⑥ **FCS（Frame Check Sequence）**：译为帧校验序列，这个字段长度为 4 字节，其中包含了前文介绍 CRC 时所述的多项式除法余数。这个字段会被封装在数据帧的尾部，其目的是供接收方校验其接收到的数据帧是否与发送方发送时一致。

综上所述，通过 ETHERNET Ⅱ 标准定义的数据帧头部信息，数据帧可以到达这个局域网中既定的目的设备，而接收方设备也可以通过发送方在以太网头部封装的数据，判断自己接收到的数据帧是否与发送时相同，以及这个数据帧是用什么协议执行的网络层封装。

IEEE 802.3 标准对 ETHERNET Ⅱ 标准进行了一定的修改，其定义的封装格式如图 4-11 所示。

| 前导码 | 目的地址 | 源地址 | 长度 | 数据 | 填充 | FCS |

图 4-11　IEEE 802.3 标准数据帧

如图 4-11 所示，IEEE 802.3 标准数据帧在格式方面与 ETHERNET Ⅱ 标准的区别主要体现在**长度（Length）**字段的定义上。根据 IEEE 802.3 标准的定义，长度字段标志在整个数据帧中数据字段所占的长度。虽然在图 4-11 所示的 IEEE 802.3 标准数据帧封装格式中，找不到定义数据帧上层协议的类型字段，但为了让接收方能够顺利对数据进行解封装，IEEE 802.3 标准必须指出上层的封装协议。实际上，**IEEE 将以太网标准数据字段的前 8 字节定义了 3 字节的 LLC 位、3 字节的组织唯一标识符（Organization Unique Identifier，OUI）位和 2 字节的类型位**，其中最后 2 字节的类型位在功能和用法上与 ETHERNET Ⅱ 标准的类型位相同。

在前文中我们介绍过，IEEE 已经于 1997 年发表声明，表示两个标准都可以接受，因此设备在处理数据帧时，当处理到长度/类型字段，可以看出这是一个根据 ETHERNET Ⅱ 标准封装的数据帧还是一个根据 IEEE 802.3 标准封装的数据帧，并按照相应的方式进行处理。此外，**这两种标准都将数据字段的最小长度定义为 46 字节，而将数据部分的最大长度定义为 1500 字节**。当然，在实际环境中，ETHERNET Ⅱ 标准的普及度远远大于 IEEE 802.3 标准的普及度。

4.4.3　MAC 地址简介

MAC 地址是本章最后一个重要的知识点，这个地址的作用是在数据链路层标识一台设备适配器的身份。由于 MAC 地址往往烧录在适配器的硬件上，而不由管理员通过逻辑手段进行修改，因此 MAC 地址也称为硬件地址。

注释：

MAC 地址目前已经可以通过软件进行更改。

MAC 地址的长度为 6 字节，每字节的 8 位二进制数分别用 2 个十六进制数来表示，例如，00-9A-CD-00-00-0A 就是一个典型的 MAC 地址。此外，**在 MAC 地址的 6 字节中，前 3 字节是 IEEE 分配给该 MAC 地址适配器厂商的代码**，这个代码是我们在前文中提到过的组织唯一标识符，是适配器制造商在生产适配器之前，向 **IEEE** 注册并申请到的本厂商标识符。而 **MAC 地址的后 3 字节则要由设备制造商给各个适配器分配，同一家厂商生产的不同适配器，它们的后 3 字节不相同**。因此，在 00-9A-CD-00-00-0A 这个 MAC 地址中，00-9A-CD 是制造商的 OUI，00-00-0A 是制造商分配给这个适配器的标识符。值得一提的是，一个制造商未必只有一个 OUI。事实上，华为就拥有多个 OUI，00-9A-CD 只是其中之一。为求统一，我们会以 00-9A-CD 作为叙述和示例中各个适配器的 OUI。

注释：

一字节（byte）包括 8 位（bit）二进制数。

为了清晰地介绍 MAC 地址的表示方式，这里必须简单说明一下进制的概念。所谓进制是数字的表示形式，描述的是自第几个数字起，原数字进位。生活中常用的是十进制，即自第十个数字起，数字从 1 位数进位为 2 位数，这有可能和人类有 10 个手指有关。作为半导体电子元器件组成的数字设备，最适合计算机运算和收发的数据表示方式为二进制。当要表达的数字比较大时，用二进制表示就需要引入很多的数位，让数字变得不便于阅读和理解，此时用十六进制表示数字就成了一种折中的方案。由 $2^4=16$ 可知，每位十六进制数可以转换为 4 位二进制数，每 4 位二进制数也都可以用一个十六进制数来表示，而十六进制数也比较便于人类查阅，因此字节数比较多的数字往往就会采用十六进制数表示，如 MAC 地址（48 位）和 IPv6 地址（128 位）等。

表 4-6 为每 4 位二进制数对应的十进制数和十六进制数。

表 4-6　　　　　　　　　每 4 位二进制数对应的十进制数和十六进制数

二进制数	十进制数	十六进制数
0000	0	0
0001	1	1
0010	2	2
0011	3	3
0100	4	4
0101	5	5
0110	6	6

续表

二进制数	十进制数	十六进制数
0111	7	7
1000	8	8
1001	9	9
1010	10	A
1011	11	B
1100	12	C
1101	13	D
1110	14	E
1111	15	F

  鉴于每 4 位二进制数可以用一个十六进制数表示，通过表 4-6 可以实现任意位数二进制数与十六进制数的转换，例如，二进制数 101001110111001，可以从右侧按照每 4 位一组，分为 101 0011 1011 1001，然后将 0101、0011、1011、1001 分别按照表 4-6 找到对应的十六进制数，其结果为 53B9。

  回到 MAC 地址的话题。前文提到，集线器只会将数据帧从所有接口不加区分地转发出去，因此，在传统的共享型以太网中，无论终端在发送数据时，以哪台设备的 MAC 地址作为目的地址封装数据帧，这个数据帧都会被集线器转发给它连接的所有终端。所有终端的适配器也会查看数据的以太网数据帧头部信息，但只有发现该目的 MAC 地址与自己 MAC 地址相同的适配器才会进一步解封装数据帧，查看其内部的信息，其余设备在发现数据帧的目的地址并非自己的 MAC 地址之后，就会丢弃数据帧。共享型以太网数据帧处理过程如图 4-12 所示。

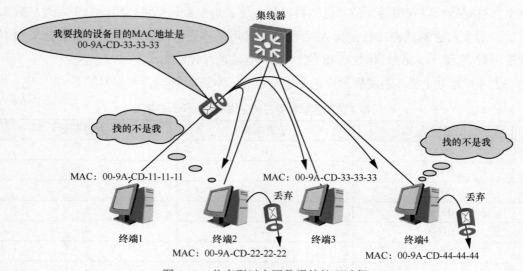

图 4-12　共享型以太网数据帧处理过程

　　同样，前文也提到，交换机只会将数据帧从其目的地址所在的那个接口发送出去，这让交换型以太网在处理数据帧时采用了与共享型以太网不同的做法。交换机之所以有能力实现有针对性地转发数据帧，是因为交换机内部包含一个叫作 MAC 地址表的缓存表。当终端设备第一次向自己直连的交换机发送数据时，交换机不仅会查看数据帧的目的 MAC 地址，将其转发给目的设备，同时也会查看数据帧的源 MAC 地址，并且将数据帧的源 MAC 地址与交换机接口之间的映射关系添加到自己的 MAC 地址表中。这样一来，以后交换机再收到以这个数据帧的源 MAC 地址作为目的 MAC 的数据帧时，交换机只要查看自己 MAC 地址表中的映射关系，就可以查询到需要将这个数据帧从哪个端口转发出去了。交换型以太网数据帧处理过程如图 4-13 所示。

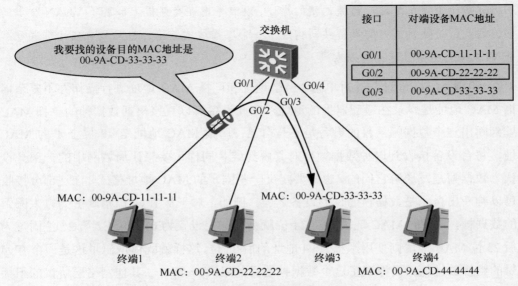

图 4-13　交换型以太网数据帧处理过程

　　当然，另一种一定会发生的情形是，交换机接收到一个数据帧时，将数据帧的源 MAC 地址与接收到这个数据帧的接口，在 MAC 地址表中建立一对一的映射关系，但是在查看这个数据帧的目的 MAC 地址时，发现自己的 MAC 地址表中并没有记录拥有这个 MAC 地址的适配器连接在了自己的哪个接口上。此时，交换机显然不知道该从哪个接口转发这个数据帧，目的设备才能接收到，因此只能利用泛洪达到目的，即交换机会将这个数据帧从除了接收到这个数据帧的那个接口外的其他所有接口转发出去。由于只有真正拥有这个 MAC 地址的那台设备才会做出响应，因此交换机在对方响应时，即可看到这台设备到底连接在自己的哪个接口上，并以此建立接口与终端适配器 MAC 地址之间的映射关系。

　　网络设备在发送数据时，是以单播还是广播的形式发送数据帧，取决于它们在封装数据时使用的目的地址是单播地址还是广播地址。实际上，MAC 地址可以分为单播 MAC

地址、广播 MAC 地址和组播 MAC 地址 3 类。

① **单播 MAC 地址**：前面介绍的都是目的 MAC 地址为单播地址的情形。绝大多数 MAC 地址都是单播 MAC 地址。

② **广播 MAC 地址**：只有全 1 的 MAC 地址才为广播 MAC 地址，即 FF-FF-FF-FF- FF-FF。根据广播的定义，所有设备在接收到以广播 MAC 地址作为目的 MAC 地址的数据时，应该对数据进行解封装而不应该丢弃。此外，交换机会将以广播 MAC 地址为目的 MAC 地址的数据帧从除了接收到它的那个接口外的其他所有接口转发出去。鉴于**广播可达的区域称为广播域**，交换机连接的设备共同构成了一个广播域。

注释：

上述对于交换机处理广播数据帧的描述，没有考虑在交换机上部署了 VLAN 技术的情形，因此，交换机连接的设备共同构成了一个广播域的结论，也只适合描述那些没有部署 VLAN 的交换机连接的以太网。

③ **组播 MAC 地址**：针对单播 MAC 地址和广播 MAC 地址进行操作并不复杂，单播 MAC 地址是烧录在适配器上的地址，因此设备可以直接根据数据帧的单播 MAC 地址判断出这个数据帧的目的设备是不是自己；广播 MAC 地址是 48 位全 1 的 MAC 地址，每台设备接收到这种数据帧会对其解封装。同样，要想让局域网中的一部分设备认为数据帧是发送给它们的，也需要定义一些固定的 MAC 地址格式，让这部分接收方可以判断出自己是数据帧的目的设备之一。例如，对于从 IPv4 组播映射为以太网组播的数据帧，其目的 MAC 地址的前 24 位就会被固定设置为 01-00-5E，第 25 位固定为 0，后 23 位 MAC 地址则使用组播 IPv4 地址的后 23 位，这样就既体现出了这是一个 IPv4 映射的组播数据帧，又标识了这个数据帧的目的组（Group）。其他网络层协议的组播在映射为以太网组播时，以及链路层自身在封装组播数据帧时，会用类似的方式标识这个数据帧是一个组播数据帧，同时定义各台设备的身份。比如，IPv6 组播映射为以太网组播时，组播数据帧的前 16 位会被固定设置为 33-33，后 32 位 MAC 地址使用组播 IPv6 地址的后 32 位。

注释：

关于组播 MAC 地址的问题，本书不再展开深入讨论。组播是一个技术难点，本书在后文中，也只会在介绍 IPv4 地址和 IPv6 地址时围绕组播地址的编址方式略做说明，不会进行深入介绍。

在使用 Windows 操作系统的计算机上，管理员在**开始→运行**中输入 **cmd** 命令进入命令提示符，然后在命令提示符中输入命令 **ipconfig/all**，即可在 Physical address（物理地址）一行看到这台计算机（各个）适配器的 MAC 地址。

4.5　本章总结

本章分为物理层协议、网络介质、数据链路层和以太网协议 4 节。

在 4.1 节中，我们介绍了物理层是如何通过标准化，让通信设备之间可以相互实现信号传输的。

在 4.2 节中，我们介绍了大量有线介质和无线介质的局域网标准。其中，关于有线标准，我们着重介绍了双绞线和光纤的 IEEE 802.3 标准；而关于无线标准，重点介绍了无线局域网的 IEEE 802.11 标准。

在 4.3 节中，我们首先概述了第 3 章中介绍的数据链路层服务，而后介绍了数据链路层实现错误校验的机制。接下来，我们提到了数据链路层的设备之间是通过共享介质，或点到点介质实现连接。相比点到点连接，通过共享介质连接的设备之间需要更多机制，本章借此提出了数据链路层值得进一步分层，介绍了 LLC 子层和 MAC 子层，并在介绍 MAC 子层时分析了几种常见的冲突避免机制。

在 4.4 节中，我们介绍了以太网的两种标准：ETHERNET Ⅱ标准及 IEEE 802.3 标准的由来，以及它们在定义数据帧封装格式上的区别。最后，本章介绍了 MAC 地址的格式，及共享型介质和点对点环境中，设备之间如何借助 MAC 地址将数据转发给正确的目的设备。为了清楚地介绍 MAC 地址的格式，本章还提供了一个 4 位二进制数与十进制数和十六进制数之间的转换表。

4.6　练习题

一、选择题

1. 目前，连接局域网的介质主要包括（多选）（　　　）。

A. 光纤　　　　　　 B. 双绞线　　　　　　 C. 同轴电缆　　　　　 D. 无线电

2. 下列哪项有线标准的传输速率最高？（　　）

A. 10BASE-T　　　 B. 100BASE-TX　　　 C. 1000BASE-T　　　 D. 10GBASE-T

3. 以下列哪类介质连接以太网，信号传输距离最长？（　　　）

A. 屏蔽双绞线　　　 B. 非屏蔽双绞线　　　 C. 单模光纤　　　　 D. 多模光纤

4. 下列哪项无线标准的传输速率最高？（　　）

A. 802.11a　　　　 B. 802.11ac　　　　 C. 802.11g　　　　 D. 802.11n

5. 下列哪项技术的目的不是避免网络中出现冲突？（　　　）

A．循环冗余校验　　B．CSMA/CD　　　　C．令牌环　　　　　　D．CSMA/CA

6．下列哪两个字段可以区分 ETHERNET Ⅱ（DIX）标准和 IEEE 802.3 标准？（多选）（　　）

A．前导码　　　　　B．类型　　　　　　C．长度　　　　　　　D．源 MAC 地址

7．二进制数 1101111101001 对应的十六进制数是多少？（　　）

A．14FD　　　　　　B．DF41　　　　　　C．1BE9　　　　　　　D．9EB1

二、判断题

1．令牌环技术的目的是让接收方设备检测其接收到的数据是否与发送方发送时相一致。　　　　　　　　　　　　　　　　　　　　　　　　　　　　（　　）

2．用集线器连接的局域网在逻辑上属于总线型拓扑。　　　　　　　　（　　）

3．交换机只关心数据帧的目的 MAC 地址，并不关心数据帧的源 MAC 地址。
　　　　　　　　　　　　　　　　　　　　　　　　　　　　　　　（　　）

4．在不可能产生冲突的局域网，如全双工交换型以太网环境中，没有必要将数据链路层分为 LLC 子层和 MAC 子层。　　　　　　　　　　　　　　　（　　）

第5章
网络层

5.1 网络层协议

5.2 IPv4网络地址

5.3 对IPv4网络划分子网

5.4 IPv4通信的建立与验证

5.5 本章总结

5.6 练习题

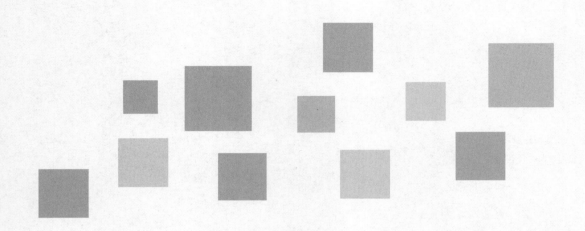

数据链路层可以实现一个网络内部的信息共享,这样的网络从由数百甚至上千台联网设备构成的以太网到只有两台设备彼此相连的点到点网络。但是,要建立更加广泛的通信则需要在数据链路层之上提供网际的通信,才能将由单个网络组成的信息孤岛连接成网络。

在本章中,我们从概述网络层的作用开始,继而介绍用于实现异构网络互联的 IPv4 协议,分析该协议定义的数据包封装格式及各个字段。

从 5.2 节开始,我们会对 IPv4 地址进行集中介绍,这是网络层学习的重中之重。在解释 IPv4 地址之前,我们必须对二进制与十进制相互转换的方法进行介绍,因为熟练掌握二进制与十进制的转换方法是掌握 IPv4 编址方式的基本前提。还会对 IPv4 地址和网络掩码进行介绍,并在 5.3 节中由 IPv4 地址资源已经耗尽的现状,引出子网、可变长子网掩码(Variable Length Subnet Mask,VLSM)和无类别域间路由(Classless Inter-Domain Routing,CIDR)等概念。

在 5.4 节中,我们首先会帮助读者理解 IP 地址与 MAC 地址的联系与异同,了解为何要通过不同的协议和地址实现主机到主机的寻址;然后会解释网络设备如何借助地址解析协议(Address Resolution Protocol,ARP)通过 IP 地址查询 MAC 地址,并对 ARP 的一大缺陷进行讨论。本章的最后一个内容是网络层的另一个常用协议——互联网控制消息协议(Internet Control Message Protocol,ICMP),它与我们之前在测试过程中已经使用过的 ping 工具有关。

学习目标

- 掌握 IPv4 定义的数据包封装格式及各个字段的目的;
- 掌握二进制与十进制相互转换的计算方法;
- 掌握 IPv4 地址的编址方式和网络掩码的概念与作用;
- 理解 VLSM 与 CIDR 的概念;
- 理解规划网络地址的方法。

5.1 网络层协议

不同的交通工具适合不同的旅行，如出租车适合市内短途旅行，长途大巴适合相邻城市间的中短途旅行，火车适合距离较远的中途和中长途旅行，飞机适合距离更远的中长途和长途旅行，没有哪种交通工具能够满足所有需求。

网络技术与此类似，不同的网络技术也只能满足某些特定的通信需求，没有哪种通信技术可以满足所有需求，如局域网技术主要用于提供短距离高速通信，而广域网技术则主要用于提供长距离通信，但它的通信速率相对局域网要慢。

恰恰是因为没有一种交通工具可以满足所有的旅行需求，人们在完成一次完整的异地旅行时才需要将多种交通工具衔接起来使用。为了到达最终的目的地，旅客常常会采用诸如出租车—火车/飞机—出租车的方式完成行程。同样，为了实现任意联网设备之间的通信，人们也需要将这些由不同网络技术构成的网络衔接起来。下面，我们会帮助技术人员了解连接到不同网络的设备是如何通过 IP 实现相互寻址的。

5.1.1 网络层的作用

当连接多个异构的局域网形成强烈需求时，用户不满足于仅在一个局域网内进行通信，他们希望通过更高一层协议最终实现异构网络之间的连接。既然需要通过更高一层的协议将多个局域网进行互联，那么这个协议就必须为不同的局域网环境定义统一的寻址标准，这样才能在逻辑上真正实现设备之间跨越局域网的全局信息互通。

如果一个人的通信对象只限于同一座公寓楼内居住的邻居，那么这个人只需要在信封上写明收件人姓名，然后把信放到公寓楼的公共收发室，收件人在收发室查看邮件时自然就会看到这封信，这种邻居之间利用公共场所传递信件的做法就类似于局域网中设备相互通信的方式。

但如果要和外地的笔友通信，则需要在信封上写明收件人的详细地址和姓名，然后在信封上贴上邮票通过邮局进行投递，收件人才有可能收到这封信件。当然，邮局在投递这封信件时，不可能直接送到目的地址，而是需要经过多次转发，再由距离目的地址比较近的邮局派邮递员上门投递。寄件人既不需要，也不可能在信封上写出所有参与这封信件投递的邮局及其地址。这意味着在整个信件的投递过程中，寄件人需要做的工作就是写明收件人的地址和姓名，信件经由哪些站点转发则交由邮局自行安排。为了让使用某协议的设备之间可以实现跨网络的通信，就需要按照上述逻辑，在OSI 参考模型的网络层（或 TCP/IP 模型的互联网层）给该协议定义寻址等服务的流程。

因此，网络层协议需要定义的内容包括但不限于：

 ① 使用协议的设备相互间用什么地址进行跨网络的通信；

 ② 这些设备如何通过该地址对发送/接收的数据实现寻址；

 ③ 网络层协议的头部格式如何定义才能满足寻址等服务的需求；

 ④ 如何向传输层协议隐藏下层复杂的环境和标准。

5.1.2　IP 第 4 版

IP 最初只是 TCP 的一个功能组件，后来它被分离出来成为独立的协议。IP 的第 1 版到第 3 版都是实验版本，只在 20 世纪 70 年代中后期用于实验室环境。被广泛使用的是 IP 的第 4 个版本，简称 IPv4。随着 IPv4 地址空间的迅速消耗，IETF 在 20 世纪 90 年代后期标准化了一个地址空间远远大于 IPv4 地址空间的新版 IP，它就是 IPv6。

定义 IP 的目的就是在全局范围内实现跨越异构网络的寻址，所有与此无关的服务都不在 IP 定义的考量范畴之内，这就形成了 IP 的特点。

首先，为了跨越不同类型网络实现互联，IP 需要忽略底层的传输介质，将使用不同介质的局域网连接起来。所谓 **IP 可以在任何技术上运行**，或者 **IP 独立于底层介质**，用通俗的方式表达就是，IP 公司在收寄包裹时，利用一切交通工具将包裹送达目的地。

其次，原始的 TCP 如今已经按照服务分为工作在网络层（也即 TCP/IP 模型中的互联网层）的 IP，以及工作在传输层的 TCP，同时与传输可靠性有关的服务都交给了工作在传输层的 TCP 实现。而 **IP 的宗旨就是提供最简单的服务：实现从源端到目的端的数据转发。因此，IP 既不会在传输数据之前与接收方建立连接，也不保障传输的可靠性，它只提供尽力而为的服务**。在 IP 定义的数据封装格式中，没有用于提供上述服务的字段。用通俗的方式表达就是，在 IP 公司的快递单上，看不到诸如"投递前先联系收件人""投递失败则将包裹退回寄件人""投递失败通知寄件人""包裹损坏险"等选项。IP 公司只负责把包裹投递到信封上的目的地，至于该地有无人收件、包裹是否损坏、是否在传递过程中因为某种原因而被丢弃，投递方既不负责，也不向寄件人进行反馈。

IP 只提供最基本的数据传输服务，其他服务交由更上层的协议提供，这种做法减轻了路由器的工作负担，精简了 IP 数据包头部封装的长度，因此提高了 IP 传输数据的效率。

图 5-1 所示为 IP 定义的数据包封装格式。

各个字段的用途如下。

 ① **版本（Version）**：由于 IP 不止一个版本，因此根据 IP 的定义，IP 数据包会在头部的第一个字段列明该数据包是使用哪个版本的 IP 进行封装的。目前网络中使用的 IP 基本上是 IPv4 或者 IPv6，两个版本的 IP 采用的数据包封装格式不相同。

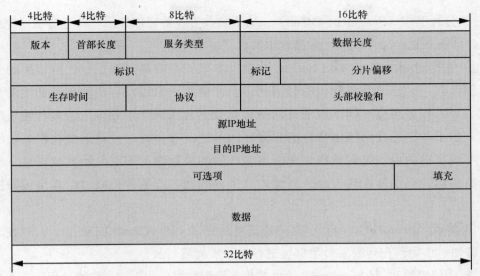

图 5-1 IP 定义的数据包封装格式

② **头部长度（Header Length）**：IPv4 的数据包头部中定义了一个可选项字段。因为可选项字段的长度并不固定，所以 IPv4 的数据包头部长度也是不固定的，这就是为什么 IPv4 需要在头部封装格式中定义一个头部长度字段界定整个数据包中，哪一部分是数据包的头部，数据部分从哪里开始。头部长度字段的长度为 4 字节。

③ **服务类型（Type of Service）**：该字段的定义和名称发生过很多次变化，但其宗旨都是界定数据包要接受什么等级的服务。目前，这个字段已经改称为区分服务（Differentiated Services）字段，用来说明这个数据需要执行加速传输还是精确传输，以及数据在传输过程中是否经历了拥塞。

④ **长度（Length）**：负责列明整个数据包的长度，也就是头部长度和数据长度之和。

⑤ **标识（Identification）**：当数据包的长度大于链路允许传输的数据长度时，数据包需要进行分片才能传输，接收方设备则需要通过重组还原数据包。标识字段的作用就是在分片前，指明哪些分片此前属于同一个数据包，以供接收方设备重组数据包时使用。

⑥ **标记（Flag）**：标识数据包是否允许路由器对其进行分片（标记字段的第 2 位），以及这个分片是不是数据包的最后一个分片（标记字段的第 3 位）。具体来说，如果标记字段的第 2 位被设置为 1，即路由器需要对数据包进行分片，路由器就会丢弃这个数据包，因此标记字段的第 2 位为"勿分片（Don't Fragment，DF）"位，如果标记字段的第 3 位没有被设置为 1，则代表这个分片是数据包的最后一个分片，后面没有分片了，因此这一位为"还有更多分片（More Fragments，MF）"位。标记字段一共有 3 位，其中第 1 位的用途，IP 并没有定义。

⑦ **分片偏移（Fragment Offset）**：告诉接收方设备应该按照什么样的顺序重组数据包，即标识这个分片在整个数据包中的位置。

⑧ **生存时间（Time To Live）**：该字段本来的目的是对数据包在网络中的传输进行倒计时，一旦该字段标识的时间耗尽，即使数据包还没有传输到目的设备，也会被丢弃。设置生存时间字段的目的是防止数据包在网络中无限地消耗传输资源。然而，由于数据包在网络中传输的实际时间远比定义协议时预计的要快很多，因此这个字段目前的用法是对数据包在网络中传输的跳数进行限制。始发数据包每经过一跳路由器，路由器在转发时，就会将其生存时间字段的数值减 1，直至该数据包被丢弃。

⑨ **协议（Protocol）**：标识 IP 上层使用的协议（如 TCP 或 UDP 等），以便让对端设备知道该如何在传输层对数据包进行进一步的解封装。

⑩ **头部校验和（Checksum）**：供接收方检测数据包的头部在传输过程中是否出现了错误。由于数据包头部在传输中出现错误可能意味着目的地址等重要参数已经与始发时不同，因此这个数据包已经没有继续传输的价值。在大部分情况下，路由器会丢弃头部校验和字段校验失败的数据包。

注释：

路由器将数据包转发出去前，会重新计算校验和的数值。这是因为 IP 数据包头部的生存时间字段值会随着数据包的传输而减小，因此校验和也需要在每跳重新进行计算。

⑪ **源 IP 地址（Source IP Address）**：标识该数据包源设备的 IPv4 地址。

⑫ **目的 IP 地址（Destination IP Address）**：标识该数据包目的设备的 IPv4 地址。

⑬ **可选项（Option）**：IP 支持设备对数据包封装的头部格式进行扩展，这是 IP 的设计者为后来者按照需求改造协议预留的空间。可选项字段最初定义了 5 个可选项，其中包括在数据包的源站点指定数据包的全部或部分传输路径、记录数据包传输过程中经过的路由器等服务。但由于很多路由器并不支持可选项服务，因此可选项字段在网络中的使用并不广泛。可选项字段虽然很少使用，但它的存在导致了 IPv4 数据包头部的长度无法固定，这就是 IP 需要定义一个头部长度字段的原因。换言之，可选项字段的定义降低了 IPv4 的传输效率，所以这个字段在 IPv6 定义的数据包头部字段中被取消。

IPv4 数据包头部中的字段也可以验证我们此前对 IPv4 特征的说明：IPv4 不会在发送数据之前尝试与接收方建立连接；不会向数据的发送方提供关于数据转发的反馈信息；不能通过加密保障信息安全。这让工作在网络层的协议只负责提供从源设备到目的设备的数据转发服务。

5.2 IPv4 网络地址

通过图 5-1 中"源 IP 地址"字段和"目的 IP 地址"字段的长度可知，**IPv4 地址是一个 32 位长的二进制数**。这个 32 位二进制数通常会表示为 4 个用点隔开的十进制数。那么，这个 32 位二进制数要如何通过 4 个十进制数表示出来呢？我们在配置 IPv4 地址时，同时配置的"掩码"又有何用途？掌握这些内容之前，读者需要掌握二进制和十进制相互转换的方法。

5.2.1 二进制与十进制

计算机是一个二进制环境。在这一点上，网络设备作为计算机的一种，自然也不例外。而所谓"进制"，描述的是这种计数方式逢数字几进位。例如，十进制是指逢数字十进位的计数方式，二进制则是指逢数字二进位的计数方式。

由此可知，对于任意 x 进制：

① 这种计数方式中最大的个位数是 $x-1$，如十进制中最大的个位数是 9；

② 从右至左每一位的权值分别为 x 的 0 次方、1 次方、2 次方、3 次方……以此类推。

二进制数只能由 1 和 0 组成，且从右至左每一位分别为 2 的 0 次方位、1 次方位、2 次方位、3 次方位……以此类推。换言之，二进制从右至左每一位的加权值分别为 2^0、2^1、2^2、2^3……以此类推，如图 5-2 所示。

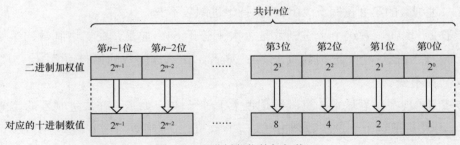

图 5-2 二进制各位的加权值

因此，从二进制转换为十进制的计算方法是用各位二进制数（0 或 1）乘以对应位的加权值。**若各位二进制数分别为 B_0、B_1、B_2……B_{n-1}，则将二进制转换为十进制的具体公式为**：

$$B_{n-1} \times 2^{n-1} + B_{n-2} \times 2^{n-2} + \cdots\cdots + B_3 \times 2^3 + B_2 \times 2^2 + B_1 \times 2^1 + B_0 \times 2^0$$

例如，二进制数 11011101 对应的十进制数为：

$$1\times2^7 + 1\times2^6 + 0\times2^5 + 1\times2^4 + 1\times2^3 + 1\times2^2 + 0\times2^1 + 1\times2^0$$
$$=1\times128 + 1\times64 + 0\times32 + 1\times16 + 1\times8 + 1\times4 + 0\times2 + 1\times1$$
$$=128 + 64 + 16 + 8 + 4 + 1$$
$$=221$$

从十进制转换为二进制需要将十进制数以 2 做除数进行计算并记录余数, 然后对商继续执行同样的计算直至商为 0, 所得余数按照从低到高排列就是该十进制数对应的二进制数。

例如, 将十进制的 221 转换为二进制, 对应的计算过程为:

$$221\div2=110\cdots\cdots1$$
$$110\div2=55\cdots\cdots0$$
$$55\div2=27\cdots\cdots1$$
$$27\div2=13\cdots\cdots1$$
$$13\div2=6\cdots\cdots1$$
$$6\div2=3\cdots\cdots0$$
$$3\div2=1\cdots\cdots1$$
$$1\div2=0\cdots\cdots1$$

将计算过程所得的余数按照从低往高依次排列, 即可得到其对应的二进制数 11011101。

鉴于 32 位 IP 地址每一组转换成十进制数后, 数值不会大于 255 (理由后文说明), 因此读者也可以通过下面的方法执行十进制数到二进制数的转换。

步骤 1 看十进制数是否大于等于 128, 如是, 在二进制数的第 8 位 (如图 5-2 所示, 最右侧为第 1 位, 第 8 位就是最左侧的一位) 写上 "1", 然后把十进制数减去 128; 如否, 在二进制数的第 8 位写上 "0", 保持十进制数不变。

步骤 2 现在, 看这个十进制数是否大于等于 64, 如是, 在二进制数的第 7 位写上 "1", 然后把这个十进制数减去 64; 如否, 在二进制数的第 7 位写上 "0", 保持十进制数不变。

步骤 3 现在, 看这个十进制数是否大于等于 32, 如是, 在二进制数的第 6 位写上 "1", 然后把这个十进制数减去 32; 如否, 在二进制数的第 6 位写上 "0", 保持十进制数不变。

步骤 4 现在, 看这个十进制数是否大于等于 16, 如是, 在二进制数的第 5 位写上 "1", 然后把这个十进制数减去 16; 如否, 在二进制数的第 5 位写上 "0", 保持十进制数不变。

步骤 5 现在, 看这个十进制数是否大于等于 8, 如是, 在二进制数的第 4 位写上 "1", 然后把这个十进制数减去 8; 如否, 在二进制数的第 4 位写上 "0", 保持十进制数不变。

步骤 6　现在，看这个十进制数是否大于等于 4，如是，在二进制数的第 3 位写上"1"，然后把这个十进制数减去 4；如否，在二进制数的第 3 位写上"0"，保持十进制数不变。

步骤 7　现在，看这个十进制数是否大于等于 2，如是，在二进制数的第 2 位写上"1"，然后把这个十进制数减去 2；如否，在二进制数的第 2 位写上"0"，保持十进制数不变。

步骤 8　现在，看这个十进制数是否为 1，如是，在二进制数的第 1 位写上"1"；如否，在二进制数的第 1 位写上"0"。

用上述方法将 221 转换为二进制数的计算过程如下：

① 221＞128，221−128=93，第 8 位为 1；

② 93＞64，93−64=29，第 7 位为 1；

③ 29＜32，第 6 位为 0；

④ 29＞16，29−16=13，第 5 位为 1；

⑤ 13＞8，13−8=5，第 4 位为 1；

⑥ 5＞4，5−4=1，第 3 位为 1；

⑦ 1＜2，第 2 位为 0；

⑧ 第 1 位为 1。

因此，十进制数 221 对应的二进制数为 11011101。

由于一级运算比二级运算更便于心算，而且第二种方法可以按照从左至右的顺序计算出二进制数，因此当十进制数的数值不大时，第二种方法比第一种方法更适合边计算边输入的心/口算环境。

例如，某书定价为 59 元，下面以 59 为例，再次演示第二种方法的计算过程：

① 59＜128，第 8 位为 0；

② 59＜64，第 7 位为 0；

③ 59＞32，59−32=27，第 6 位为 1；

④ 27＞16，27−16=11，第 5 位为 1；

⑤ 11＞8，11−8=3，第 4 位为 1；

⑥ 3＜4，第 3 位为 0；

⑦ 3＞2，3−2=1，第 2 位为 1；

⑧ 第 1 位为 1。

因此，该书的售价为¥111011——当然，这是二进制的价格。

读者还可以通过 Windows 操作系统自带的计算器验证自己转换的结果是否正确。首先，按照**开始→所有程序→附件**找到并打开计算器。接下来，单击计算器菜单中的**打开导航**，并选择程序员。最后，读者只需要输入要转换为二进制的十进制数，就可以在"BIN"一栏看到转换后的二进制数。图 5-3 所示为通过计算器校验十进制到二进制的转换结果。

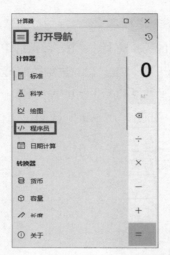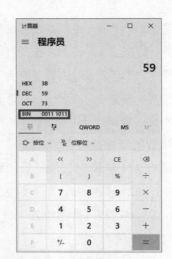

图 5-3　通过计算器校验十进制到二进制的转换结果

此外，读者要想检验二进制到十进制的转换结果，可以首先在计算器中单击左侧的"BIN"，然后输入想要转换的二进制数，输入完成之后在"DEC"一栏即可看到对应的十进制数。

5.2.2　IPv4 编址方式

IPv4 地址是一个长度为 32 位（即 4 字节）的地址，而 IP 地址在计算机内部也是按照一个 32 位二进制数进行处理的。然而，为了方便，人们在表述 IPv4 地址时会将它的每字节（也就是每 8 位）作为一组，将 4 组分别转换成十进制数，在每个十进制数之间用点分隔，这种表达方式称为**点分十进制法**。将 32 位的 IPv4 地址分为 4 组，每 8 位为一组，这解释了 5.2.1 节中遗留的问题，即 IPv4 地址每一组转换为十进制数后，数值不会大于 255。

例如，一个 IP 数据包头部的目的地址字段为：00101101101010000010101011010100，那么这个地址按照点分十进制法进行换算的结果是：45.168.42.212。

IPv4 地址的另一个重要概念在于分层。在定义一个可以实现全局网络互联的逻辑地址时，这个地址是否可以分层对于实现全局寻址至关重要。这就像在全球范围内，即使某个门牌的编号唯一，仅凭一个门牌编号就顺利找到其所在地也绝非易事。相反，虽然很多国家（地区）在多个不同城市都有大量重名道路，但是只要按照"国家（地区）—城市—道路—小区—住宅楼—门牌号"的顺序逐层写明地址，就可以顺利找到该地址。

IPv4 地址将地址分为网络部分（网络位）和主机部分（主机位），网络部分从第 **32** 位（也就是最左侧的一位）开始向右，直至某一位为止；主机部分则从那一位右侧的一位开始，直至第 **1** 位（也就是最右侧的一位）。网络部分标识的是 **IPv4** 地址所在的网络，主机部分标识的是 **IPv4** 地址在该网络中的特定接口或适配器。

此外，**IPv4 地址规定，当网络位确定时，主机位取全 0 表示这个网络的网络地址；主机位取全 1 表示这个网络中所有主机的地址，即广播地址。鉴于每个网络中的主机位全 0 地址和主机位全 1 地址存在特殊用途，因此主机位为全 0 或全 1 的地址不能作为分配给主机的 IP 地址。这样一来，每个网络地址可以分配给主机的 IP 地址数量就是 $2^{主机位}-2$。**

在 IP 地址问世之初，它被设计为左侧的 8 位二进制数表示网络地址，右侧的 24 位二进制数表示主机地址，如图 5-4 所示。

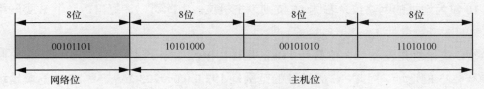

图 5-4　IP 地址最初的分层方式

固定左侧 8 位为网络地址的设计可以让路由器在转发数据包时，能够通过查看数据包 IP 地址的左侧 8 位做出转发决策，而不需要通过计算判断 IP 地址中有多少位是网络地址，这样可以节省路由器消耗的计算资源。

最初的分类方式的负面影响随着网络的增加而显现。网络位只有 8 位二进制数意味着全局的网络数量不能超过 255 个，这显然无法满足全球网络发展的需求；主机位有 24 位二进制数意味着每个网络中可以分配的主机地址数量为 $2^{24}-2=16777214$ 个，这又远远超出了一般网络所需的主机数量。于是，这种固定网络位的做法被调整为一种既兼顾路由器性能，又在地址分配方面更加灵活的方式，即根据 IP 地址最左侧的 4 位二进制数将 IPv4 地址分为 A、B、C、D、E 类，如图 5-5 所示。

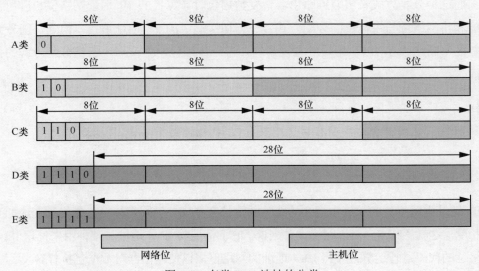

图 5-5　有类 IPv4 地址的分类

图 5-5 中显示了下面几类 IP 地址。

① **A 类地址是左侧第 1 位数为 0 的地址。** 按照点分十进制法，即第一个十进制数为 0～127 的地址。因此，**A 类地址的范围是 0.0.0.0～127.255.255.255。这类地址的左侧 8 位为地址的网络位**，右侧 24 位则为主机位，和 IP 地址最初的分配方式相同。因此，一个 A 类网络可以容纳的主机数量是 16777214 个。

② **B 类地址是左侧前 2 位数为 10 的地址。** 按照点分十进制法，即第一个十进制数为 128～191 的地址。因此，**B 类地址的范围是 128.0.0.0～191.255.255.255。这类地址的左侧 16 位为地址的网络位，右侧 16 位则为主机位。** 由此可以计算出，一个 B 类网络可以容纳的主机数量为 $2^{16}-2=65534$ 个。

③ **C 类地址是左侧前 3 位数为 110 的地址。** 按照点分十进制法，即第一个十进制数为 192～223 的地址。因此，**C 类地址的范围是 192.0.0.0～223.255.255.255。这类地址的左侧 24 位为地址的网络位，右侧 8 位为主机位。** 由此可以计算出，一个 C 类网络可以容纳的主机数量为 $2^8-2=254$ 个。

④ **D 类地址是左侧前 4 位数为 1110 的地址。** 按照点分十进制数为 224～239 的地址。因此，**D 类地址的范围是 224.0.0.0～239.255.255.255。D 类地址用于组播，不区分主机位和网络位。** 所谓组播，是指多台设备通过加入一个相同的感兴趣组，实现组成员一对多通信的数据传输方式。组播在通信模型上类似于即时通信软件的群聊。

⑤ **E 类地址是左侧前 4 位数为 1111 的地址。** 按照点分十进制法，即第一个十进制数为 240～255 的地址。因此，**E 类地址的范围是 240.0.0.0～255.255.255.255。E 类地址为保留地址，旨在留给未来使用或用作研究，同样不区分主机位和网络位。**

上面这种分类方式希望兼顾路由器转发数据包时计算目的 IP 地址网络位长度所消耗的性能和将网络位与主机位的分配方式"一刀切"造成的 IP 地址浪费。但是，随着路由器性能的不断增强和 IPv4 地址的愈发紧缺，进一步细化网络位与主机位分配方式的技术应运而生。

注释：

除非特别说明，否则我们在后文中提到的 IP 地址均指单播 IP 地址。

5.2.3　网络掩码

IP 地址中网络位的长度由最初的统一固定长度变成分类固定长度，最终又变成如今的可变长度。这就意味着，对于网络设备来说，它们需要将 IPv4 地址与某种用来标识 IPv4 地址网络位的代码进行运算，获得 IPv4 地址的网络位，以便路由器对数据包执行转发。

IPv4 地址是一个长度为 32 位的逻辑地址，其中左侧 N 位表示其网络位，其余 $32-N$

位则表示主机位。图 5-6 所示为 IPv4 地址二进制与十进制分别对应的网络位和主机位。

二进制IPv4地址	00101101	10101000	00101010	11010100
十进制IPv4地址	45	168	42	212

网络位　　　　　　　　　主机位

图 5-6　IPv4 地址二进制与十进制分别对应的网络位和主机位

　　因此，这种用来标识 IPv4 地址网络位的代码应该具备的功能是：网络设备能够通过将它与 IPv4 地址进行运算，把从左侧第 1 位主机位起，后面的 IPv4 地址的主机位隐藏起来，留下的前部分就是 IPv4 地址的网络位。

　　为了达到上述目的，这个称为掩码（Mask）的代码特点为：它与 IPv4 地址一样为 32 位，若它对应位的 IPv4 地址为网络位，则掩码的这一位取 1；若它对应位的 IPv4 地址为主机位，则该代码这一位取 0。换言之，**IPv4 地址有多少位网络位，其掩码对应的就有多少位取 1，其后各位均取 0**。接下来，网络设备只需要将掩码与对应的 IPv4 地址进行逻辑与（AND）运算，即可得到这个地址的网络位。**这就是用掩码标识 IPv4 地址网络位和主机位的方法。**

　　在进行 AND 运算时，网络设备会将两个二进制数，也就是 IP 地址和掩码逐位进行计算，只要某一位的 IP 地址或掩码有一个为 0，这一位的运算结果便为 0；只有当某一位的 IP 地址和掩码均为 1 时，这一位的运算结果才为 1。为了方便，读者也可以理解为按位执行乘法。

　　通过掩码获得 IPv4 地址对应网络地址的过程如图 5-7 所示。IPv4 地址的网络位为左侧 8 位，因此掩码左侧 8 位均为 1，其后各位均为 0。网络设备将该掩码与 IPv4 地址执行 AND 运算，就可以计算出这个地址的网络位地址，即计算出这个地址属于哪一个网络。

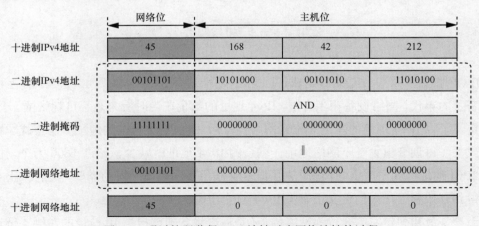

图 5-7　通过掩码获得 IPv4 地址对应网络地址的过程

由于在执行 AND 运算时，只有参与运算的两个二进制数均为 1，结果才为 1。因此，掩码在 IPv4 地址网络位的对应位取 1，可以保证在 AND 运算后，网络位不发生变化，而掩码在 IPv4 地址主机位对应位取 0，则可以保证无论原来的主机位取值为 1 还是为 0，在进行 AND 运算后，取值均变为 0。

对比十进制 IPv4 地址和十进制网络地址，不难发现，当网络设备将一个 IPv4 地址与其对应的掩码执行 AND 运算之后，这个地址的主机位全部为 0，但网络位保持不变。因此，作为 IPv4 地址用来标识其网络位的附加代码，掩码可以起到"遮掩"对应 IPv4 地址的主机位、仅保留其网络位的作用。

提示：

主机位取全 0 表示这个网络的网络地址，而主机位取全 1 表示这个网络中所有主机的地址，即广播地址。因此 45.0.0.0 的广播地址，是前 8 位（网络位）不变，后 24 位（主机位）取全 1 的地址。采用点分十进制法表示为 45.255.255.255。

掩码和 IPv4 地址一样通常采用点分十进制法，因此图 5-7 中所示的掩码可以表示为 255.0.0.0。**另外，掩码常常会在点分十进制的 IPv4 地址之后，用"/网络位数"的方法表示掩码中取值为 1 的位数**。因为图 5-7 中的掩码左侧 8 位均取 1，所以该 IPv4 地址/掩码也可以表示为 45.168.42.212/8。在 VRP 系统的接口视图下配置接口的 IP 地址和掩码时，管理员既可以在输入 IPv4 地址后直接输入掩码的位数，也可以输入点分十进制的掩码，前一种方法在配置华为设备时更加常用，也更加方便。

根据 A、B、C 类 IPv4 地址的分类原则可知，A 类地址左侧 8 位是网络位，因此 A 类地址的掩码应为 255.0.0.0。同理可知，B 类地址的掩码应为 255.255.0.0，C 类地址的掩码应为 255.255.255.0。这种 IPv4 地址分类的方式还是造成了地址的大量浪费，随着 IPv4 地址愈发紧缺，突破 IPv4 地址分类限制的方式随之诞生，即对 IPv4 网络划分子网。

5.3 对 IPv4 网络划分子网

IPv4 地址由 32 位二进制数组成，因此 IP 地址共有 2^{32} 个，约为 43 亿个。在互联网尚未普及的年代，网络设备相当有限，IPv4 地址的数量在当时看来是不可耗竭的。于是，人们定义了以 IPv4 地址的左侧 8 位为网络位，后 24 位为主机位的地址分层方式。在这种方式下，每划分出去一个网络地址，剩余的 IPv4 地址就减少了超过 1600 万个，因此大量 IPv4 地址遭到了严重的浪费。为了既能够满足不同规模网络的需要，又能够让 IPv4 地址得到有效利用，人们定义了有类 IPv4 编址方式。

无论是最初固定左侧 8 位为网络位，还是后来设备能够根据 IP 地址的左侧 4 位迅速判断 IP 地址类别的有类编址方式，都是为了让性能有限的网络设备能够尽快地判断一个 IP 地址的网络位并作出转发决策。在那个 IP 地址看似用之不竭的时代，提升网络设备的性能是人们首要考虑的问题。然而，随着网络设备性能的迅速提升和 IP 地址的大量流失，网络设备转发效率和保护 IP 地址两者的主次关系在不到十年的时间里，以惊人的速度发生了逆转，有类编址方式硬性定义的"类"再次成为导致 IP 地址利用率不高的瓶颈。在这样的背景下，逐步废除 IP 地址分类的限制成为必然趋势。

5.3.1　子网划分与 VLSM

有类 IP 地址这种死板的编址方式必然会导致 IPv4 地址利用率不高。例如，某高等院校（简称高校）原本只是一所学院，后来经过投资和扩招，这所学院升级为一个拥有 3 所学院的大学。这所学院早年曾经申请到一个 B 类地址，可以分配给约 6 万人使用，即使它升级为大学，这个地址也远远超过了这所大学对于 IPv4 地址的需求。但是，如果要给 3 所学院分别建立网络地址各不相同的独立网络，即使 IPv4 地址非常富余，也需要再申请两个新的 B 类地址，而这样只会带来更加严重的 IPv4 地址浪费。

这个问题最理想的解决方法是，把一个有类 IPv4 网络分为几个子网，用这些子网的掩码分别标识每个子网的网络位和主机位。比如，拥有 3 所学院、约 6 万个 IPv4 地址的高校，最好能够根据每个学院的人数，将约 6 万个 IPv4 地址划分成 3 个地址块，分别分配给 3 所学院。这样一来，这所高校不仅不再需要申请更多地址，还将已申请到的 B 类地址进行了充分的利用。

显然，上面的方法与有类编址方式出现了一些冲突。为了弥合需求与理念之间的差异，VLSM 技术应运而生。**VLSM 允许人们根据自己的需求，将固定的主机位进一步划分为子网位和主机位。**

提示：

由于 IPv4 地址和掩码多采用点分十进制法表示并且 4 个十进制数是以字节为边界划分的，因此子网地址往往并不表现为最后 1 位或几位十进制数为 0，如 45.168.42.208/28。对于熟悉传统 IPv4 地址编址方式的读者来说，这样的网络地址多少显得有些怪异，需要通过一定次数的练习才能熟悉。

图 5-8 所示为我们根据 VLSM 技术，将 173.168.0.0 划分为 256 个子网，每个子网相当于一个 C 类网络。

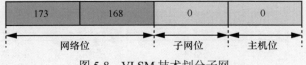

图 5-8　VLSM 技术划分子网

如果说在有类编址方式中，IPv4 地址的左侧 4 位（或第 1 个十进制数）已经明确指出了网络位，掩码似乎可有可无，那么在 VLSM 中，子网掩码就是网络设备判断主机位的唯一方式。在图 5-8 中，划分后的 256 个子网（即 173.168.x.0），它们的子网掩码均为 24 位，即子网掩码皆为 255.255.255.0。

注意：

子网掩码的位数是网络位与子网位的位数之和，并不只是子网位数。

VLSM 技术将传统的两段式 IPv4 编址方式（网络位—主机位）扩展为三段式编址方式（网络位—子网位—主机位）。下面，我们结合真正的需求介绍划分子网的方法。为了解释清楚到底应该如何划分子网，我们需要借助前文中高校的例子。假设该高校当时申请到的 B 类地址就是 173.168.0.0/16，而它的 3 所学院分别需要 15000 个 IPv4 地址、7000 个 IPv4 地址和 3000 个 IPv4 地址，那么，管理员在判断如何划分子网时，需要计算出各个子网需要多少位的网络位。也就是说，我们需要针对各个子网求出，当 x 取多少时，2^x-2 大于子网所需的主机地址数量。

经过计算，如果不考虑未来的扩展性，那么 14 位主机位可以提供 16382 个 IPv4 地址（$2^{14}-2=16382$），能够满足 15000 个 IPv4 地址的需求；13 位主机位可以提供 8190 个 IPv4 地址（$2^{13}-2=8190$），能够满足 7000 个 IPv4 地址的需求；12 位主机位可以提供 4094 个 IPv4 地址（$2^{12}-2=4094$），能够满足 3000 个 IPv4 地址的需求。

我们从需要 14 位主机位的子网开始划分，子网掩码长度应该为 32-14=18 位。由于 B 类地址一共提供了 16 位主机位，因此我们需要将从左侧起第 17 位和第 18 位划分为子网位，管理员可以选择如何设置子网位的取值。无论子网位如何取值，只要前 16 位二进制数不变，这个子网就是 173.168.0.0/16 中的子网。为了方便，我们将第 17 位和第 18 位全部取 0，得到子网 173.168.0.0/18，它可以分配给需要 15000 个 IPv4 地址的学院，如图 5-9 所示。

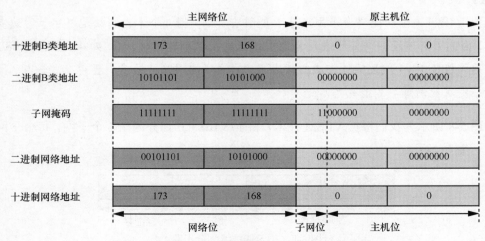

图 5-9　划分一个需要 15000 个 IPv4 地址的子网

同样，对于需要 13 位主机位的子网，子网掩码长度应该为 32−13=19 位。由于 B 类地址一共提供了 16 位主机位，因此我们需要将从左侧起第 17～19 位划分为子网位，管理员可以选择如何设置子网位的取值。不过第 17 位和第 18 位不能全取 0，因为若全取 0，则无论第 19 位如何取值，这个子网都属于已经划分给另一所学院的子网 173.168.0.0/18。为了方便，我们将第 17 位和第 19 位取 0，第 18 位取 1，得到子网 173.168.64.0/19，它可以分配给需要 7000 个 IPv4 地址的学院，如图 5-10 所示。

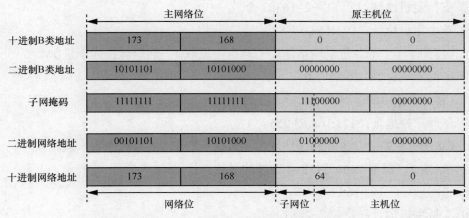

图 5-10　划分一个需要 7000 个 IPv4 地址的子网

对于需要 12 位主机位的子网，子网掩码长度应该为 32−12=20 位，由于 B 类地址一共提供了 16 位主机位，因此我们需要将从左侧起第 17～20 位划分为子网位，管理员可以选择如何设置子网位的取值，但第 17 位、18 位不能取 00，第 17～19 位也不能取 010，否则这个子网就会属于某一个已经分配给其他学院的子网。为了方便，我们将第 17 位和第 20 位取 0，第 18 位和第 19 位取 1，得到子网 173.168.96.0/20，它可以分配给需要 3000 个 IPv4 地址的学院，如图 5-11 所示。

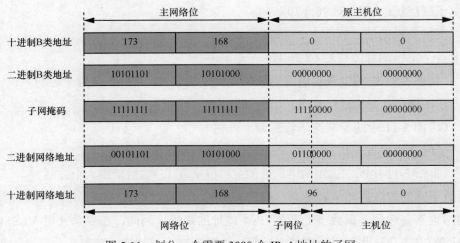

图 5-11　划分一个需要 3000 个 IPv4 地址的子网

至此，我们已经根据需求，为这所高校拟定了一个子网划分方案。在拟定过程中，我们通过计算得出每个学院分别需要多少位主机位，由此计算出各个学院的子网掩码长度，进而计算出各个学院分别可以从原来的主机位中借多少位给子网位。

这 3 个子网的地址划分情况如下。

（1）学院 1（需要 15000 个 IPv4 地址的学院）

① 子网地址：173.168.0.0/18。

② 支持主机地址：$2^{(32-18)}-2=16382$ 个。

③ 首个主机地址：173.168.0.1。

（将图 5-9 中的二进制网络地址的最后 1 位取 1，然后转换为十进制）

④ 子网掩码：255.255.192.0。

（将图 5-9 中的子网掩码转换为十进制）

⑤ 子网广播地址：173.168.63.255。

（将图 5-9 中的二进制网络地址的主机位全取 1，然后转换为十进制）

（2）学院 2（需要 7000 个 IPv4 地址的学院）

① 子网地址：173.168.64.0/19。

② 支持主机地址：$2^{(32-19)}-2=8190$ 个。

③ 首个主机地址：173.168.64.1。

（将图 5-10 中的二进制网络地址的最后 1 位取 1，然后转换为十进制）

④ 子网掩码：255.255.224.0。

（将图 5-10 中的子网掩码转换为十进制）

⑤ 子网广播地址：173.168.95.255。

（将图 5-10 中的二进制网络地址的主机位全取 1，然后转换为十进制）

（3）学院 3（需要 3000 个 IPv4 地址的学院）

① 子网地址：173.168.96.0/20。

② 支持主机地址：$2^{(32-20)}-2=4094$ 个。

③ 首个主机地址：173.168.96.1。

（将图 5-11 中的二进制网络地址的最后 1 位取 1，然后转换为十进制）

④ 子网掩码：255.255.240.0。

（将图 5-11 中的子网掩码转换为十进制）

⑤ 子网广播地址：173.168.111.255。

（将图 5-11 中的二进制网络地址的主机位全取 1，然后转换为十进制）

划分子网的方法虽然乍看复杂，但它其实是一个高度程式化的工作。不仅如此，大多数网络也不会达到动辄数千上万个 IPv4 地址的规模。因此，在熟悉使用 VLSM 技术划分子网的方法及一些常用数字的二进制、十进制表示方式后，随着工作经验的积累，一些简单的子网划分有时通过口算就可以完成。

在子网划分的过程中，唯一显得比较随意的步骤是子网位的取值。子网位的取值只是管理员对现有地址的一种规划，从理论上讲，只要满足子网需求且不会导致地址冲突，规划地址的方案就是可行的。

5.3.2　规划网络地址

在按照 5.3.1 节划分子网后，这所高校还剩余大量可供分配的地址。我们用图 5-12 所示的七巧板式地址分配情况，展示分配给各个学院的网络地址块和未分配的网络地址块。

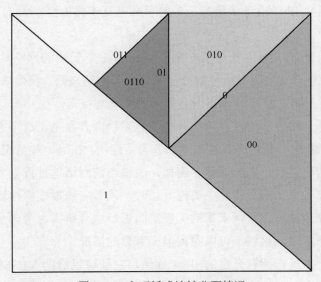

图 5-12　七巧板式地址分配情况

图 5-12 中的数字表示二进制子网地址从左侧第 17 位开始的取值。从中可以看到 00 部分对应的子网划分给学院 1，010 部分对应的子网划分给学院 2，而 0110 部分对应的子网划分给学院 3。此外，第 17 位取值为 1 的子网，以及第 17～20 位取值为 0111 的子网保留了下来，未来可以视需要进行进一步的划分。

通过图 5-12 可以看出，划分的子网集中在图形的右上侧。这就表示，分配给各个子网的 IPv4 地址块的左侧第 17 位都为 0，而第 17 位为 1 的 B 类 IPv4 地址块都没有被分配。在实际分配地址时，管理员固然可以将地址分配得零散，但更加紧凑的地址规划分配方案仍然是最值得推荐的方法。

在获得一个 IPv4 地址，并且需要对其进行规划时，我们可以按照下面的步骤计算各个子网的地址与掩码。

步骤 1　选择需要 IPv4 地址数量最多的子网。

步骤 2　计算该子网所需的主机位数 x，满足 $2^x - 2 >$ 该子网所需的 IPv4 地址数量，

且 $2^{x-1}-2<$ 该子网所需的 IPv4 地址数量。

步骤 3 计算 $32-x$，即该子网所需的网络位数。

步骤 4 以地址块的网络地址作为第一个子网的网络地址（即子网位全部取 0），并按照网络位数分配第一个子网的掩码，获得第一个子网的地址。

步骤 5 对需要 IPv4 地址数量第二多的子网重复步骤 1 至步骤 3，计算该子网所需的网络位数。

步骤 6 在保证该子网地址与第一个子网的网络地址不重叠的前提下，子网位取最小值，并按照网络位数分配第二个子网的掩码，获得第二个子网的地址。

步骤 7 对需要 IPv4 地址数量第三多的子网重复步骤 1 至步骤 3，计算该子网所需的网络位数。

步骤 8 在保证该子网地址与第一个子网和第二个子网的网络地址不重叠的前提下，子网位取最小值，并按照网络位数分配第三个子网的掩码，获得第三个子网的地址。

步骤 9 以此类推，直至计算出所有子网的地址与掩码。

需要说明的是，以上步骤仅作为一种推荐方案供读者参考。这个方案在一些情况下无法照搬，因此读者有必要掌握其原则并加以灵活运用；在另一些情况下虽然可以照搬，但最好根据实际情况进行一定的调整。例如，改造当前网络地址规划方案就属于不能照搬的情况。在计算各个子网所需的主机位数量时，读者应该根据将地址分配给各个主机后剩余的主机地址数量与该子网未来的扩展空间进行综合研判，考虑是否多为其分配一些主机位以备未来之需，这属于可以照搬但需调整的情况。

总之，如果一家机构拥有充足的 IPv4 地址，它就可以借助 VLSM 技术，根据需求将整个网络划分成多子网进行地址分配。这样做可以细化 IPv4 地址的颗粒度，避免更多 IPv4 地址被无端浪费。

不过，除了细化 IPv4 地址，很多机构有时候希望将多个连续的 IPv4 地址汇总起来。满足这种需求的相关技术就是 CIDR。

5.3.3 CIDR

IP 地址的分配和管理由互联网名称与数字地址分配机构（Internet Corporation for Assigned Names and Numbers，ICANN）统筹管理。这家非营利性的组织将 IP 地址分配给各个大洲的区域地址分配机构，再由这些机构向互联网服务提供者（Internet Service Provider，ISP）分配 IP 地址。因此，当一个单位需要使用 IP 地址访问 IP 网络时，它就需要向 ISP 申请 IP 地址。

注释：

有一些特殊的 IP 地址并不需要由 ICANN 进行分配，也不能连接互联网。定义这些特殊 IP 地址是为了将它们在全球各地的局域网中复用，以达到节省 IP 地址的目的。

　　如果采用有类 IPv4 地址编址方式，当一家企业需要 1000 个 IPv4 地址组建自己的网络时，地址分配机构应该如何分配呢？按照子网划分与 VLSM 的方法，读者可以计算出，这家企业需要的是一个主机位为 10 位的网络地址（$2^{10}-2=1022$），因此分配给它一个 22 位掩码的网段就能够满足需求。按照 VLSM 技术，从一个 B 类地址的主机位中借 6 位作为子网位获得的网络地址可以满足需求。但这会导致 B 类地址被划分得过于零散。更糟糕的是，在各大主类地址中，数量范围从 200 多到 60000 多的 B 类地址始终是最为紧俏的。当人们通过大量申请地址来组建一个拥有数百或数千 IPv4 地址的网络时，可供地址分配机构分发的 B 类地址其实已经消耗过半。这就意味着，要想满足申请，地址分配机构很快就需要从 A 类地址中借 14 位作为子网位进行分配，或者将 4 个 C 类地址作为一个完整的 22 位网络地址进行分配。

　　当然，更理想的方法是采用一种不区分地址类别的无类编址方式，即 IPv4 地址最左侧 4 位的取值与这个地址的网络位数和主机位数没有任何关系，一个 IPv4 地址的网络位与主机位完全靠掩码定义。这样一来，一个 22 位网络就是一个 22 位网络，它既不是某个 A 类主网或 B 类主网的子网，亦非几个 C 类主网的集合。

　　无类编址方式还可以解决当时网络中面临的另一个问题，那就是随着网络蓬勃发展导致的核心网络路由器的路由表条目数量剧增的问题。路由器在转发数据包时，用数据包的目的 IP 地址一一匹配路由表中的条目。随着网络数量的增加，路由表中的条目也在相应增加，延长了每一台路由器查询路由表的时间，导致网络性能下降。如果彻底打破"类"的概念，路由器就可以根据任意长度的网络位路由数据包，这就让路由器能够根据实际情况通过合并同类项的方式对路由表进行汇总，充分发挥逻辑地址层级化的优势，减少路由表的数量，达到优化网络性能的效果。

　　1993 年，一项基于 VLSM 的技术诞生，**这就是 CIDR 技术，它彻底打破了 IPv4 地址中"类"的概念，支持使用任意长度的网络位分配地址和描述路由信息**。在 CIDR 技术的背景下，地址分配机构可以给一家需要 1000 个 IPv4 地址的企业分配一个诸如 192.48.8.0/22 的超网地址。如果按照有类编址方式看待这个地址，它其实是由 198.48.8.0/24、198.48.9.0/24、198.48.10.0/24 和 198.48.11.0/24 这 4 个 C 类地址组成的（即将 192.48.8.0/22 的左起第 23 位和第 24 位分别取 00、01、10、11 得到的 4 个网络地址）。在这家企业以外的路由器上，这个网络是由一条目的网络为 192.48.8.0/22 的路由标识的，而不是由 4 条 C 类主网路由标识的，路由表的规模得以显著减小。

　　由于"类"的限制被彻底打破，因此"子网位"与"主网位"的概念就失去了存在的意义，IPv4 地址恢复到由网络位和主机位两部分组成的状态。这就是如今技术人员在实际工作和交流中，不会刻意区分"网络"和"子网"两个术语的原因。尽管 IPv4 地址恢复为网络位和主机位两部分，但与有类编址方式不同的是，在 CIDR 这种无类编址方式中，一个 IPv4 地址网络位/主机位的数量无法通过地址本身判断，必须使用网络掩码/子网掩码进行标识。随着掩码在标识网络地址时所起的作用愈来愈关键，为了直观，CIDR 定义了网络掩码中介绍的"IP 地址/网络位数"表示法。如 192.48.8.0/22 表示的就是一个"IP 地址/子网掩码位数（即网络位数）"的网络地址。

虽然在划分子网时，从理论上讲，既能满足各子网对 IPv4 地址的需求，又能保证子网间不出现地址冲突的方案是可行的，但在实际分配地址时，通常建议管理员按照尽可能紧密的方式分配 IP 地址，这是因为越紧密的分配方式越能更快、在更大范围内实现地址的汇总，减少路由表中的路由条目的数量。

5.4　IPv4 通信的建立与验证

MAC 地址和 IP 地址都可以起到唯一标识一台设备的作用。那么在网络设备进行寻址的过程中，为什么要使用两种属于不同分层的地址呢？网络设备是如何使用这两种地址完成寻址的？这两种地址有什么区别和联系呢？这就是我们要借助 ARP 加以解释的问题。

另外，我们会对一个在 IP 网络中提供状态诊断和错误报告的协议进行介绍，这个协议就是 ICMP。在实验测试时反复使用的 ping 工具使用的就是 ICMP。

5.4.1　地址解析协议

为什么网络需要同时借助 MAC 地址（物理地址）和 IP 地址（逻辑地址）进行通信？下面，我们对物理地址和逻辑地址的区别进行简单的解释。

尽管目前 MAC 地址可以通过逻辑的方式进行修改，但它最初是被设计为不可人为更改的硬件地址。虽然 MAC 地址也可以满足唯一性的需求，但由于它不可由管理员根据需求通过逻辑方式进行管理，因此它只能进行局部寻址，无法实现全局范围内的寻址。而 IP 地址则不是硬件本身自带的地址，它是一种由管理员按需为设备分配的逻辑地址。子网划分展示了 IP 地址的可管理性，因此逻辑地址更适合执行全局范围内的寻址。

如果类比，MAC 地址类似于人们的相貌，它是天然的，在大多数情况下是不可人为更改的，因此也是随机的、无序的和不固定的；而 IP 地址类似于邮政地址，它是按照逻辑和理性的判断分配的地址，因此是分层的、有序的。虽然人的相貌和邮政地址都满足唯一性条件，但两者相较，凭借相貌寻人的方法只适用于范围十分有限的场合，比如，任职于同一个单位的同事在工作场合可以通过相貌识别对方的身份，这种方式基本不会超过对方居住的地方或者对方单位办公楼的范围。邮政地址则恰好相反，这种分层的地址特别适合实现全局寻址。

然而，以太网中的终端设备根据接收到的数据帧是否以自己的 MAC 地址作为目的 MAC 地址，判断是否解封装这个数据帧。因此，数据帧要在被转发给终端设备之前，以目的设备的 MAC 地址作为数据帧头部的目的 MAC 地址。而一台终端设备在向目的设备发送数据包时，有时只知道对方的 IP 地址，而并不知道对方的 MAC 地址，此时就需要**有一种协议能够根据目的设备的 IP 地址查询它的 MAC 地址，这就是 ARP**。

如图 5-13 所示，当一台终端设备希望向处于同一个以太网中的另一台终端设备发送数据帧，却不知道对方的 MAC 地址时，它就会以对方的 IP 地址作为目的 IP 地址，以广播 MAC 地址（全 1 位 MAC 地址，即 FF-FF-FF-FF-FF-FF）作为目的 MAC 地址，向整个以太网的所有终端设备发送 ARP 请求。二层交换机并不会查看数据包三层的 IP 地址，它只会根据数据帧头部封装的目的 MAC 地址将其从接收数据帧以外的接口转发出去。

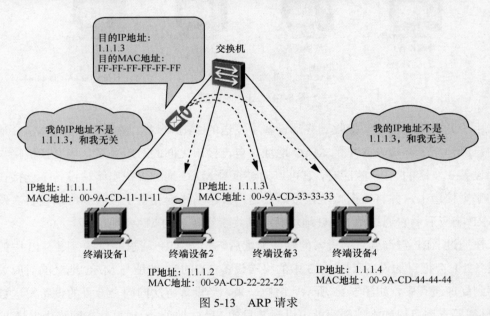

图 5-13　ARP 请求

因为数据帧的目的 MAC 地址是全 1 的广播地址，所以所有接收到 ARP 请求的终端设备会对数据帧进行解封装，但只有终端设备 3 发现数据包三层的 IP 地址与自己的 IP 地址相同，因此终端设备 3 发现 ARP 请求包中的 MAC 地址是自己的 MAC 地址。于是，**被请求方（终端设备 3）返回单播 ARP 响应，以自己的 MAC 地址和 IP 地址作为源 MAC 地址和源 IP 地址，同时以请求方（终端设备 1）的 MAC 地址和 IP 地址作为目的 MAC 地址和目的 IP 地址，封装一个 ARP 响应包，发送给请求方（终端设备 1）**。至于终端设备 2 和终端设备 4，尽管它们都会接收到 ARP 请求，但在它们解封装数据帧后，发现 ARP 请求中的 MAC 地址并不是它们的 MAC 地址，因为 ARP 请求包中的目的 IP 地址与它们的 IP 地址并不一致，于是终端设备 2 和终端设备 4 都不会对 ARP 请求做出响应。ARP 响应过程如图 5-14 所示。

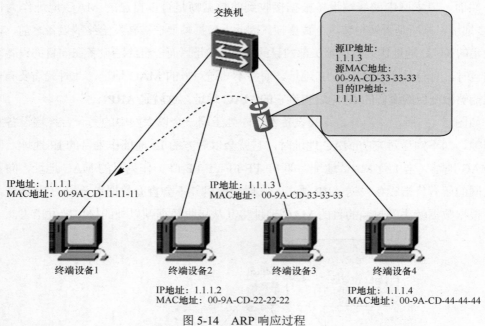

图 5-14 ARP 响应过程

由于此前交换机已经接收到终端设备 1 发送的 ARP 请求，因此交换机的 MAC 地址表中已经建立了终端设备 1 的 MAC 地址与自己接口之间的对应关系。当交换机接收到终端设备 3 发送的 ARP 响应时，它可以通过查看 MAC 地址表找出终端设备 1 连接在自己的哪个接口上，并将数据帧从该接口发送出去。当终端设备 1 接收到终端设备 3 发送的 ARP 响应后，它通过源 MAC 地址获取到终端设备 3 的 MAC 地址。

在通过 ARP 查询到目的设备的硬件地址后，发送 ARP 请求的设备（图 5-13 中的终端设备 1）会把目的设备（图 5-13 中的终端设备 3）的 IP 地址与 MAC 地址的对应关系保存到高速缓存中，如图 5-15 所示。这样一来，当设备再次向同一台目的设备发送数据时，只需要查询自己的本地缓存就可以封装目的 MAC 地址，无须再次在网络中发送 ARP 请求。因此，ARP 高速缓存既能够减少网络中传输的 ARP 通信流量，提高网络传输数据的效率，又能够节省所有设备处理 ARP 请求的资源。

总之，**ARP** 的工作方式是，当一台设备由于不知道目的设备的 **MAC** 地址，而无法封装以目的设备的 **MAC** 地址为目的 **MAC** 地址的以太网数据帧时，它会先以广播 **MAC** 地址作为目的 **MAC** 地址封装广播数据帧，向整个网络请求目的 **IP** 地址对应的 **MAC** 地址。当目的设备通过目的 **IP** 地址识别出这是请求自己 **MAC** 地址的 **ARP** 请求包时，就会以自己的 **MAC** 地址作为源 **MAC** 地址，向 **ARP** 请求包的始发设备发送单播的 **ARP** 响应包。在接收到 **ARP** 响应包后，请求设备就获得了目的设备的 **MAC** 地址。

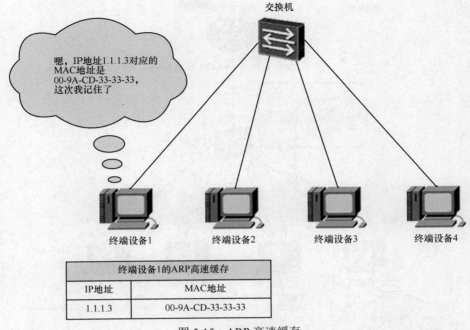

图 5-15　ARP 高速缓存

5.4.2　ARP 欺骗攻击概述

ARP 高速缓存可以提高通信效率，节省设备资源，但同时给网络环境带来了很大的风险，即设备将 **ARP** 响应中的地址对应关系保存到自己的 **ARP** 高速缓存中，并不考虑这是否是自己请求的 **ARP** 响应，也不会验证响应方的真实身份。这就让攻击者得以向网络中散布错误的 IP-MAC 对应关系。攻击者主动向网络中发送包含错误 **IP-MAC** 对应关系的 **ARP** 响应，这种做法称为 **ARP** 欺骗。

ARP 欺骗可以达成不同的攻击目的。以图 5-16 所示的环境为例，终端设备 1 在未经请求的情况下，主动向局域网中的其他终端设备提供了一个错误的 ARP 响应，它宣称自己的 MAC 地址 00-9A-CD-11-11-11 是网关路由器 IP 地址 1.1.1.10 对应的 MAC 地址，显然是为了让其他终端设备的 ARP 高速缓存中记录这条错误的对应关系。

在图 5-17 所示的环境中，由于终端设备 4 的 ARP 高速缓存被终端设备 1 发送的 ARP 响应误导，因此当终端设备 4 想要向网关路由器发送数据时，它会用网关路由器的 IP 地址查询自己的 ARP 高速缓存，发现网关路由器的 MAC 地址是 00-9A-CD-11-11-11。于是，终端设备 4 以 1.1.1.10 作为目的 IP 地址，以 00-9A-CD-11-11-11 作为目的 MAC 地址封装数据包，并将数据包发送给交换机。终端设备 4 并不知道目的 MAC 地址其实是终端设备 1 的 MAC 地址，而不是网关路由器的 MAC 地址。交换机接收到终端设备 4 发送的数据包后，发现其目的 MAC 地址是 00-9A-CD-11-11-11，通过查询自己的 MAC 地址表，理所当然地将数据帧转发给终端设备 1。

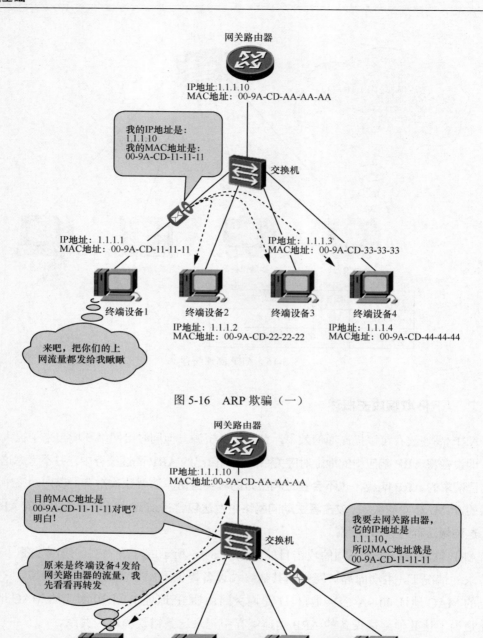

图 5-16　ARP 欺骗（一）

图 5-17　通过 ARP 欺骗实现中间人攻击

　　在成功实施了 ARP 欺骗后，终端设备 2、终端设备 3 和终端设备 4 原本应该发送给网关路由器的数据，都会在终端设备 1 的误导下被发送给终端设备 1。如果终端设备 1

再将数据转发给网关路由器,那么网络中的其他终端设备很难觉察到自己的 ARP 高速缓存已经被误导。事实上,原本"终端设备 x→网关路由器"的转发路径已变为"终端设备 x→终端设备 1→网关路由器"。终端设备 1 成功将自己插入其他终端设备与网关路由器的通信路径中,由此窃取其他终端设备与网关路由器之间的信息,这种**攻击者将自己插入受害者的通信路径中盗取通信数据的方式,称为中间人攻击。**

除了通过 ARP 欺骗实现中间人攻击外,ARP 欺骗早年间更多用来实现拒绝服务(Denial of Service,DoS)攻击。在图 5-18 所示的环境中,终端设备 1 向局域网中的其他设备宣称网关路由器的 IP 地址 1.1.1.10 对应的 MAC 地址是终端设备 2 的 MAC 地址00-9A-CD-22-22-22。

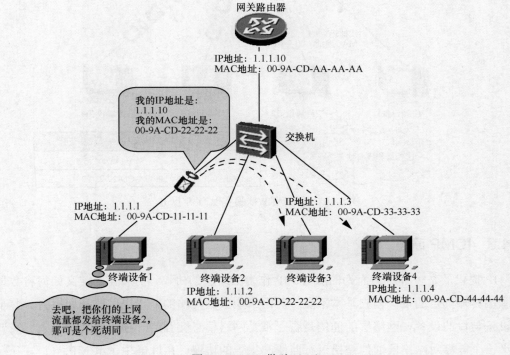

图 5-18　ARP 欺骗(二)

终端设备 3 和终端设备 4 在遭到 ARP 欺骗后,它们会用终端设备 2 的 MAC 地址封装原本要发送给网关路由器的数据包,而交换机也会忠实地将这些数据包向终端设备 2 转发。显然,终端设备 2 是不可能在接收到这些数据包之后将它们转发给网关路由器的,因此这些数据包石沉大海。最终,终端设备 3 和终端设备 4 就无法再向网关路由器乃至互联网发送数据了。同时,终端设备 2 会因为忙于处理大量发送给自己的数据包而耗尽资源。

由于实施 ARP 欺骗的方法唾手可得,因此在早些年的校园网中,由 ARP 欺骗导致的 DoS 攻击,如图 5-19 所示,常常是大量用户无法正常访问网络的原因。

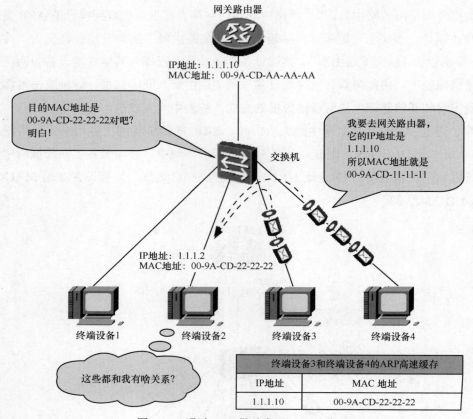

图 5-19 通过 ARP 欺骗实现 DoS 攻击

5.4.3 ICMP 原理

　　IP 提供的是一种尽力而为的服务。IP 作为网络层的协议，初衷在于定义如何将数据从源端传输到目的端，但它基本不负责对网络层数据传输的差错提供监测和报告。鉴于源设备与目的设备在网络层的通信是否正常是网络信息交互的一项重要因素，人们需要定义一个能够对网络层通信差错进行监测和报告的协议，由此诞生了 ICMP。

　　ICMP 的使用相当频繁，比如，当一个数据包到达某台路由器时，路由器发现数据包 IP 头部的 TTL 字段已经过期，就会丢弃该数据包。除了丢弃数据包，路由器此时还会封装一个 ICMP TTL 过期消息（ICMP 消息类型 11）发送给数据包的始发设备，以此通知始发设备该数据包 TTL 已经过期。

　　在封装方面，ICMP 虽然属于网络层协议，但 ICMP 消息的外层仍会封装 IP 头部。也就是说，ICMP 消息是 IP 数据包的负载。从这个角度看，ICMP 虽然和 IP 都工作在 OSI 参考模型的网络层，但它可以视为 IP 的上层协议，因为设备在封装 ICMP 消息时，会在网络层执行先 ICMP 头部、后 IP 头部的两次封装。ICMP 头部的封装格式中并没有涉及 IP 地址的字段。ICMP 头部封装格式如图 5-20 所示。

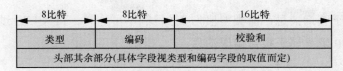

图 5-20　ICMP 头部封装格式

ICMP 头部封装格式相当简单，其中最重要的字段无疑是类型字段和编码字段，因为它们的取值界定了 ICMP 消息的类型。例如，若一个 ICMP 消息的类型字段取值为 11，编码字段取值为 0，则该 ICMP 消息为 TTL 过期消息；若一个 ICMP 消息的类型字段取值为 8，编码字段取值为 0，则该 ICMP 消息为 Echo-Request 消息；若一个 ICMP 消息的类型字段和编码字段取值皆为 0，则该 ICMP 消息为 Echo-Reply 消息；若一个 ICMP 消息的类型字段取值为 3，则该 ICMP 消息为目的不可达，此时编码值字段会标识该消息表示的具体情况。表 5-1 罗列了常见的 ICMP 消息对应的类型值和编码值。

表 5-1　　　　　　　　　　常见的 ICMP 消息对应的类型值和编码值

ICMP 消息	类型值	编码值
Echo-Reply	0	0
目的网络不可达		0
目的主机不可达		1
目的协议不可达		2
目的端口不可达	3	3
需分片但 DF 置位（请参考 IP 头部字段中标记位的介绍）		4
目的网络未知		6
目的主机未知		7
Echo-Request	8	0
TTL 过期	11	0
参数问题：IP 头部损坏	12	0

注释：

ICMP Echo-Request 消息和 ICMP Echo-Reply 消息的翻译在业内并没有达成一致。专业人士在技术交流中，直接将其读作 Echo-Request 消息和 Echo-Reply 消息。本书参考行业惯例，不对它们进行翻译。但在高校教学中，它们多被称为回声请求（Echo-Request）和回声响应（Echo-Reply）。

ICMP 的功能包括诊断故障和报告错误。因此，从功能上，ICMP 消息可以分为查询消息和报告错误消息两种。在表 5-1 中，类型值为 0（Echo-Reply）和 8（Echo-Request）

的 ICMP 消息属于查询消息，而类型值为 3（目的不可达）、11（TTL 过期）和 12（参数问题）的 ICMP 消息属于报告错误消息。

5.4.4　使用 ICMP 工具测试网络层连通性的原理

本书一直使用 ping 工具测试设备与设备之间在网络层的连通性。ping 是 ICMP 的一种工具，接下来，我们会介绍 ping 工具是如何通过 ICMP 消息测试网络层连通性的。

当一台设备通过 ping 工具测试另一台设备的网络层地址是否可达时，这台设备会以对方的 IP 地址作为目的地址，封装一个 ICMP Echo-Request 消息并发送出去。如果对方能够接收到这个消息，则会封装一个 ICMP Echo-Reply 消息并返回给始发设备。因此，如果发送 Echo-Request 消息的设备能够接收到对方设备发来的 ICMP Echo-Reply 消息，代表双方在网络层可以实现双向通信，如图 5-21 所示。

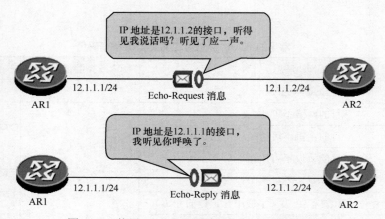

图 5-21　使用 ping 工具测试网络层连通性的原理

除了 ping 工具，tracert 工具也是通过 ICMP 实现的。tracert 工具的作用是帮助管理员了解和查看从源设备向目的设备发送数据经历的整条路径。tracert 工具采取的做法很有设计感：它会让设备依次封装一系列去往目的设备的数据包，并且将其发送出去，这些数据包 IP 头部的 TTL 值依次设置为 1、2、3，以此类推。当去往目的地址的第 1 跳设备接收到第 1 个数据包时，发现该数据包的 TTL 已经过期，因此第 1 跳设备会封装一个 ICMP TTL 过期消息发送给源设备，这样源设备就了解到第 1 跳设备的消息。当第 1 跳设备接收到第 2 个数据包，也就是 TTL 值为 2 的数据包时，将该数据包的 TTL 值减 1，再转发给第 2 跳设备。因此，当第 2 跳设备接收到该数据包时，发现数据包的 TTL 也已经过期，因此第 2 跳设备同样会封装一个 ICMP TTL 过期消息发送给源设备，这样源设备就了解到第 2 跳设备的消息。这个过程不断持续下去，直至目的设备接收到源设备发送的数据包。在这个过程中，源设备接收到沿途各跳设备发送的 ICMP TTL 过期消息，从而掌握了数据包从源设备到达目的设备的路径中，各跳设备的信息。

5.5　本章总结

　　本章的内容是数据通信技术学习过程中的重中之重。首先，我们从连接不同网络的需求说起，谈到了网络层提供的服务，并由此引出了 IPv4。在介绍 IPv4 时，我们对 IPv4 定义的数据包封装格式逐字段进行了介绍。

　　然后，我们围绕着 IPv4 地址的概念展开，每一位致力投身于网络技术相关行业的人都应该熟练掌握十进制与二进制的相互转换方法、IPv4 地址和掩码的表示方法、VLSM 技术和 CIDR 的概念，以及根据需求分配网络地址的方法。我们用一所高校的案例介绍了如何为一个大型计算机网络规划子网。希望通过案例的学习，读者可以在为中小型、小型网络划分子网时感到更加轻松。

　　最后，我们分别对 ARP、ICMP 的原理与工作方式进行了介绍。

5.6　练习题

一、选择题

1. 下列关于 IPv4 的说法错误的是（　　）。

A. IPv4 地址长度为 32 位

B. IPv4 封装格式中只有 1 个字段与数据包分片有关

C. IPv4 头部的长度是可变的

D. IPv4 数据包头部封装的版本字段取值皆为 4

2. 下列关于 IPv4 头部的大小的说法正确的是（　　）。

A. IPv4 头部长度最小为 20 位

B. IPv4 头部长度为 20 位

C. IPv4 头部长度最小为 20 字节

D. IPv4 头部长度为 20 字节

3. 下列关于 IPv4 地址的说法错误的是（　　）。

A. IPv4 地址目前多采用无类编址的方式

B. IPv4 地址是采用点分十进制法表示的

C. IPv4 提供了十分充足的网络地址资源

D. IPv4 的 32 位地址分为网络位和主机位

4. 下列关于子网掩码的说法正确的是（　　）。

A. 子网掩码与 IP 地址长度无关

B．子网掩码与 IP 地址执行 AND 运算，结果为该地址的主机位

C．在二进制网络掩码中，数字 0 无论如何不会出现在数字 1 左侧

D．子网掩码网络位和主机位必须以字节为界

5．把二进制 IP 地址 11000000 10101000 01010100 00001000 转换为十进制，得到的结果是（　　）。

A．192.168.64.8
B．192.168.84.10

C．192.168.84.8
D．192.168.64.10

6．19 位子网掩码的网络中可以包含多少台主机？（　　）

A．8194
B．8192
C．8190
D．8188

7．能够满足 500 台主机需求的子网掩码有哪些？（多选）（　　）

A．255.255.255.0
B．255.255.254.0

C．255.255.252.0
D．255.255.250.0

8．下列关于 ARP 的说法正确的是（多选）（　　）。

A．ARP 定义了通过 IP 地址解析 MAC 地址的方式

B．ARP 定义了通过 MAC 地址解析 IP 地址的方式

C．ARP 请求是用广播的方式发送的

D．ARP 响应是用广播的方式发送的

9．攻击者通过 ARP 欺骗可以实施哪些攻击？（多选）（　　）

A．DoS 攻击
B．中间人攻击
C．暴力破解攻击
D．零日攻击

二、判断题

1．网络层提供的服务是实现同一个网络中终端设备的相互通信。　　　　（　　）

2．IP 头部的协议字段是为了标识这个数据包在网络层使用的是 IPv4 还是 IPv6。

（　　）

3．ping 和 tracert 都是利用了 ICMP 消息的测试工具。　　　　　　（　　）

第6章
路由技术基础

6.1 路由

6.2 路由器的工作方式

6.3 静态路由

6.4 默认路由

6.5 汇总静态路由

6.6 浮动静态路由

6.7 静态路由的排错

6.8 本章总结

6.9 练习题

　　路由器的核心作用，是尽最大可能将入站数据包按照数据包头部的目的 IP 地址，转发到其目的网络。然而，路由器厂商不可能在路由器出厂之前，就预见到这台路由器在售出后会被部署到哪些网络环境中，更无法预知这台路由器需要转发去往哪些目的网络的数据包。因此，路由器在出厂时，不可能"先天"拥有向不同网络转发数据包的"知识"储备，具体将入站数据包转发去往哪些目的网络，是需要路由器"后天"学习的内容。在这一点上，路由器与交换机存在一定的相似之处。然而，在学习地址信息的方法上，路由器和交换机存在着明显的区别。前文中介绍过交换机是通过入站数据帧的源 MAC 地址学习如何向不同目的 MAC 地址转发数据帧的。这种方法虽然适用于交换机连接的局域网环境，但不适合路由器连接的不同网络。

　　首先，我们将解释数通设备如何通过目的 IPv4 地址将数据包转发给正确的目的地。我们不仅介绍路由（Route）的基本概念及路由在通信过程中所起的作用，还会通过展示一台路由器的路由表介绍路由条目中所包含的信息及其作用，并且对路由的 3 种获取方式、路由优先级值和路由度量值进行介绍。

　　然后，我们不仅会分步骤介绍路由器这类数通设备是如何使用路由表中的路由信息为数据包执行转发的，还会对路由获取方式中的直连路由进行介绍。

　　路由器不适合像交换机那样自动通过入站数据学习如何转发数据包。路由器"后天"学习的转发数据包的方法之一，就是由管理员通过手动配置进行引导。**这种路由器从管理员处学习到的数据转发路径，称为静态路由**。这是路由的 3 种获取方式之一，同时也是本章的重点内容。本章还会对各类与静态路由相关的技术一一进行说明，包括默认路由、汇总静态路由和浮动静态路由。

　　最后，我们会通过案例介绍静态路由的排错方法。

- 了解路由的概念、路由表的构成及路由在网络中发挥的作用；
- 理解路由器通过查找路由表对数据包实施转发的过程；
- 掌握配置静态路由和默认路由的方法；
- 理解默认路由的常见使用环境；
- 理解汇总静态路由的计算方法；
- 掌握浮动静态路由的概念与配置方式；
- 理解静态路由环境的排错思路。

6.1　路由

无论哪个版本的 IP，都可以为寻址提供逻辑地址。不过，仅仅定义逻辑地址尚不足以将数据从源设备发送给目的设备，要想实现真正的通信还需要通过其他协议界定联网设备如何使用逻辑地址实现寻址。

使用逻辑地址实现寻址涉及一系列的问题，包括联网设备之间如何分享路径信息；源设备如何根据其他设备分享的路径信息，找出一条通往目的网络的路径；如果去往同一目的网络拥有多条路径，设备如何判断这些路径的优劣等。这些需要通过界定寻址方式的技术协议来定义，这正是本节的重点。

6.1.1　路由的概念

数据包从源设备到达目的设备，需要通过沿途的网络设备进行转发。而网络设备若要转发数据包，必须依靠自己掌握的路径信息，将数据包从正确的接口发送出去。在这个过程中，路由发挥了至关重要的作用。

在 IT 语境中，路由既可以作为名词，也可以作为动词。作为名词时，**路由是路由条目的简称**，表示转发设备为了跨网络转发数据包而相互传播、并被路由器使用的路径信息。在默认情况下，一台路由器只拥有直连网络的路由，所有非直连网络的路由则超出了路由器默认掌握的信息范畴。鉴于路由器常常需要将数据包转发给非直连网络，**路由器需要共同遵循相互分享路由的标准，以便交换彼此掌握的路由信息，这类标准称为路由协议**。借助路由协议，路由器之间可以相互交换自己掌握的路由信息，以此获得其他路由器拥有的路径信息。遵循路由协议的转发设备有能力向与自己并不直连的网络转发数据包。

作为动词时，**路由表示路由器或其他依据逻辑地址和路由条目转发数据包的设备执行的转发操作**。当一个数据包到达路由器时，路由器需要使用数据包的目的地址查询路由表，以此判断应该如何转发数据包，然后再根据判断结果将数据包转发出去，这个过程就叫路由。

简而言之，名词的路由类似于高速公路上的目的地标识牌，它的作用是在有多个出口的地方为寻路的车辆指明去往不同目的地的出口和距离；而动词的路由正是指查询路由信息并转发数据包的过程。

6.1.2 路由表与路由条目

每台路由器会将去往各个网络的路由记录在一个数据表中。当发送数据包时，它会查询数据表，尝试将数据包的目的 IP 地址与数据表中的条目进行匹配，以此判断应该从哪个接口转发数据包。这个数据表就是路由表，而路由表中记录的条目就是路由条目。

管理员如果想要查看华为路由器中的完整路由表，可以在系统视图下输入命令 **display ip routing-table**，见例 6-1。

例 6-1 查看路由表

```
[AR3]display ip routing-table
Route Flags: R - relay, D - download to fib
------------------------------------------------------------------------
Routing Tables: Public
Destinations : 12      Routes : 12

Destination/Mask    Proto    Pre   Cost  Flags  NextHop     Interface

1.1.1.1/32          RIP      100   2     D      23.0.0.2    GigabitEthernet0/0/1
2.2.2.2/32          RIP      100   1     D      23.0.0.2    GigabitEthernet0/0/1
3.3.3.3/32          Direct   0     0     D      127.0.0.1   LoopBack0
0.0.0.0/8           Static   60    0     D      23.0.0.3    GigabitEthernet0/0/1
12.0.0.0/24         RIP      100   1     D      23.0.0.2    GigabitEthernet0/0/1
23.0.0.0/24         Direct   0     0     D      23.0.0.3    GigabitEthernet0/0/1
23.0.0.3/32         Direct   0     0     D      127.0.0.1   GigabitEthernet0/0/1
23.0.0.255/32       Direct   0     0     D      127.0.0.1   GigabitEthernet0/0/1
127.0.0.0/8         Direct   0     0     D      127.0.0.1   InLoopBack0
127.0.0.1/32        Direct   0     0     D      127.0.0.1   InLoopBack0
127.255.255.255/32  Direct   0     0     D      127.0.0.1   InLoopBack0
255.255.255.255/32  Direct   0     0     D      127.0.0.1   InLoopBack0
```

根据上面的示例，路由器 AR3 的路由表中共有 12 个路由条目。每个路由条目提供了大量信息，如 Destination/Mask 标识的是该路由条目的路径信息。下面我们对其他信息分别进行介绍。

① **Proto**：表明了这条路由是如何获得的。概括地说，路由器有以下 3 种路由（条

目）获取方式。

- **直连路由**：标识为 Direct 的路由为直连路由。路由器默认只掌握直连网络的信息，因此，路由器默认拥有自己直连网络的路由条目。只要为活动接口配置了 IP 地址，管理员不需要进行其他操作，路由表就会自动生成对应的直连路由。
- **静态路由**：标识为 Static 的路由为静态路由。所谓静态路由是管理员通过指定下一跳设备或出站接口，手动在路由器上配置的去往某个网络的路由。换言之，静态路由来源于管理员的手动添加，因此它标识的是设备不会默认获悉的远端网络。
- **动态路由**：路由器因与其他设备使用相同的路由协议而从其他设备学习到的路由为动态路由。动态路由的来源是其他使用相同路由协议的设备。动态路由协议林林总总，在 Proto 中，动态路由条目会以学习到的该路由条目的路由协议作为标识。

② **Pre**：当路由器通过不同方式和动态路由协议获取到去往同一个网络的路由时，它需要判断通过哪种路由获取方式获得的路由条目更加可靠，这个道理像自驾旅行的游客在遇到车载导航、纸质地图和当地路标对前往同一个目的地指示的路径不一致时，游客需要判断应该信任哪种信息来源一样。Pre（优先级）的作用是标识动态路由、静态路由和直连路由的相对可靠性，数值越小，优先级越高。动态路由条目的 Pre 值取决于路由器是通过哪个动态路由协议学习到这条路由的；静态路由条目的 Pre 值为 60；直连路由条目的 Pre 值为 0。

③ **Cost**：即开销值，当路由器通过同一种方式获取到多条去往同一个网络的路由时，它需要根据某些标准判断哪条路径更优，这就像自驾旅行的游客需要判断车载导航提供的哪条路线更优一样。当然，不同的游客对路线的优劣有不同的判断标准，有的希望选择距离最短的路线，有的希望选择途经城市最少的路线，有的希望选择收费最少的路线，有的希望选择沿途风景最美的路线等。同理，不同协议会使用不同的参数、按照不同的标准计算 Cost，但总的来说，开销值的数值越小，优先级越高。

④ **Flags**：即路由标记，其值有两个：R 和 D。从示例的输出中可以看出，当前所有路由的路由标记都是 D，表示这些路由已经下载到转发信息库（Forwarding Information Base，FIB）中，这是一个硬件转发数据库。下载到 FIB 中的路由在转发时无须经过软件处理，可直接通过硬件进行转发，这样做可以提高转发效率。R 标记的是迭代路由，表示设备需要根据路由的下一跳 IP 地址自行查找具体的出站接口。管理员在配置静态路由时，如果只指定了下一跳 IP 地址，那么这条路由的路由标记就是 R。

⑤ **NextHop/Interface**：每个路由条目都会标识如何转发去往目的网络的数据包，即指明转发数据包的下一跳设备或者将数据包从哪个出站接口转发出去。

总之，当路由器接收到一个数据包时，它会根据数据包的目的 IP 地址查询自己的路由表，查看自己是否拥有去往目的网络的路由。如果没有去往目的网络的路由，路由器就会丢弃数据包；如果有，路由器则会根据路由表中的对应条目对数据包执行转发。

通过路由表不难发现，各个路由条目提供的大量参数与转发路由的选优有关，即当去往同一网络有多条路由时，设备根据这些参数应该如何做出选择。实际上，不同的路由协议除了 Pre 取值不同、计算 Cost 时使用的参数也不同外，它们还会采用两种不同的逻辑计算去往各个网络的最佳路由。

6.1.3 路由获取方式

从路由器向路由表中填充路由条目的方式上看，路由获取方式有 3 种，它们就是网络层设备建立转发数据库的 3 种方式。

① **直连路由**：只要连接该网络的接口状态正常，管理员就不需要进行任何配置，直连路由就会出现在路由表中。

② **静态路由**：需要管理员通过配置命令，手动添加到路由表中。

③ **动态路由**：是路由器从邻居路由器学习到的路由。

下面我们分别对 3 种路由获取方式进行简单的介绍。

1. 直连路由

直连路由是唯一一种不需要管理员执行（除接口相关配置外的）配置工作、路由器可以直接添加到路由表中的路由。路由器并不会像交换机那样通过入站数据包的头部信息填充自己的转发表，并根据转发表来转发数据包，因此，在管理员没有对路由器进行路由配置的情况下，路由器只知道如何转发那些去往直连网络的数据包。

注释：

上文中所说的"路由配置"，不包括配置接口的 IP 地址。如果路由器接口没有配置 IP 地址，也就没有"路由器接口所在网络"这一概念了。

2. 静态路由

由于路由器只会将接口的直连路由自动放入路由表中，因此想要让路由器了解如何将数据包转发给远端网络，其中一种方法是管理员通过配置命令告诉路由器应该将数据包转发给哪台设备，或者通过哪个接口转发出去。这种**技术人员凭借自己对网络的了解，通过手动配置的方式，告知路由器如何转发去往目的网络的数据包，从而在路由表中创建的路由条目就是静态路由。**

在简单的网络中，管理员配置静态路由是一种非常方便的做法。在复杂的网络中，搭建纯静态路由环境的做法虽不可取，但静态路由仍然可以作为网络配置的有效补充。

3. 动态路由

除了管理员手动向路由器的路由表中逐条添加路由外，路由器还有一种可以获得远端网络路由的方式，即每台路由器将自己的路由信息与其他路由器分享，从而使各个路由器获得其他路由器的路由信息。这种**路由器通过其他路由器分享的路由信息获取远端网络路由条目的方式称为动态路由，为实现路由器相互分享路由信息而定义的标准则称为动态路由协议。**

路由器之间要想共享路由信息，需要采用相同的路由协议。在默认情况下，路由器并不会运行任何动态路由协议，即它们既不会按照任何动态路由协议的标准自动对外分享自己的路由信息，也不会学习其他路由器分享的路由信息。要想让路由器通过动态路由协议获取路由信息，还需要管理员对路由器进行配置。

根据两种路由获取方式的不同，管理员配置静态路由和动态路由的逻辑也不同。如果说**配置静态路由的逻辑是告诉路由器应该如何转发去往某个网络的数据包，那么配置动态路由的逻辑就是首先告诉路由器应该运行哪个动态路由协议，然后告诉路由器可以将自己的路由信息通过该路由协议通告给其他运行相同路由协议的路由器。**当然，这只是配置动态路由协议的大致逻辑。管理员在配置不同的动态路由协议时，也会有很多其他的必备参数或可选配置。

遵循相同路由协议的路由器之间可以相互分享路径信息，并且根据其他路由器分享的路径信息计算出向各个网络转发数据包的最佳路由。根据不同的最佳路由计算方法，可以将路由协议分为下面两大类：

① 距离矢量路由协议；

② 链路状态路由协议。

距离矢量路由协议是采用距离矢量算法的路由协议，它的算法是根据距离和方向计算去往某个网络的最佳路径，因此，采用这类路由协议的路由器之间基本只会相互交换从自己去往各个网络的方向及距离。路由信息协议（Routing Information Protocol，RIP）就是典型的距离矢量路由协议，例 6-1 中可以看到通过 RIP 学习到的路由条目。

链路状态路由协议采用的链路状态算法则不同，使用这类路由协议的路由器会相互交换关于网络的各类状态信息。在充分交换状态信息之后，每台路由器基于对网络整体连接状态——网络拓扑的了解，以自己为源计算出向各个网络发送数据包的最佳路由。开放式最短路径优先（Open Shortest Path First，OSPF）协议就是典型的链路状态路由协议。

用现实生活中的例子进行类比的话，距离矢量路由协议采用的算法就像在十字路口插上一个包含各个城市距离信息的多向路标，当旅行者来到十字路口时，通过路标判断哪个方向距离自己的目的城市最近，从而决定走哪一条路。由于每个十字路口距离各个城市的距离不尽相同，因此每个十字路口的路标显示的信息也各不相同。而链路状态路由协议的算法则类似于在每个十字路口都设置一张当地的详细地图，每个路口的地图相同，旅行者走到任何一个十字路口时，都可以根据地图中显示的信息，判断走哪条路能最快到达自己的目的地。

提示：

这个类比基本可以展现出两类路由协议的区别，但有一点需要注意，在现实生活中，根据路标或地图决定如何选择路线的是旅行者而不是十字路口。在数据网络世界中，做出转发决策的并不是数据包本身，而是路由器。

路由协议除了按照算法进行分类外，还有其他的分类方式，如根据适用环境可以分为内部网关协议（Interior Gateway Protocol，IGP）和外部网关协议（Exterior Gateway Protocol，EGP）等。

6.1.4 路由优先级

有一种情况在日常生活中很常见，那就是人们经常会通过不同渠道得到关于同一事物的不同评价或结论。当遇到这种情况时，人们会根据各个渠道的公信力，选择相信其中某个渠道的结果。以导航为例，如果一名驾驶员准备驱车前往 A 地，但汽车自带的导航系统、手机中安装的导航软件、驾驶员携带的城市地图分别指向了不同的方向，驾驶员就需要在几种导航方式中选择最可靠的一种，按照它指示的方向前进。当然，每个人对于不同渠道的可靠性都有自己的认识，因此每个人在遇到这种情况时选择的信息渠道也不相同。

路由器如驾驶员，它也有可能通过多种方式获得去往某个目的网络的路由，而这些路由也有可能分别指向不同的下一跳设备或不同的出站接口。为了从这些路由条目中选取一条放入路由表中，**路由器给每种路由获取方式赋予了一个权重，这个权重称作路由优先级（亦称为协议优先级），其数值的大小描述的是这种路由获取方式可靠性的高低。**

华为给路由器统一规定了各种路由获取方式的默认优先级值。也就是说，如果管理员不修改优先级值，路由器就会根据默认值判断各种路由获取方式的优劣。常见的路由获取方式对应的默认路由优先级值见表 6-1。

表 6-1　　　　　　　常见的路由获取方式对应的默认路由优先级值

路由获取方式	默认路由优先级值
直连路由	0
OSPF 路由	10
ISIS 路由	15
静态路由	60
RIP 路由	100
内部 BGP	255
外部 BGP	

在表 6-1 中，**路由优先级值越小，代表该路由获取方式的可靠性越高。** 路由优先级的概念如图 6-1 所示，路由器 A 同时通过动态路由协议 OSPF 协议和 RIP 学习到去往路由器 C 的路由，同时管理员手动在路由器 A 上配置了去往路由器 C 的路由。在默认情况下，被放入路由表的路由是路由器 A 通过 OSPF 协议学习到的路由。因为 OSPF 路由的默认优先级值为 10，小于静态路由的默认优先级值 60，更小于 RIP 路由的默认优先级值 100，所以路由器根据 OSPF 路由指向的下一跳和出站接口发送数据包。

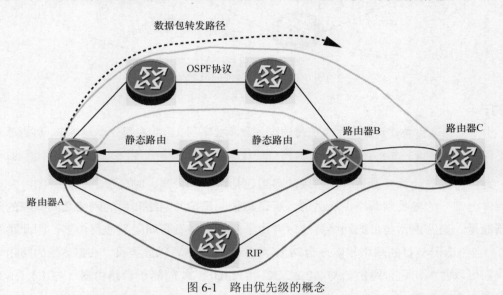

图 6-1　路由优先级的概念

6.1.5　路由度量值

通过同一个动态路由协议，路由器学到的去往某个目的网络的路径往往不止一条。这时，路由协议需要对多条路径进行比较，选出该路由协议认为的最优路径。

不同的导航在选择路径时，会根据各自的标准选出不同的最优路径。比如，有的导航会选择距离最短的路径，有的导航会在免费路段中选择最短的路径，有的导航则会选择平均用时最短的路径等。标准不同，选择的最佳路径也会有所不同。由于每种路由协议都需要解决路由选优的问题，因此**每个路由协议定义了自己计算度量值使用的参数和方法，最终由路由器根据度量值的大小决定将哪条路由添加到路由表中。度量值越小，代表路径成本越低，因此，在去往同一个目的网络的路由中，度量值最小的路由被路由器添加到路由表中。** 路由器会根据这条路由转发数据包。

路由度量值的概念如图 6-2 所示，整个网络是通过 OSPF 协议共享路由信息的，由于上面的路径去往路由器 B 和路由器 C 的开销值最小，因此路由器会把该路由添加到路由表中，并按照这条路由转发数据包。

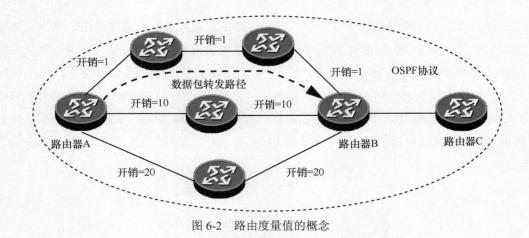

图 6-2　路由度量值的概念

注释：

　　由于不同路由协议计算度量值使用的方法和参数不同，因此在同一个网络中，路由器通过不同的路由协议转发去往同一个目的网络的数据包时，选择的路径也有可能是不同的。

　　路由协议在计算度量值时，常用的参数包括跳数、带宽、时延等。例如，RIP 是以跳数作为唯一的参数判断路由优劣的。所谓**跳数，是指源网络和目的网络之间间隔的路由器数量**。当路由器与目的网络直连时，由于两者之间没有间隔其他路由器，因此跳数为 0；当路由器与目的网络相隔一台路由器时，跳数为 1，以此类推。在例 6-1 的路由表中我们可以看到，这台路由器与 2.2.2.2/32 和 12.0.0.0/24 间隔 1 台路由器，与 1.1.1.1/32 则间隔 2 台路由器。

　　有一点需要强调，由于不同路由协议计算度量值采用的方法和参数不同，因此比较不同路由协议的度量值，就像比较两个不同单位的数值，这样做是毫无意义的。如果路由器通过不同路由协议学习到同一个网络的路由，那么这台路由器会根据路由优先级决定将哪条路由放入路由表中。

6.2　路由器的工作方式

　　路由器工作在 OSI 参考模型的网络层，而这一层的任务就是将数据从源转发给目的。因此，路由器的作用是给各个接口连接的不同网络/子网提供相互间的数据转发。结合前文介绍的路由器执行解封装和封装的流程和路由器转发数据时查找的数据库——路由表，我们会介绍路由器完整的数据转发方式。

6.2.1　路由器的基本工作原理

　　当网络中所有的路由器通过动态路由协议相互学习到关于这个网络的路由信息，并且根据这些路由信息计算出去往各个网络的最优路由时，可以称这个网络进入了收敛状态。在一个处于收敛状态的网络中，一台路由器在接收到一个数据包后，就会执行以下几个步骤。

步骤 1　对数据包执行解封装。通过对数据链路层执行解封装，查看数据包的网络层头部封装信息，以便获得数据包的目的 IP 地址。

步骤 2　在路由表中查找匹配项。简单地说，在查看数据包的目的 IP 地址后，路由器会将该地址和路由表中各个条目的网络地址依次执行二进制 AND 运算，然后将运算结果与路由表中对应路由条目的目的网络地址进行比较，如果一致则表示该条目与目的地址相匹配。之所以使用 AND 运算，是因为以某个网络中的终端设备作为目的的数据包，其目的地址一定比路由表中指向该网络的目的网络地址更加具体，因此也拥有更多的非 0 位。例如，某数据包的目的 IP 地址为 198.48.10.2，路由器中有一条路由的目标网络为 198.48.10.0/24，那么这两个地址执行 AND 运算的结果为 198.48.10.0/24，说明该路由与数据包匹配，如图 6-3 所示。

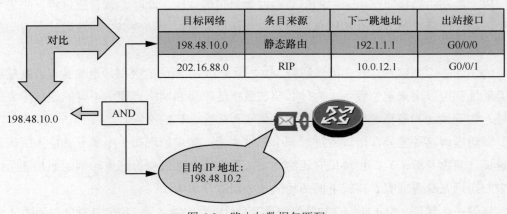

图 6-3　路由与数据包匹配

步骤 3　从多个匹配项中选择掩码最长的路由。如果路由表中有多条路由匹配数据包的目的 IP 地址，则路由器会选择掩码最长的路由，这种匹配方式称为最长匹配原则，如图 6-4 所示。这种选择有利于提升网络转发效率，即掩码越长，这条路由与数据包的目的 IP 地址匹配的位数越长，也就代表这条路由与数据包目的 IP 地址的匹配度越高，这一点在现实生活中亦是如此。比如，有人想要造访位于广东省深圳市龙岗区的某公司，在某路口看到 3 个路牌，分别指向广东省、深圳市和深圳市龙岗区。虽然 3 个路牌都与目的地址相匹配，但相信大多数人会选择最后一个指示牌指示的路径，因为它与目的地址的匹配度最高，所以其指示的路径往往更加精确。

步骤 4　将数据包按照相应路由的指示转发。通过例 6-1 不难发现，路由中包含了转发数据包的下一跳地址和出站接口。当路由器找到最终用来转发数据包的路由后，它会根据该路由提供的对应接口和下一跳地址，将数据包转发给下一跳设备。图 6-4 中虚线为路由器根据最长匹配原则选定路由后，按照对应路由转发数据包。

目标网络/掩码	条目来源	下一跳地址	出站接口
198.48.0.0/8	RIP	10.0.23.3	G0/0/0
198.48.10.0/24	静态路由	192.1.1.1	G0/0/2
202.16.88.0/24	RIP	10.0.12.1	G0/0/1

最长匹配原则

G0/0/1　　　　G0/0/2

G0/0/0

目的 IP 地址：
198.48.10.2

图 6-4　最长匹配原则

以上为路由器按照路由表中的信息转发数据包的过程。此时，读者应该停下来思考一个问题，即路由器为什么不适合像交换机那样自动通过入站数据中的源地址学习如何转发数据包。

为了回答这个问题，首先需要解释 MAC 地址和 IP 地址的区别。也就是说，既然这两类地址都可以用来定位设备，为什么要在数据链路层和网络层使用不同的地址来完成寻址？物理地址和逻辑地址在使用层面上到底存在什么样的不同？

要想理解这种差异，请读者进行一个思维实验：如果您现在手中拿着其他人的居民身份证（简称身份证），正要把它还给物主，那么您会通过身份证上印制的照片还是地址来归还这张身份证呢？请就下面两种情景分别进行思考。

场景一： 您是一位正在检查软卧包厢乘客身份证件的乘务员，刚刚从软卧包厢的 4 位乘客手中收集到身份证并且查验无误，现在您需要将这 4 张身份证分别正确地归还给包厢中的 4 位乘客。

场景二： 您在大街上捡到了别人遗失的身份证，现在您需要把这张证件物归原主。

显然，乘务员查验过身份证之后，只需要参考身份证上的照片就可以准确无误地将 4 张身份证还给持证人。然而，如果一个人在大街上捡到了一张身份证，要想物归原主，就应该按照身份证上所载的地址信息将身份证寄还给失主，而不能采用在街上按照身份证上的照片一一对照行人的相貌的方式。这说明一个问题，尽管相貌和地址都可以作为寻人的匹配条件，但它们的使用场合不同。

相貌属于自然属性，这一属性决定了相貌是随载体移动的（没有人能把自己的相貌留下独自行动），也决定了相貌是无法为寻址进行有效归类的（人的居住地不是根据相貌特征归类的），所以，凭借相貌寻人的做法只适用于范围有限的区域内，如一节车厢、一间教室等。在范围稍大的区域（如一架飞机、一个办公区）中，相貌寻人的效率就会降低，在范围更大的区域则根本不会有人尝试。

反之，地址是后天的，是大致不会随载体移动的（没有人能带着自己的家庭住址出行），是专为寻址而进行归类的。比如，按照"中华人民共和国广东省深圳市龙岗区某大道"中从大到小的范围可以顺利找到某公司。由此可见，这类包含层次的（分为网络地址和主机地址）、可归类的逻辑地址恰好适合实现大范围的寻址。

在寻址方面，MAC 地址与人的相貌存在不少相似之处，而 IP 地址则可以类比为邮政地址。由于 MAC 地址是烧录在网卡上的地址，因此它也是随时移动、无法归类的物理（自然）属性地址。这就是为什么使用 MAC 地址这样的二层地址寻址，只能在局域网范围内实现。在更大的范围内，设备只能使用层次化的三层逻辑属性地址——IP 地址来进行寻址。这就是物理地址和逻辑地址在使用上的区别，也是它们不能相互替代的原因。

注释：

华为技术有限公司主编的《HCNA 网络技术学习指南》6.1 节的开篇中写道："实质上，MAC 地址并不是真正意义上的'地址'，而是某个设备接口（或网卡）的身份识别号：MAC 地址表示的是'我是谁'，而不是'我在哪里'……MAC 地址本身并不带有任何位置信息。"[1]这是作者对 MAC 地址作用的注解。这个注解同样适用于将 MAC 地址与人类相貌进行类比，读者可以参照理解。

同样，由于数据转发的范围显著扩大，二层设备在小范围内依靠学习数据源地址构建转发表的方法显然难以为继。如果路由器采用记录入站数据包源 IP 地址的方式建立数据库并转发去往不同网络的数据包，那么这无异于快递公司根据包裹的寄件人地址建立数据库，并且按照数据库转发快递。那快递公司什么时候才能在数据库中找到与包裹目的地址匹配的信息？

要想在网际网络这种大范围内转发数据，网络层设备需要采用其他的方式建立转发数据库，具体有以下几种方式。

① 网络层设备把自己各个接口所在的子网录入转发数据库。

② 管理员直接向设备的转发数据库中输入向某些子网转发数据的路径。

③ 网络层设备间相互学习彼此转发数据库中数据的转发路径。

"转发数据库"指的是路由器的路由表；转发数据的"路径"，其实就是路由表中的"路由条目"。建立转发数据库的 3 种方式，依次对应 3 种路由获取方式：直连路由、静态路由和动态路由。

---

[1] 华为技术有限公司. HCNA 网络技术学习指南[M]. 北京：人民邮电出版社，2015。

6.2.2 直连路由

直连路由是唯一一种路由器自动向自己路由表中添加的路由条目。这种路由条目指向的目的网络是路由器接口直连的网络，而这台路由器也是数据包在到达目的网络之前经历的最后一跳路由器。因此，**直连路由的路由优先级值和度量值皆为 0**。若将直连路由的优先级值和度量值修改为其他数值，极容易导致次优路由甚至路由环路问题，因此**直连路由的路由优先级值和度量值都是不可修改的**。

由于直连路由既代表这台路由器是数据包到达目的网络前的最后一跳设备，又拥有最高的路由优先级，因此路由器必须保障直连路由的有效性，确保路由器不会把以直连路由网络为目的地址的数据包通过一个实际上无法通信的接口转发。这就决定了**路由器只会把状态正常的接口连接的网络，作为直连路由放入自己的路由表中**。

我们以图 6-5 所示的直连路由配置为例，展示直连路由和相关的路由表。

图 6-5 直连路由配置

在图 6-5 中，路由器 AR1 连接了两台设备：通过以太网接口 E0/0/0 连接交换机 SW1，通过串行链路接口 S0/0/0 连接路由器 AR2。整个网络的 IP 地址已在图中标出。假设所有设备刚启动，管理员还没有配置任何信息。

在例 6-2 中，管理员在 AR1 的 E0/0/0 接口上配置 IP 地址 10.0.83.1/24。

例 6-2 在 AR1 的 E0/0/0 接口上配置 IP 地址

```
[AR1]interface ethernet 0/0/0
[AR1-Ethernet0/0/0]ip address 10.0.83.1 24
```

管理员在 AR1 上通过命令 **display ip routing-table** 查看 AR1 的 IP 路由表，见例 6-3。注意，这时管理员没有配置 SW1 上与 AR1 相连的接口。

例 6-3 查看 AR1 的 IP 路由表

```
[AR1]display ip routing-table
Route Flags: R - relay, D - download to fib
------------------------------------------------------------------------------
Routing Tables: Public
        Destinations : 4        Routes : 4

Destination/Mask    Proto   Pre  Cost   Flags   NextHop      Interface

   10.0.83.0/24     Direct  0    0       D      10.0.83.1    Ethernet0/0/0
   10.0.83.1/32     Direct  0    0       D      127.0.0.1    Ethernet0/0/0
```

```
 127.0.0.0/8      Direct  0   0     D     127.0.0.1   InLoopBack0
 127.0.0.1/32     Direct  0   0     D     127.0.0.1   InLoopBack0
```

从 IP 路由表可以看出，当管理员为 E0/0/0 接口配置 IP 地址后，AR1 将该接口所属的 IP 子网地址及该接口的 IP 地址放入 IP 路由表中。在表示本地接口 IP 地址（/32 位掩码）的路由中，下一跳 IP 地址为 127.0.0.1，这表示该 IP 地址是路由器本地接口上配置的 IP 地址。

接下来管理员在 AR1 的 S0/0/0 接口上配置了 IP 地址 10.0.84.1/30，见例 6-4。

例 6-4　在 AR1 的 S0/0/0 接口上配置 IP 地址

```
[AR1]interface serial 0/0/0
[AR1-Serial0/0/0]ip address 10.0.84.1 30
```

AR1 通过串行链路接口与 AR2 相连，华为设备的串行链路接口默认使用 PPP。管理员在 AR1 上通过命令 **display ip routing-table** 再次查看 AR1 的 IP 路由表，见例 6-5。注意，此时管理员并没有配置 AR2 上与 AR1 相连的串行接口。

例 6-5　再次查看 AR1 的 IP 路由表

```
[AR1]display ip routing-table
Route Flags: R - relay, D - download to fib
------------------------------------------------------------------------
Routing Tables: Public
        Destinations : 4        Routes : 4

Destination/Mask  Proto   Pre  Cost  Flags  NextHop      Interface

  10.0.83.0/24    Direct  0    0     D      10.0.83.1    Ethernet0/0/0
  10.0.83.1/32    Direct  0    0     D      127.0.0.1    Ethernet0/0/0
  127.0.0.0/8     Direct  0    0     D      127.0.0.1    InLoopBack0
  127.0.0.1/32    Direct  0    0     D      127.0.0.1    InLoopBack0
```

从 IP 路由表可以看出，AR1 并没有将直连路由 10.0.84.0/30 放入路由表中。路由器对串行链路接口和以太网接口的区别对待是由接口各自的工作原理决定的，与此相关的内容超出了本书的范畴。本小节只通过配置展示两者的区别，读者对两种链路类型有大概的认识即可。

要想让 AR1 将 S0/0/0 接口的直连路由 10.0.84.0/30 放入 IP 路由表中，管理员需要在 AR2 的相应接口上配置 IP 地址，见例 6-6。

例 6-6　在 AR2 的 S0/0/0 接口上配置 IP 地址

```
[AR2]interface s0/0/0
[AR2-Serial0/0/0]ip address 10.0.84.2 30
```

第 3 次查看 AR1 的 IP 路由表，见例 6-7。

例 6-7　第 3 次查看 AR1 的 IP 路由表

```
[AR1]display ip routing-table
Route Flags: R - relay, D - download to fib
-----------------------------------------------------------------------
Routing Tables: Public
        Destinations : 7        Routes : 7

Destination/Mask    Proto   Pre   Cost   Flags   NextHop      Interface

   10.0.83.0/24     Direct  0     0      D       10.0.83.1    Ethernet0/0/0
   10.0.83.1/32     Direct  0     0      D       127.0.0.1    Ethernet0/0/0
   10.0.84.0/30     Direct  0     0      D       10.0.84.1    Serial0/0/0
   10.0.84.1/32     Direct  0     0      D       127.0.0.1    Serial0/0/0
   10.0.84.2/32     Direct  0     0      D       10.0.84.2    Serial0/0/0
   127.0.0.0/8      Direct  0     0      D       127.0.0.1    InLoopBack0
   127.0.0.1/32     Direct  0     0      D       127.0.0.1    InLoopBack0
```

在例 6-7 中，我们用阴影突出标识了 3 条路由，分别为 S0/0/0 接口 IP 地址所属的子网地址、AR1 本地 S0/0/0 接口的 IP 地址，以及 S0/0/0 接口链路对端 AR2 接口的 IP 地址。从中可以看到，掩码为/32 的本地接口（10.0.84.1/32）路由的下一跳 IP 地址表示本地的 127.0.0.1。

注释：

第一位十进制数为 127 的 IPv4 地址为保留地址，以 127 开头的 IPv4 地址称为自环地址，标识的是本地的设备。

上述内容证明路由器接口状态正常是路由器将该接口连接的网络作为直连路由添加到路由表的普遍前提。至于判断接口状态是否正常的标准，与接口的类型（如以太网接口或串行链路接口）直接相关。

6.3　静态路由

配置静态路由是路由器获得路由条目的 3 种方式之一。静态路由是由管理员手动配置在路由器路由表中的路由条目。

6.3.1　静态路由概述

路由器在接收到数据包时，根据数据包的目的 IP 地址查询自己的路由表。如有匹配项，路由器根据最长匹配的路由条目转发数据包。

然而，路由器与交换机的工作方式存在显著的差异，路由器不会将入站数据包封装的头部源地址与入站接口之间的映射关系保存到转发表中，作为此后赖以转发数据的表项。在默认情况下，路由器只会将自己状态正常的接口连接的网络作为直连路由填充到路由表中。而对于非直连网络，路由器默认处于完全无知的状态，因此它并不知道如何转发去往非直连网络的数据包。在这种情况下，如果要让路由器转发去往非直连网络的数据包，可行的方法就是由管理员或者由其他运行相同路由协议的路由器"告诉"这台路由器该如何操作。而静态路由就是管理员为了指示路由器如何转发去往某个非直连网络的数据包，手动添加到路由表中的路由条目。

在华为路由器上通过命令 **display ip routing-table** 查看路由器的路由表时，Proto 一列中标记为 Static 的路由为静态路由，**静态路由的默认路由优先级值为 60**。但与直连路由不同的是，**管理员可以手动调整静态路由的优先级值**。

此外，静态路由的开销值为 **0**。如果管理员配置了两条去往同一网络的静态路由，且这两条路由使用了不同的下一跳地址或出站接口，那么路由器在默认情况下会同时使用这两条静态路由转发数据包，实现数据流量的负载分担。管理员可以通过给不同静态路由配置不同路由优先级值的方法，使路由器在默认情况下只使用某一条路由转发数据包。只有当该路由出现故障时，路由器才会使用另一条路由优先级值比较大（也就是次选）的路由转发数据。因此，我们通过静态路由同样可以实现路由备份的效果。

6.3.2 静态路由的优缺点

一台运行某种路由协议的路由器可以从其他运行相同路由协议的邻居路由器上学习到远端网络的信息。与这种动态学习路由的方式相比，由管理员手动配置的静态路由拥有天然的优点和缺点。

1. 静态路由的优点

一方面，静态路由与静态 MAC 地址表条目有相似之处，那就是设备不会自动删除管理员手动添加的路由条目。反之，路由器通过路由协议动态学习到的路由条目会在满足某些条件的情况下被路由器自动删除，因此，**管理员手动配置到路由表中的路由条目较路由器动态学习到的路由条目更加稳定**。

另外，通过动态路由协议学习路由信息是一个被动的过程。换句话说，一台路由器能否通过动态路由协议学习到去往某个网络的路由，并不由这台路由器单方面决定，还取决于这台路由器是否能够与使用相同路由协议的直连设备交互路由信息，以及对方是否会将该路由通告给它。但路由器的路由表中是否有去往某个网络的静态路由则不受制于其他条件，只要管理员手动添加，路由器的路由表中就会出现对应的静态路由，而路由器也会按照这条路由转发以该网络作为目的地址的数据包。因此，**静态路由比动态路由更加可控**。

除了稳定性和可控性外，**静态路由比动态路由更容易部署**。配置去往某个网络的静态路由只需要管理员在华为路由器中添加一条简单的命令就可以实现，并不需要大量额外的配置，基本上不需要调试许多复杂的参数。

2. 静态路由的缺点

网络规模越大，配置静态路由条目比配置动态路由协议越复杂，这是由配置静态路由条目和动态路由协议的不同方式决定的。如果以实现整个网络互联为目的，那么配置静态路由条目要求管理员在所有路由器上都配置去往其全部非直连网络的路由。如果使用动态路由协议，那么管理员需要做的工作就是在每台路由器上通过配置来宣告各自直连的子网。显然，网络规模越大，各个路由器直连的子网越少，管理员配置和维护动态路由协议的工作量越少，出错的概率就越低，这是静态路由不适用于复杂网络环境的主要原因。在大型网络中，静态路由只能作为动态路由的一种补充，因为**静态路由的扩展性很差**。

此外，静态路由的稳定性在某些环境中可能是一种缺陷。在大部分情况下，路由器自动删除某些动态路由条目是有一定依据的，这样做常常代表该路由条目已经失效，路由器已经不应再按照该路由条目转发数据包。因此，路由器自动删除动态路由条目常常避免了路由器盲目地向已经失效的链路转发数据包并导致最终丢包的情况发生。而**静态路由无法反映拓扑的变化**。如果管理员不进行手动干预，那么即使静态路由所指的下一跳设备已经无法通信，路由器仍然会按照之前配置的静态路由，将数据包转发出去。

6.3.3 静态路由的配置

静态路由的配置虽然简单，但可以满足比较复杂的需求，如负载分担及路由备份等，因此学习和掌握静态路由的配置非常重要。我们通过案例学习静态路由的配置。

要向路由器的路由表中添加一条静态路由条目，只需要在系统视图下添加一条命令即可，这条命令的格式如下。

```
ip route-static dest-address {mask | mask-length} {gateway-address | interface-type interface-number} [preference preference-value]
```

本小节以图 6-6 所示拓扑为例来展示静态路由的配置。路由器 AR1 连接了两个网络：通过以太网接口 E0/0/0 连接广播型网络（以太网）192.168.123.0/24，通过串行链路接口连接链路 10.0.14.0/29。这个案例最终要实现的效果是 AR4 能够与 AR2、AR3 进行通信。

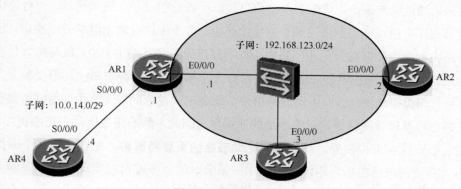

图 6-6　静态路由配置

例 6-8 以 AR1 为例展示了接口 IP 地址的配置。

例 6-8 AR1 的接口配置

```
[AR1]interface e0/0/0
[AR1-Ethernet0/0/0]ip address 192.168.123.1 255.255.255.0
[AR1-Ethernet0/0/0]quit
[AR1]interface s0/0/0
[AR1-Serial0/0/0]ip address 10.0.14.1 29
```

注意，为了向读者展示多种配置方法，我们使用了子网掩码的两种配置方法，即直接配置点分十进制格式的掩码（255.255.255.0）和掩码长度（29）。

例 6-9 集中演示了其他 3 台路由器的接口配置，即在 AR2 上配置 E0/0/0 接口（192.168.123.2/24），在 AR3 上配置 E0/0/0 接口（192.168.123.3/24），以及在 AR4 上配置 S0/0/0 接口（10.0.14.4/29）。

例 6-9 AR2、AR3 和 AR4 上的接口配置

```
[AR2]interface e0/0/0
[AR2-Ethernet0/0/0]ip address 192.168.123.2 24
```
```
[AR3]interface e0/0/0
[AR3-Ethernet0/0/0]ip address 192.168.123.3 24
```
```
[AR4]interface s0/0/0
[AR4-Serial0/0/0]ip address 10.0.14.4 29
```

在例 6-9 中，管理员在 3 台路由器上分别配置了 IP 地址，这 3 个 IP 地址都是使用掩码长度的方法进行配置的。AR2 和 AR3 上只有一个以太网接口连接到子网 192.168.123.0/24 中，AR4 则通过串行链路接口与 AR1 相连。

为了清晰地展示配置方法，案例中所有 IP 地址的最后一段与路由器编号相同，因此在 AR1 与 AR4 之间的串行链路上，子网掩码最多设置为 29 位，这是因为将 AR1 和 AR4 接口 IP 地址的最后一位十进制数 1 和 4 转换为二进制数如下。

① 十进制数 1：二进制数为 001。

② 十进制数 4：二进制数为 100。

要想在一个子网中同时包含这两个 IP 地址，主机位至少留出 3 比特，32−3=29，因此，这个子网的具体信息如下。

① 网络地址：10.0.14.0。

② 主机地址：10.0.14.1～10.0.14.6。

③ 广播地址：10.0.14.7。

之所以计算 IP 地址/掩码，是因为对于静态路由的配置来说，选择精确的掩码是至关重要的工作。

提示:

为了方便理解,本案例将 AR1 接口 IP 地址的主机位取值为.1,AR4 接口 IP 地址的主机位取值为.4。但就一般的点对点链路而言,最优的地址设计应该使用.1 和.2,这样通过掩码/30 就可以实现主机位预留,从而进一步节省地址空间。本案例的地址设计方案在链路上浪费了 4 个主机地址,不是实际工作中的常用做法。

完成所有路由器的接口配置后,我们在 AR1 上查看当前的 IP 路由表,见例 6-10。

例 6-10 在 AR1 上查看当前的 IP 路由表

```
[AR1]display ip routing-table
Route Flags: R - relay, D - download to fib
------------------------------------------------------------------------
Routing Tables: Public
        Destinations : 7      Routes : 7

Destination/Mask    Proto  Pre  Cost  Flags  NextHop        Interface

    127.0.0.0/8     Direct  0    0      D    127.0.0.1      InLoopBack0
    127.0.0.1/32    Direct  0    0      D    127.0.0.1      InLoopBack0
    10.0.14.0/29    Direct  0    0      D    10.0.14.1      Serial0/0/0
    10.0.14.1/32    Direct  0    0      D    127.0.0.1      Serial0/0/0
    10.0.14.4/32    Direct  0    0      D    10.0.14.4      Serial0/0/0
  192.168.123.0/24  Direct  0    0      D    192.168.123.1  Ethernet0/0/0
  192.168.123.1/32  Direct  0    0      D    127.0.0.1      Ethernet0/0/0
```

在 AR1 的 IP 路由表中可以看到,当前所有路由获取方式(Proto)都是直连(Direct)。完成接口配置后,AR1 自动把直连路由放入路由表中。通过 AR1 的路由表,我们可以对比以太网接口(E0/0/0)和串行链路接口(S0/0/0)的异同。除了子网路由(阴影标出的掩码分别为 /29 和 /24 的路由),被放入路由表的还有本地接口自己的路由,也就是10.0.14.1/32 和 192.168.123.1/32。另外,对于串行链路接口,链路对端的 IP 地址也会作为一条直连路由被放入 IP 路由表中,即 10.0.14.4/32,这是因为设备可以通过 PPP自动获得链路对端的 IP 地址。有关 PPP 的具体内容本书不做介绍。

拥有了直连路由,AR1 和 AR4 之间能够通过 10.0.14.0/29 进行通信,AR1、AR2 和AR3 之间能够通过 192.168.123.0/24 进行通信。但想要 AR4 与 AR2、AR3 进行通信,我们需要先在 AR4 上配置静态路由,使其知道如何去往子网 192.168.123.0/24,例 6-11 展示了在 AR4 上配置静态路由。

例 6-11 在 AR4 上配置静态路由

```
[AR4]ip route-static 192.168.123.0 24 Serial 0/0/0
```

在例 6-11 中，我们使用了掩码长度（24）进行配置。此外，在配置静态路由的下一跳参数时，对于串行链路，我们既可以使用下一跳 IP 地址，也可以使用出站接口，还可以同时配置下一跳 IP 地址和出站接口。本例中使用了配置出站接口 S0/0/0 的方法，因此，管理员可以使用以下 3 种命令配置这条静态路由：

① ip route-static 192.168.123.0 24 **10.0.14.1**；

② ip route-static 192.168.123.0 **255.255.255.0** Serial 0/0/0；

③ ip route-static 192.168.123.0 24 **Serial 0/0/0 10.0.14.1**。

管理员对于掩码的配置方法可以根据喜好任意选择，无论哪种配置方法都不会对路由器的后续转发行为构成影响。但下一跳参数的选择在有些情况中会为路由器的转发带来问题，在此我们仅做一点提示，具体内容后文中会进行详细介绍。

在 AR4 上完成去往子网 192.168.123.0/24 的静态路由配置后，AR4 上的 IP 路由表见例 6-12。

例 6-12　在 AR4 上查看 IP 路由表

```
[AR4]display ip routing-table
Route Flags: R - relay, D - download to fib
------------------------------------------------------------------------
Routing Tables: Public
        Destinations : 6        Routes : 6

Destination/Mask   Proto   Pre   Cost   Flags   NextHop      Interface
127.0.0.0/8        Direct  0     0      D       127.0.0.1    InLoopBack0
127.0.0.1/32       Direct  0     0      D       127.0.0.1    InLoopBack0
10.0.14.0/29       Direct  0     0      D       10.0.14.4    Serial0/0/0
10.0.14.1/32       Direct  0     0      D       10.0.14.1    Serial0/0/0
10.0.14.4/32       Direct  0     0      D       127.0.0.1    Serial0/0/0
192.168.123.0/24   Static  60    0      D       10.0.14.4    Serial0/0/0
```

从 AR4 的 IP 路由表中可以看到，阴影部分的新增路由 192.168.123.0/24 是通过静态配置的方式添加到路由表的，因为这条路由在 Proto 一列显示的是 Static（静态）。该路由的 Pre 为 60，这也是静态路由的默认优先级值。

在例 6-11 的配置命令中，管理员使用出站接口 S0/0/0 作为下一跳参数，因此这条静态路由中 Interface（出站接口）为管理员手动配置的 S0/0/0 接口，NextHop（下一跳）为出站接口 S0/0/0 的 IP 地址。若管理员在配置静态路由时选择使用下一跳 IP 地址作为下一跳参数，那么这条静态路由在路由表中的显示会与现在有所不同。

至此我们完成了 AR4 上的全部配置，AR4 上既有直连路由，又有去往子网（192.168.123.0/24）的静态路由。我们在 AR4 上向 AR2 发起 ping 测试，见例 6-13。

例 6-13 在 AR4 上向 AR2 发起 ping 测试

```
[AR4]ping 192.168.123.2
  PING 192.168.123.2: 56  data bytes, press CTRL_C to break
    Request time out
    Request time out
    Request time out
    Request time out
    Request time out

  --- 192.168.123.2 ping statistics ---
    5 packet(s) transmitted
    0 packet(s) received
    100.00% packet loss
```

当 AR4 的 IP 路由表获得去往子网 192.168.123.0/24 的路由后，这是否意味着 AR4 已经能够与这个子网中的设备进行通信呢？答案是不一定。从例 6-13 的测试结果可以看出，AR4 仍然无法 ping 通 AR2，其原因是 AR2 上还没有返回子网 10.0.14.0/29 的路由。这就是说，虽然 AR2 已经能够接收到 AR4 发来的 ping 消息，但因为 AR2 上没有对应的返程路由，所以 AR2 还是无法发送响应数据包。不过，如果此时我们在 AR4 上向 AR1 发起 ping 测试，是能够 ping 通的，这是因为 10.0.14.0/29 子网对 AR1 来说是直连子网，所以 AR1 的 IP 路由表中有直连路由可以支持 AR1 发回数据包。例 6-14 展示了在 AR4 上向 AR1 和 AR3 发起 ping 测试。

例 6-14 在 AR4 上向 AR1 和 AR3 发起 ping 测试

```
[AR4]ping 192.168.123.1
  PING 192.168.123.1: 56  data bytes, press CTRL_C to break
    Reply from 192.168.123.1: bytes=56 Sequence=1 ttl=254 time=70 ms
    Reply from 192.168.123.1: bytes=56 Sequence=2 ttl=254 time=80 ms
    Reply from 192.168.123.1: bytes=56 Sequence=3 ttl=254 time=110 ms
    Reply from 192.168.123.1: bytes=56 Sequence=4 ttl=254 time=90 ms
    Reply from 192.168.123.1: bytes=56 Sequence=5 ttl=254 time=60 ms

  --- 192.168.123.1 ping statistics ---
    5 packet(s) transmitted
    5 packet(s) received
    0.00% packet loss
    round-trip min/avg/max = 60/82/110 ms

[AR4]ping 192.168.123.3
  PING 192.168.123.3: 56  data bytes, press CTRL_C to break
    Request time out
```

```
    Request time out
    Request time out
    Request time out
    Request time out

  --- 192.168.123.3 ping statistics ---
    5 packet(s) transmitted
    0 packet(s) received
    100.00% packet loss
```

从例 6-14 的测试结果中可以看出，AR4 上配置的静态路由在一定程度上实现了其与子网 192.168.123.0/24 之间的通信：AR4 现在能够 ping 通 AR1 的 E0/0/0 接口。为了实现 AR4 与 AR2、AR3 的通信，管理员还需要在 AR2、AR3 上配置去往子网 10.0.14.0/29 的路由。AR2 和 AR3 都是通过以太网接口连接子网 192.168.123.0/24 的，接下来我们分别在 AR2 和 AR3 上使用不同的静态路由参数，展示静态路由的配置，并对比两种配置方法生成的路由有什么区别。

在 AR2 和 AR3 上配置静态路由见例 6-15。

例 6-15 在 AR2 和 AR3 上配置静态路由

```
[AR2]ip route-static 10.0.14.0 29 192.168.123.1
[AR3]ip route-static 10.0.14.0 29 ethernet 0/0/0 192.168.123.1
```

在 AR2 的配置中，我们使用下一跳 IP 地址作为下一跳参数。在 AR3 的配置中，我们则同时使用出站接口和下一跳 IP 地址作为下一跳参数。在配置下一跳参数时，注意使用下一跳 IP 地址和使用出站接口在取值方面的区别。

① 使用下一跳 IP 地址时要配置的是**对端设备**的接口 IP 地址（如例 6-15 的两条命令中使用的都是 AR1 接口 E0/0/0 的 IP 地址 192.168.123.1）。

② 使用出站接口时则要配置**本地设备**的接口（如例 6-15 在 AR3 上配置静态路由时，使用了 AR3 的本地接口 E0/0/0）。

对于 AR2、AR3 连接的广播型网络（如以太网），华为设备要求在配置静态路由时，下一跳参数中必须包含下一跳 IP 地址信息，不能只使用出站接口；如果连接的是点到点链路（如串行链路/接口），则不一定需要指定下一跳地址，这是因为使用广播接口转发数据包，共享环境中的设备都可以接收到数据包；而使用串行接口接收到数据包的设备只有一台。以广播接口作为出站接口，犹如给游客指引的前进方向是一个广场，游客需要具体的街道编号才能判断应该沿哪条街继续前行；而以串行接口作为出站接口，犹如游客前进的方向是一座桥，没有分岔路口，也不需要进行补充说明，因此，在广播型链路连接的环境中，明确指定下一跳 IP 地址（而不是笼统地指定出站接口）是唯一合理的做法。

在 AR2、AR3 上用不同参数配置静态路由后，我们通过例 6-16 查看 AR2、AR3 的 IP 路由表。

例 6-16　查看 AR2、AR3 的 IP 路由表

```
[AR2]display ip routing-table
Route Flags: R - relay, D - download to fib
------------------------------------------------------------------------
Routing Tables: Public
         Destinations : 5        Routes : 5

Destination/Mask    Proto   Pre  Cost   Flags   NextHop          Interface

        127.0.0.0/8  Direct  0    0       D      127.0.0.1        InLoopBack0
        127.0.0.1/32 Direct  0    0       D      127.0.0.1        InLoopBack0
        10.0.14.0/29 Static  60   0       RD     192.168.123.1    Ethernet0/0/0
    192.168.123.0/24 Direct  0    0       D      192.168.123.2    Ethernet0/0/0
    192.168.123.2/32 Direct  0    0       D      127.0.0.1        Ethernet0/0/0

[AR3]display ip routing-table
Route Flags: R - relay, D - download to fib
------------------------------------------------------------------------
Routing Tables: Public
         Destinations : 5        Routes : 5

Destination/Mask    Proto   Pre  Cost   Flags   NextHop          Interface

      127.0.0.0/8    Direct  0    0       D      127.0.0.1        InLoopBack0
      127.0.0.1/32   Direct  0    0       D      127.0.0.1        InLoopBack0
      10.0.14.0/29   Static  60   0       D      192.168.123.1    Ethernet0/0/0
    192.168.123.0/24 Direct  0    0       D      192.168.123.3    Ethernet0/0/0
    192.168.123.3/32 Direct  0    0       D      127.0.0.1        Ethernet0/0/0
```

例 6-16 的 IP 路由表中，阴影部分的静态路由对比如下。

① AR2：10.0.14.0/29　　Static　60　0　RD　192.168.123.1　　Ethernet0/0/0

② AR3：10.0.14.0/29　　Static　60　0　D　192.168.123.1　　Ethernet0/0/0

　　回想在静态路由的配置命令中，AR2 使用了下一跳 IP 地址，AR3 则同时使用了下一跳 IP 地址和出站接口。从对比中可以看出，作为静态路由，这两个路由优先级默认值都是 60，而路由标记（Flags）不同。除了表示路由已被放入路由转发表的 D 标记外，AR2 上还多了一个路由标记 R，这表示该路由是一条迭代路由。也就是说，路由器在将路由放入 IP 路由表前，会根据管理员配置的下一跳 IP 地址，自动判断转发数据包的出站接口（例 6-16 中 AR2 判断出站接口应为 E0/0/0），然后再为这条路由添加出站接口信息。而 AR3 上由于管理员直接在静态路由的配置命令中指定了出站接口，因此路由器会直接使用管理员指定的出站接口，无须进行迭代计算。例 6-17 展示了再次在 AR4 上向 AR2 发起 ping 测试的情况。

例 6-17 再次在 AR4 上向 AR2 发起 ping 测试

```
[AR4]ping 192.168.123.2
  PING 192.168.123.2: 56  data bytes, press CTRL_C to break
   Reply from 192.168.123.2: bytes=56 Sequence=1 ttl=254 time=80 ms
   Reply from 192.168.123.2: bytes=56 Sequence=2 ttl=254 time=80 ms
   Reply from 192.168.123.2: bytes=56 Sequence=3 ttl=254 time=110 ms
   Reply from 192.168.123.2: bytes=56 Sequence=4 ttl=254 time=80 ms
   Reply from 192.168.123.2: bytes=56 Sequence=5 ttl=254 time=60 ms

  --- 192.168.123.2 ping statistics ---
  5 packet(s) transmitted
  5 packet(s) received
  0.00% packet loss
  round-trip min/avg/max = 60/82/110 ms
```

通过输出信息可以看出，现在 AR4 能够 ping 通 AR2 了。因为经过配置，AR2 上当前已经拥有能够正常向 AR4 发回数据包的静态路由。

至此静态路由的基本配置就完成了。最后，我们需要强调以下两点。

① 配置静态路由时不要忘记回程路由的配置。

② 在以太网上配置静态路由时，下一跳参数中必须包含下一跳 IP 地址。而在点到点串行链路上配置静态路由时，可以只使用下一跳 IP 地址，也可以只使用出站接口作为下一跳参数。

无论链路类型是以太网链路还是串行链路，配置静态路由的最佳实践都是同时指定下一跳 IP 地址和出站接口。

6.4 默认路由

路由器在尝试转发数据包时，会在 IP 路由表中查询数据包的目的 IP 地址。如果 IP 路由表中没有与之匹配的路由条目，路由器就会丢弃这个数据包。可以理解为，路由器只能转发目的网络已知（保存在自己路由表中）的数据包，至于目的网络未知的数据包，路由器只能丢弃。

当企业中的用户有上网需求（如需要访问某网页），而企业路由器不知道这些服务器的 IP 地址（如某网页服务器的 IP 地址）时，路由器只能丢弃数据包，这显然会使企业用户无法访问重要的资源。

本节我们会介绍一种可以解决这个问题的特殊路由。

6.4.1 默认路由概述

一台路由器极难在自己的路由表中罗列去往所有网络的路由。如果路由器因为路由表中没有数据包目的地址的匹配项就丢弃数据包,那么用户就无法进行正常的访问操作。为了解决这个问题,管理员常常会配置一条掩码长度为 0 的全 0 静态路由。根据 IP 地址/掩码的匹配逻辑,一条全 0 路由可以匹配以任何 IP 地址作为目的地址的数据包,这就可以保证任何数据包都不会因为找不到匹配的路由而被丢弃。同时,依据 IP 地址/掩码的最长匹配原则,由于这是一条掩码长度为 0 的最不精确路由,因此只要路由器上还有一条其他路由可以匹配数据包的目的 IP 地址,该路由就一定比全 0 路由更加精确,于是路由器就会用更加精确的路由转发数据包。这种给那些将路由器未知网络作为目的地的数据包"保底"的全 0 静态路由称为默认路由。

默认路由是静态路由的一种,因此配置默认路由的命令和配置其他静态路由的方式别无二致。此外,默认路由在路由表中也显示为"Static"。

6.4.2 默认路由的应用与配置

默认路由在网络中的应用是非常广泛的。其中比较常见的一种应用是,在企业网络的网关路由器上,管理员用一条默认路由指向运营商网络,以让网关路由器将所有从企业网去往互联网的流量都路由给运营商路由器,如图 6-7 所示。

图 6-7 默认路由应用

在图 6-7 中,企业路由器作为连接运营商的设备,管理员需要在这台设备上配置默认路由,将下一跳指向运营商路由器。例 6-18 展示了在企业路由器上配置默认路由。

例 6-18 在企业路由器上配置默认路由

```
[Huawei]interface s0/0/0
[Huawei-Serial0/0/0]ip address 200.8.10.1 30
[Huawei-Serial0/0/0]quit
[Huawei]ip route-static 0.0.0.0 0.0.0.0 200.8.10.2
```

配置默认路由的命令与配置一般的静态路由相同,目的 IP 地址和掩码同样有两种配置方式:0.0.0.0 0.0.0.0 和 0.0.0.0 0,即目的 IP 地址为全 0,掩码也为全 0,这样的组合表示匹配所有 IP 地址。

例 6-19 为查看企业路由器(Huawei)上的 IP 路由表。

例 6-19 查看企业路由器(Huawei)上的 IP 路由表

```
[Huawei]display ip routing-table
```

```
Route Flags: R - relay, D - download to fib
---------------------------------------------------------------------------
Routing Tables: Public
        Destinations : 6        Routes : 6

Destination/Mask    Proto    Pre   Cost    Flags    NextHop        Interface

      0.0.0.0/0     Static   60    0       RD       200.8.10.2     Serial10/0/0
   127.0.0.0/8      Direct   0     0       D        127.0.0.1      InLoopBack0
   127.0.0.1/32     Direct   0     0       D        127.0.0.1      InLoopBack0
   200.8.10.0/30    Direct   0     0       D        200.8.10.1     Serial0/0/0
   200.8.10.1/32    Direct   0     0       D        127.0.0.1      Serial0/0/0
   200.8.10.2/32    Direct   0     0       D        200.8.10.2     Serial0/0/0
```

从中可以看到，阴影标识的默认路由获取方式为 Static，优先级值为默认的 60，下一跳是手动配置的对端设备的 IP 地址 200.8.10.2。通过迭代查找，本地出站接口是 S0/0/0。

路由要在需要通信的双方间进行配置，不要忘记配置回程路由。但配置默认路由时，管理员不能让相邻的两端路由器向对端互指默认路由，否则这条链路上会形成环路。

6.5 汇总静态路由

路由越精确、掩码越长，路由器就会认为这条路由越优。如果路由表中记录的路由都是主机路由，那么路由表就会非常庞大。这时，我们需要使用某种方法将路由进行一定的汇总，这样做既能够缩小路由表的大小，又能够提高路由器的查询效率。

在本节中，我们会介绍有关汇总静态路由的知识，其中包括如何计算汇总静态路由，以及哪些情形不宜使用汇总静态路由。

6.5.1 VLSM 与 CIDR 的复习

在介绍汇总静态路由之前，我们有必要首先回顾一下 VLSM 和 CIDR 两种技术。我们会将 IP 地址的历史分为以下 3 个阶段进行回顾。

阶段一： 固定网络位和主机位阶段。

阶段二： 有类编址方式阶段。

阶段三： 无类编址方式阶段。

阶段一 固定网络位和主机位阶段

在 IP 设计之初，IP 地址也和其他同类网络层协议定义（如 IPX 和 AppleTalk）的地址一样，采用了固定网络位和主机位位数的做法。在最原始的 32 位 IP 地址定义中，前

8 位固定为网络位、后 24 位固定为主机位，即在 1981 年之前，所有 IP 地址都是有 8 位掩码的。

阶段二 有类编址方式阶段

所有 IP 地址都以前 8 位作为网络位，这意味着 32 位的 IP 地址只能用来编址 256 个网络，而这 256 个网络每个都能部署超过 1600 万台主机，这种编址方式无疑对 IP 地址资源造成了极大的浪费。为了调和大规模网络中需要部署大量主机的需求，以及适应网络在全球范围内部署越来越广泛的趋势，有类编址方式在 1981 年被设计并使用。在不考虑特殊地址区间和组播地址区间的情况下，有类编址方式可以概括为以下 3 类。

① 0.0.0.0～127.255.255.255 之间的地址为 A 类地址。A 类地址前 8 位为网络位，后 24 位为主机位。

② 128.0.0.0～191.255.255.255 之间的地址为 B 类地址。B 类地址前 16 位为网络位，后 16 位为主机位。

③ 192.0.0.0～223.255.255.255 之间的地址为 C 类地址。C 类地址前 24 位为网络位，后 8 位为主机位。

阶段三 无类编址方式阶段

随着网络在世界范围内的广泛部署，有类编址方式同样也无法满足地址扩展的需求。于是，一种在一个有类网络中通过子网掩码划分多个子网的技术首先被定义，这种技术称为 VLSM。

通过 VLSM，A 类、B 类、C 类地址都可以在原有基础上进一步划分子网。例如，某所高校申请到一个 B 类网段 183.0.0.0，这所高校有教职员工 60000 人，其中计算机学院、机电学院和建筑学院的教职工数量皆在 15000～16000，而数理学院、人文学院、经管学院和外语学院的教职工数量皆在 3500～4000。那么，我们可以给计算机学院、机电学院和建筑学院各分配一个 18 位掩码的地址，因为 14 位主机位的网络可以分配的地址有 $2^{14}-2=16382$ 个；同时给数理学院、人文学院、经管学院和外语学院各分配一个 20 位掩码的地址，因为 12 位主机位的网络可以分配的地址有 $2^{12}-2=4094$ 个，具体请读者参照 5.3.2 节中高校子网地址分配的案例进行规划。

到了 1993 年，人们在 VLSM 的基础上开发出了一种彻底打破地址分类方式的无类编址方式，这种技术称为 CIDR。**CIDR 支持使用任意长度的前缀地址来分配地址，以及对数据包进行路由**。也就是说，由于 CIDR 打破了类的限制，因此地址分配机构也可以根据实际地址需求，摒弃给用户分配多个小地址块的做法，而代之以分配掩码长度更短的超网地址。例如，对于某个需要 1000 个 IP 地址的用户，地址分配机构过去会为其分配 4 个 C 类地址（如 198.48.8.0、198.48.9.0、198.48.10.0 和 198.48.11.0），但由于 CIDR 的出现，地址分配机构现在可以直接为其分配一个超网地址（192.48.8.0/22）来满足用户的地址需求。另外，CIDR 问世后，路由器也有机会按照任意长度掩码的路由条目来匹配和转发数据包。由此可知，地址机构分配的超网也有机会以一条超网路由条目，而不是多条有类路由条目的形式出现在路由器的路由表中。因此，网络汇总减小了路由条目的数量，减少了路由器资源的消耗，提高了网络基础设施的转发效率，突出了 IP 地址作为逻辑地址的可汇总优势。

在这一小节中，我们回顾了 VLSM 和 CIDR 这两项技术。从下一小节开始，我们会对静态路由的汇总方法进行介绍。

6.5.2　子网与汇总

我们通过现实生活中寻址的例子进行简单的类比，帮助读者理解汇总给网络带来的好处。

北京有多条地铁线路，其中有一条线路叫作西郊线，自西向东共有 6 站，分别是香山站、国家植物园站、万安站、茶棚站、颐和园西门站和巴沟站。如果有人想要乘坐地铁去香山游览，假如从西单去往香山，模仿华为路由表展示方式，需要从西单站搭乘一号线至公主坟站换乘十号线，然后搭乘十号线至巴沟站换乘西郊线。以巴沟站为例，我们可以做出以下路由表，如图 6-8 所示。

Destination/Mask	Proto	Pre	Cost	Flags	NextHop	Interface
巴沟站	Direct	0	0	D	巴沟站	巴沟站
颐和园西门站	Static	60	0	D	巴沟站	巴沟站
茶棚站	Static	60	0	D	巴沟站	巴沟站
万安站	Static	60	0	D	巴沟站	巴沟站
国家植物园站	Static	60	0	D	巴沟站	巴沟站
香山站	Static	60	0	D	巴沟站	巴沟站

图 6-8　北京地铁部分站（模仿华为路由表展示方式）

按照上面的"伪路由表"查询前往香山的路线，查询者必须根据自己准备前往的站名，一一查看路由表中的多个条目，才能最终判断出自己应该如何前往该地。可是实际上，由于西郊线只有巴沟站这一个换乘站，因此有一种更简单的方式，如图 6-9 所示。

Destination/Mask	Proto	Pre	Cost	Flags	NextHop	Interface
西郊线	Static	60	0	D	巴沟	巴沟

图 6-9　搭乘地铁前往西郊线各站的汇总方式（模仿华为路由表展示方式）

将上述两种方式相比较，我们可以明显看到，通过汇总，"伪路由表"中的条目得以大幅减少。同时，由于"伪路由表"中的条目数量比明细路由少得多，因此每次查表的时间也可以显著缩短。由此可以看出，一个数据表中拥有太多条目会影响效率。这也证明了本章前文中提到的概念：可汇总是逻辑地址有能力提供大范围寻址的基础。

6.5.3 汇总静态路由的配置

本例要在 AR1 上实施一条静态路由，使 AR1 能够与右侧的 4 个子网进行通信。汇总静态路由如图 6-10 所示。为了介绍汇总静态路由的配置，我们首先简单介绍以下 4 个子网地址如何汇总。

① 10.8.80.0：10.8.01010000.0

② 10.8.81.0：10.8.01010001.0

③ 10.8.82.0：10.8.01010010.0

④ 10.8.83.0：10.8.01010011.0

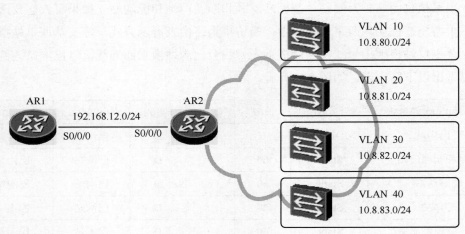

图 6-10　汇总静态路由

注释：

每个 VLAN 就是一个逻辑的局域网。在实践中，VLAN 常用于企业的局域网内部，把不同部门或机构划分到不同的子网中，因此，读者只需要把图中的每个 VLAN 理解为一个子网即可（如 VLAN 10 的子网地址为 10.8.80.0/24，以此类推）。

将这 4 个子网地址的第 3 个十进制数转换成二进制数后，我们发现，只有二进制数的最后两位有区别，因此这 4 个子网地址可以汇总为一个子网：10.8.80.0/22。计算出汇总子网后，汇总静态路由的配置与静态路由相同，见例 6-20。

例 6-20　在 AR1 上配置汇总静态路由

```
[AR1]ip route-static 10.8.80.0 22 192.168.12.2
```

完成汇总静态路由的配置后，我们通过例 6-21 在 AR1 查看 IP 路由表。

例 6-21　在 AR1 上查看 IP 路由表

```
[AR1]display ip routing-table
Route Flags: R - relay, D - download to fib
--------------------------------------------------------------------------
Routing Tables: Public
         Destinations : 6       Routes : 6

Destination/Mask   Proto   Pre   Cost   Flags   NextHop        Interface

    10.8.80.0/22   Static  60    0      RD      192.168.12.2   Serial0/0/0
     127.0.0.0/8   Direct  0     0      D       127.0.0.1      InLoopBack0
    127.0.0.1/32   Direct  0     0      D       127.0.0.1      InLoopBack0
  192.168.12.0/24  Direct  0     0      D       192.168.12.1   Serial0/0/0
  192.168.12.1/32  Direct  0     0      D       127.0.0.1      Serial0/0/0
  192.168.12.2/32  Direct  0     0      D       192.168.12.2   Serial0/0/0
```

AR1 的 IP 路由表中已放入汇总静态路由，掩码为/22，路由优先级值为默认的 60。由于管理员在配置时只使用了下一跳 IP 地址，因此路由器经过迭代查找，将出站接口定为 S0/0/0 接口。例 6-22 为汇总静态路由的配置效果测试。

例 6-22　汇总静态路由的配置效果测试

```
[AR1]ping 10.8.80.2
  PING 10.8.80.2: 56  data bytes, press CTRL_C to break
    Reply from 10.8.80.2: bytes=56 Sequence=1 ttl=254 time=80 ms
    Reply from 10.8.80.2: bytes=56 Sequence=2 ttl=254 time=60 ms
    Reply from 10.8.80.2: bytes=56 Sequence=3 ttl=254 time=60 ms
    Reply from 10.8.80.2: bytes=56 Sequence=4 ttl=254 time=220 ms
    Reply from 10.8.80.2: bytes=56 Sequence=5 ttl=254 time=60 ms

  --- 10.8.80.2 ping statistics ---
    5 packet(s) transmitted
    5 packet(s) received
    0.00% packet loss
    round-trip min/avg/max = 60/96/220 ms

[AR1]ping 10.8.83.2
  PING 10.8.83.2: 56  data bytes, press CTRL_C to break
    Reply from 10.8.83.2: bytes=56 Sequence=1 ttl=254 time=140 ms
    Reply from 10.8.83.2: bytes=56 Sequence=2 ttl=254 time=60 ms
    Reply from 10.8.83.2: bytes=56 Sequence=3 ttl=254 time=70 ms
    Reply from 10.8.83.2: bytes=56 Sequence=4 ttl=254 time=60 ms
    Reply from 10.8.83.2: bytes=56 Sequence=5 ttl=254 time=30 ms
```

```
--- 10.8.83.2 ping statistics ---
  5 packet(s) transmitted
  5 packet(s) received
  0.00% packet loss
  round-trip min/avg/max = 30/72/140 ms
```

我们从 AR1 分别向 VLAN 10 和 VLAN 40 中的地址分别发起 ping 测试，结果都为成功。

在配置汇总静态路由时，要注意汇总的范围应适中。这要求管理员在进行网络地址规划时要考虑周全。

6.5.4 汇总静态路由的计算与设计

我们对计算汇总静态路由的步骤进行归纳、总结和推演。

1. 计算汇总静态路由的步骤

汇总的本质是提炼同类项的操作，而汇总静态路由就是把多条目的地近似、转发路径相同的路由，按照从概括到具体的地址层级，提炼共同之处，保留共同之处，忽略不同之处。在汇总 IP 路由时，我们也应该采用相同的逻辑。具体的步骤如下。

步骤 1 从左至右观察所有要汇总的 IPv4 地址，把第 1 个不同的十进制数转换为二进制数。

步骤 2 从左至右观察转化后的二进制数，从出现不同的第 1 位数开始，将后面所有二进制数修改为 0（包括第 1 个不同的二进制数）。

步骤 3 将修改后的二进制数转换为十进制数。

步骤 4 该十进制数之前的点分十进制数保留不变（对于所有要汇总的 IPv4 地址来说，这些十进制数是相同的）。

步骤 5 该十进制数之后的点分十进制数（如有）皆取 0。

步骤 6 保留不变的二进制位数，即汇总后地址的网络位。

我们尝试计算 198.48.**8**.0/24、198.48.**9**.0/24、198.48.**10**.0/24、198.48.**11**.0/24 这 4 个 C 类网络汇总后的网络地址。

步骤 1 通过观察发现，这 4 个 IPv4 地址中，第 1 个不同的十进制数为第 3 位（粗体表示）。于是，我们把第 3 位分别转换为二进制数，得到以下结果。

① 8：00001000。

② 9：00001001。

③ 10：00001010。

④ 11：00001011。

步骤 2 通过观察发现，这 4 个二进制数是从第 7 位（总第 23 位）开始出现不同的。

寻找第 1 个不同的二进制位见表 6-2。

表 6-2　　　　　　　　　　　　　寻找第 1 个不同的二进制位

第3位十进制数	相同二进制位						不同二进制位	
	第1位	第2位	第3位	第4位	第5位	第6位	第7位	第8位
8							0	0
9							0	1
10	0	0	0	0	1	0	1	0
11							1	1

因此，我们把第 7 位（IPv4 地址的总第 23 位）二进制数和第 8 位（IPv4 地址的总第 24 位）二进制数都修改为 0，得到 00001000。

步骤 3　我们将前一步中得到的二进制数 00001000 转换为十进制数，得到 **8**。

步骤 4　IP 网络地址的第 1 个十进制数 **198** 和第 2 个十进制数 **48** 保留。

步骤 5　IP 网络地址的第 4 个十进制数取 **0**。

步骤 6　在 32 位地址中，共保留了 22 位（其中 198 是 8 位、48 是 8 位、8 是 6 位），因此 **22** 就是这个地址的掩码。

由此可知，汇总后的网络地址为 198.48.8.0/22。

上述步骤虽然看似复杂，但方法和逻辑与汇总地铁线路完全相同。只要熟悉十进制数和二进制数的转换，就可以很快算出结果。

2. 汇总静态路由与设计

现在请读者思考一种很常见的情况，那就是如果汇总后的网络包含了被汇总网络以外的网络，是否还应该进行汇总？比如，我们是否应该将 198.48.8.0/24、198.48.9.0/24、198.48.10.0/24 这 3 个网络汇总为 198.48.8.0/22，即使 198.48.8.0/22 还包含了 198.48.11.0/24。

我们沿用 198.48.8.0/22 的示例，分几种情形讨论。

情形一：本地路由器上有一条 198.48.11.0/24 的明细路由

这种情形不会出现问题，因为路由器在转发时会根据路由表匹配掩码位数最多，也就是最精确的路由转发数据包。所以，无论路由器上是否有这条汇总路由，都会按照 198.48.11.0/24 转发去往该网络的数据包，同时按照汇总路由转发去往另外 3 个网络的数据包，如图 6-11 所示。

情形二：本地路由器上没有 198.48.11.0/24 的明细路由，且 198.48.8.0/22 的下一跳路由器不知道如何转发去往 198.48.11.0/24 的数据包

这种情形没有明显问题。如果不使用汇总路由，那么路由器的路由表中既没有 198.48.11.0/24 网络的汇总路由，也没有该网络的明细路由，于是本地路由器在接收到去往

198.48.11.0/24 的数据包时，会因路由表中没有与数据包的目的 IP 地址区配的路由而直接将数据包丢弃。如果使用汇总路由，那么本地路由在接收到去往 198.48.11.0/24 数据包时，会按照汇总路由 198.48.8.0/22 将数据包转发给下一跳路由器。由于下一跳路由器的路由表中没有去往该网络的路由，因此下一跳路由器最终还是会将数据包丢弃，如图 6-12 所示。

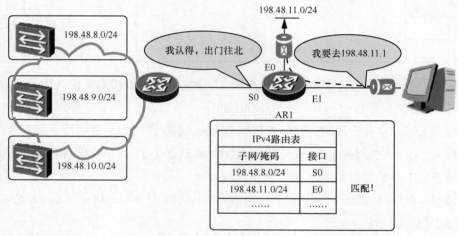

图 6-11　情形一

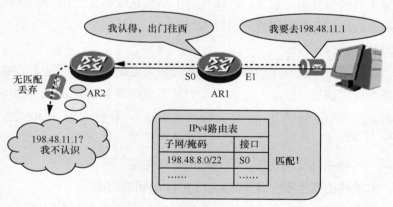

图 6-12　情形二

两种情形相较而言，汇总路由的做法导致本该在本地路由器（AR1）就被丢弃的数据包直至被转发到下一跳路由器（AR2）才被丢弃，因此无端占用下一跳路由器的处理资源，以及本地路由器接口和链路带宽的转发资源。但是由于数据包最终被丢弃的结果不会改变，因此通常不会造成严重的后果。

情形三：本地路由器上没有 **198.48.11.0/24** 的明细路由，且 **198.48.8.0/22** 的下一跳路由器知道如何转发去往 **198.48.11.0/24** 的数据包

这种情形潜藏着重大的风险。如果不使用汇总路由，本地路由器在接收到去往

198.48.11.0/24 的数据包时，会直接将数据包丢弃；如果使用汇总路由，本地路由在接收到去往 198.48.11.0/24 的数据包时，会按照汇总路由 198.48.8.0/22 将数据包转发给下一跳路由器。此时，如果下一跳路由器选择的转发路径会导致数据包最终又被发回本地路由器（在这种情形中，下一跳路由器上的对应路由常常也是一条汇总路由），网络中就会产生路由环路。去往 198.48.11.0/24 的数据包只要进入环路，就会在其中循环往复地不断发送，大量占用甚至耗竭网络的计算资源和转发资源，如图 6-13 所示。

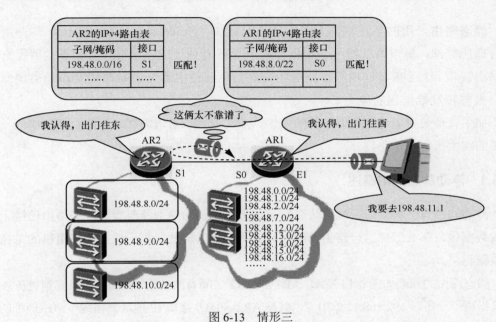

图 6-13　情形三

　　综上所述，如果汇总后的网络包含了被汇总网络以外的网络，就会存在一定的风险。说到这里，我们希望读者能够参考第 5 章的图 5-12。该图通过七巧板式图形，向读者传达了在划分 IP 子网时应合理规划 IP 地址的思想。

　　读到这里，相信读者可以更加深入地领会到把 IP 地址分配得更加完整所带来的优势。作为逻辑地址，IP 地址相对于物理地址的优势在于其便于规划管理。如果规划合理，IP 地址的分层结构可以有效地实现汇总，这就是逻辑地址远比物理地址更适合用来执行全局寻址的原因。

　　然而，上文中介绍的 3 种情形，或多或少地限制了 IP 地址在效率方面的优势。从表面上看，情形三的风险是由不当汇总或者过度汇总所导致的。但从本质上而言，在设计之初对 IP 地址规划不当，才是风险产生的根源，同时也是限制管理员通过汇总进一步提高网络效率的阻碍。如果我们尽可能地将连续的地址完整地进行规划，不仅可以避免原本连续的地址因出现在网络的不同区域而给网络引入路由环路的风险，还可以在局域网的网关设备上以更少的数量、更大的地址块实现路由汇总，提高网络的效率。

总之，希望读者通过本节的内容，不仅能够意识到汇总静态路由潜藏的风险，更能体会到为了避免这种风险，在网络设计阶段就按照高扩展性和易汇总的原则规划 IP 地址的重要性。

6.6　浮动静态路由

静态路由采用的算法被称为"非自适应算法（Nonadaptive Algorithm）"。所谓非自适应算法，是指路由器不会根据当前测量或者估计的流量和拓扑结构，调整它们的路由决策。这意味着依赖静态路由转发数据包的路由器更容易在转发路径出现变更时，失去转发数据包的能力。

如果管理员希望避免类似情况的发生，那么他可以未雨绸缪，提前让路由器为一些重要的路由指定备份路径。

6.6.1　浮动静态路由概述

静态路由有一大缺陷：缺乏适应性。如果管理员为路由器配置的静态路由已经无法转发数据包，那么即使这台路由器还有其他路径可以转发，也无法自动使用新的路径转发数据包。

静态路由的缺陷如图 6-14 所示，AR1 和 AR2 之间有两条路径相连。如果管理员在 AR1 上仅指明了一条以 192.168.12.2/30（也就是 AR2 S0/0/0 接口 IP 地址）作为下一跳地址的静态路由，那么一旦该链路出现故障，即使 AR1 可以通过下面链路将去往 10.0.84.0/24 的数据包转发给 AR2，它还是会因为路由表中没有相应的路由而将数据包丢弃。

当上面的链路失效时，为了让 AR1 知道如何利用下面的链路向 AR2 发送去往 10.0.84.0/24 的数据包，管理员需要在 AR1 上指明一条去往 10.0.84.0/24 且以 192.168.21.2（也就是 AR2 S0/0/1 接口 IP 地址）作为下一跳地址的静态路由，并且将它的优先级值设置为一个大于主用静态路由默认优先级值（60）的数值。

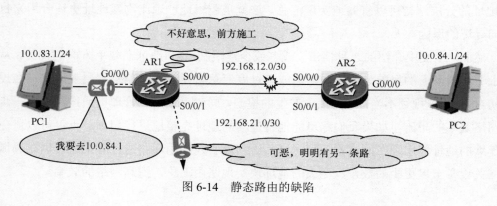

图 6-14　静态路由的缺陷

完成上述设置后，如果上面的链路出现问题，AR1 就会立刻使用下面的链路转发去往 10.0.84.0/24 的数据包，这就是通过静态路由实现路由备份的方式。因为下面的路由只有在主用路由失效的情况下才可用，所以我们**将通过修改静态路由优先级值，使一条路由成为某条主用路由备份的路由称为浮动静态路由**，如图 6-15 所示。

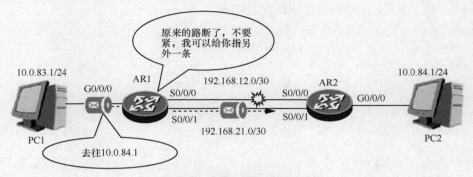

图 6-15　浮动静态的路由

静态路由同样可以实现负载分担。管理员只需要在配置以 AR2 S0/0/1 接口 IP 地址作为下一跳地址的静态路由时，不修改这条路由的默认优先级值，让以 AR2 两个串行接口 IP 地址作为下一跳地址的静态路由拥有相同的优先级值，AR1 在转发去往 10.0.84.0/24 的数据包时，就会同时使用上下两条链路进行负载分担。也就是说，**当一台路由器上有两条以不同路径去往同一个网络的等优先级静态路由时，路由器会同时利用这两条链路转发流量。**

6.6.2　浮动静态路由的配置

浮动静态路由的配置如图 6-16 所示，AR1 和 AR2 各自连接着一个 LAN 子网，分别为 10.0.83.0/24 和 10.0.84.0/24。两台路由器之间通过串行链路连接了两条线缆，IP 子网分别为 192.168.12.0/30 和 192.168.21.0/30。管理员需要在 AR1 和 AR2 上配置静态路由，实现子网 10.0.83.0/24 和 10.0.84.0/24 之间的通信。

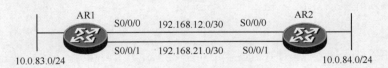

图 6-16　浮动静态路由的配置

本案例要实现的是：当 AR1 和 AR2 之间的两条链路都正常时，路由器以 192.168.12.0/30 作为主链路发送数据包；当主链路断开时，路由器使用 192.168.21.0/30 发送数据包。

例 6-23　在 AR1 上配置浮动静态路由

```
[AR1]ip route-static 10.0.84.0 24 serial 0/0/0 192.168.12.2
[AR1]ip route-static 10.0.84.0 24 serial 0/0/1 192.168.21.2 preference 70
```

从例 6-23 中可以看出，管理员在第二条配置命令中使用了关键字 **preference**，这是用来为静态路由设置路由优先级的参数，它的取值范围是 1~255，默认值为 60。路由优先级值越小，优先级就越高，因此，我们调大了下面链路的优先级值，使其成为浮动静态路由。

例 6-24 展示了 AR1 上浮动静态路由的配置结果。

例 6-24　AR1 上浮动静态路由的配置结果

```
[AR1]display ip routing-table
Route Flags: R - relay, D - download to fib
------------------------------------------------------------------------
Routing Tables: Public
         Destinations : 11       Routes : 11

   Destination/Mask Proto  Pre  Cost  Flags NextHop         Interface

        10.0.83.0/24 Direct 0    0     D     10.0.83.1       GigabitEthernet0/0/0
        10.0.83.1/32 Direct 0    0     D     127.0.0.1       GigabitEthernet0/0/0
        10.0.84.0/24 Static 60   0     D     192.168.12.2    Serial0/0/0
       127.0.0.0/8   Direct 0    0     D     127.0.0.1       InLoopBack0
       127.0.0.1/32  Direct 0    0     D     127.0.0.1       InLoopBack0
    192.168.12.0/30  Direct 0    0     D     192.168.12.1    Serial0/0/0
    192.168.12.1/32  Direct 0    0     D     127.0.0.1       Serial0/0/0
    192.168.12.2/32  Direct 0    0     D     192.168.12.2    Serial0/0/0
    192.168.21.0/30  Direct 0    0     D     192.168.21.1    Serial0/0/1
    192.168.21.1/32  Direct 0    0     D     127.0.0.1       Serial0/0/1
    192.168.21.2/32  Direct 0    0     D     192.168.21.2    Serial0/0/1


[AR1]display ip routing-table protocol static
Route Flags: R - relay, D - download to fib
------------------------------------------------------------------------
Public routing table : Static
         Destinations : 1        Routes : 2        Configured Routes : 2

Static routing table status : <Active>
         Destinations : 1        Routes : 1

Destination/Mask    Proto   Pre  Cost   Flags  NextHop       Interface

    10.0.84.0/24    Static  60   0      D      192.168.12.2  Serial0/0/0

Static routing table status : <Inactive>
         Destinations : 1        Routes : 1

Destination/Mask    Proto   Pre  Cost   Flags  NextHop       Interface

    10.0.84.0/24    Static  70   0             192.168.21.2  Serial0/0/1
```

在例 6-24 中，管理员使用两条命令查看 AR1 的 IP 路由表。第一条命令 **display ip routing-table** 的作用是查看 IP 路由表中当前正在使用的所有路由。从中我们可以看到，静态路由只有一条，那就是去往目的子网 10.0.84.0/24、优先级值为 60、下一跳 IP 地址为 192.168.12.2、出站接口为 S0/0/0 的路由，这也是我们要使用的主用路由。

第二条命令是 **display ip routing-table protocol static**，它是只查看路由表中的静态路由。在这条命令的输出信息中，AR1 的路由表分成了两个部分：<Active>和<Inactive>。<Active>部分显示的是路由器当前正在使用的路由，也就是主用路由，这条路由与第一条命令看到的路由相同，即管理员配置的第一条路由。<Inactive>部分为管理员配置的第二条路由，其优先级值是 70，下一跳 IP 地址是 192.168.21.2，出站接口是 S0/0/1。注意这条路由的标记中没有 D，说明它没有启用。

接下来，我们测试一下浮动静态路由是否可以正常工作：我们手动断开 AR1 的 S0/0/0 接口连接的链路，通过在 AR2 的 S0/0/0 接口上使用接口视图的命令 **shutdown**，关闭 AR2 的 S0/0/0 接口。例 6-25 展示了关闭 AR2 S0/0/0 接口后，在 AR1 上查看 IP 路由表。

例 6-25　关闭 AR2 S0/0/0 接口后，在 AR1 上查看 IP 路由表

```
[AR1]display ip routing-table
Route Flags: R - relay, D - download to fib
------------------------------------------------------------------------
Routing Tables: Public
        Destinations : 8        Routes : 8

Destination/Mask  Proto  Pre Cost Flags NextHop        Interface

     10.0.83.0/24 Direct 0   0      D    10.0.83.1      GigabitEthernet0/0/0
     10.0.83.1/32 Direct 0   0      D    127.0.0.1      GigabitEthernet0/0/0
     10.0.84.0/24 Static 70  0      D    192.168.21.2   Serial0/0/1
      127.0.0.0/8 Direct 0   0      D    127.0.0.1      InLoopBack0
     127.0.0.1/32 Direct 0   0      D    127.0.0.1      InLoopBack0
   192.168.21.0/30 Direct 0  0      D    192.168.21.1   Serial0/0/1
   192.168.21.1/32 Direct 0  0      D    127.0.0.1      Serial0/0/1
   192.168.21.2/32 Direct 0  0      D    192.168.21.2   Serial0/0/1

[AR1]display ip routing-table protocol static
Route Flags: R - relay, D - download to fib
------------------------------------------------------------------------
Public routing table : Static
        Destinations : 1        Routes : 1      Configured Routes : 2

Static routing table status : <Active>
        Destinations : 1        Routes : 1
```

```
Destination/Mask   Proto   Pre   Cost   Flags   NextHop        Interface

    10.0.84.0/24   Static  70    0      D       192.168.21.2   Serial0/0/1

Static routing table status : <Inactive>
      Destinations : 0        Routes : 0
```

从第一条命令展示的 IP 路由表中我们可以看出，AR1 接口 S0/0/0 所连网络的 3 条直连路由都已经被移除，并且此时的静态路由已自动变更为备用路由。从第二条命令的 <Active>部分可以看出，现在活跃的路由是经过 S0/0/1，路由优先级值为 70 的备用路由，之前的主用路由已被移除。

注释：

本案例使用点到点串行链路演示浮动静态路由的配置。由于串行链路使用了 PPP，路由器能够随时掌握链路的工作状态，因此无论本地接口还是对端接口被关闭后，路由器都能够察觉链路的中断并顺利启用备用路由。如果在广播型以太网环境中配置浮动静态路由，路由器将无法感知以太网环境中的"对端"接口状态，因此只有当本地接口出现问题时，路由器才能够顺利启用备用路由。总而言之，管理员要想让浮动静态路由生效，使用的出站接口必须有能力监测主用路由的变化，这样当链路出现问题时，路由器才能够及时发现并切换备用路由。

在例 6-26 中，管理员通过接口视图的命令 **undo shutdown** 再次启用 AR2 的 S0/0/0 接口，其目的在于测试当主用路由再次可用后，路由表会发生什么变化。

例 6-26　再次启用 AR2 的接口 S0/0/0

```
[AR2]interface s0/0/0
[AR2-Serial0/0/0]undo shutdown
```

例 6-27 展示了接口启用后，再次查看 AR1 的 IP 路由表。

例 6-27　再次查看 AR1 的 IP 路由表

```
[AR1]display ip routing-table
Route Flags: R - relay, D - download to fib
------------------------------------------------------------------------
Routing Tables: Public
        Destinations : 11      Routes : 11

Destination/Mask   Proto  Pre  Cost  Flags  NextHop       Interface

    10.0.83.0/24   Direct 0    0     D      10.0.83.1     GigabitEthernet0/0/0
    10.0.83.1/32   Direct 0    0     D      127.0.0.1     GigabitEthernet0/0/0
    10.0.84.0/24   Static 60   0     D      192.168.12.2  Serial0/0/0
```

```
       127.0.0.0/8 Direct 0    0     D     127.0.0.1      InLoopBack0
       127.0.0.1/32 Direct 0   0     D     127.0.0.1      InLoopBack0
     192.168.12.0/30 Direct 0  0     D     192.168.12.1   Serial0/0/0
     192.168.12.1/32 Direct 0  0     D     127.0.0.1      Serial0/0/0
     192.168.12.2/32 Direct 0  0     D     192.168.12.2   Serial0/0/0
     192.168.21.0/30 Direct 0  0     D     192.168.21.1   Serial0/0/1
     192.168.21.1/32 Direct 0  0     D     127.0.0.1      Serial0/0/1
     192.168.21.2/32 Direct 0  0     D     192.168.21.2   Serial0/0/1

[AR1]display ip routing-table protocol static
Route Flags: R - relay, D - download to fib
------------------------------------------------------------------------
Public routing table : Static
         Destinations : 1        Routes : 2       Configured Routes : 2

Static routing table status : <Active>
         Destinations : 1        Routes : 1

Destination/Mask     Proto    Pre  Cost   Flags  NextHop        Interface

       10.0.84.0/24   Static  60   0      D      192.168.12.2   Serial0/0/0

Static routing table status : <Inactive>
         Destinations : 1        Routes : 1

Destination/Mask     Proto    Pre  Cost   Flags  NextHop        Interface

       10.0.84.0/24   Static  70   0             192.168.21.2   Serial0/0/1
```

从中可以看出，S0/0/0 接口的相关路由及主用路由再次"浮出水面"，网络恢复为初始状态。这也是"浮动静态路由"得名的原因。

浮动静态路由的介绍到此可以告一段落。接着，我们展示两条去往同一网络的静态路由均使用默认优先级的情形。在例 6-28 中，我们配置两条目的地相同、优先级值也相同的路由。

例 6-28　配置两条目的地相同、优先级值也相同的路由

```
[AR2]ip route-static 10.0.83.0 24 serial 0/0/0 192.168.12.1
[AR2]ip route-static 10.0.83.0 24 serial 0/0/1 192.168.21.1
```

例 6-29 查看 AR2 的 IP 路由表。

例 6-29　查看 AR2 的 IP 路由表

```
[AR2]display ip routing-table
Route Flags: R - relay, D - download to fib
```

```
--------------------------------------------------------------------
Routing Tables: Public
        Destinations : 11     Routes : 12

Destination/Mask   Proto   Pre Cost Flags NextHop       Interface

     10.0.83.0/24  Static  60  0     D    192.168.12.1  Serial0/0/0
                   Static  60  0     D    192.168.21.1  Serial0/0/1
     10.0.84.0/24  Direct  0   0     D    10.0.84.1     GigabitEthernet0/0/0
     10.0.84.1/32  Direct  0   0     D    127.0.0.1     GigabitEthernet0/0/0
    127.0.0.0/8    Direct  0   0     D    127.0.0.1     InLoopBack0
    127.0.0.1/32   Direct  0   0     D    127.0.0.1     InLoopBack0
 192.168.12.0/30   Direct  0   0     D    192.168.12.2  Serial0/0/0
 192.168.12.1/32   Direct  0   0     D    192.168.12.1  Serial0/0/0
 192.168.12.2/32   Direct  0   0     D    127.0.0.1     Serial0/0/0
 192.168.21.0/30   Direct  0   0     D    192.168.21.2  Serial0/0/1
 192.168.21.1/32   Direct  0   0     D    192.168.21.1  Serial0/0/1
 192.168.21.2/32   Direct  0   0     D    127.0.0.1     Serial0/0/1

[AR2]display ip routing-table protocol static
Route Flags: R - relay, D - download to fib
--------------------------------------------------------------------
Public routing table : Static
        Destinations : 1      Routes : 2      Configured Routes : 2

Static routing table status : <Active>
        Destinations : 1      Routes : 2

Destination/Mask   Proto   Pre  Cost  Flags NextHop       Interface

     10.0.83.0/24  Static  60   0      D    192.168.12.1  Serial0/0/0
                   Static  60   0      D    192.168.21.1  Serial0/0/1

Static routing table status : <Inactive>
        Destinations : 0      Routes : 0
```

　　从 IP 路由表中我们可以看出，第一条命令中，去往子网 10.0.83.0/24 有两条路由，优先级值都为 60，下一跳地址分别为 192.168.12.1 和 192.168.21.1，出站接口分别为 S0/0/0 和 S0/0/1。第二条命令中，<Active>部分的 Destinations（目的地）为 1，Routes（路由）为 2，并且两条路由都出现在活跃路由中。

　　这时 AR2 在转发去往子网 10.0.83.0/24 的数据包时，就会通过这两条链路实现负载均衡。这就验证了：静态路由既能够实现链路备份，又能够实现负载均衡。

注释：

本节的案例最终要求 AR1 连接的子网 10.0.83.0/24 与 AR2 连接的子网 10.0.84.0/24 之间能够相互通信。如果我们以 ping 命令进行测试的话，案例的配置能够满足需求，只不过 AR1 总是通过一条链路转发去往子网 10.0.84.0/24 的数据包，而 AR2 会同时使用两条链路转发去往子网 10.0.83.0/24 的数据包。这在真实环境中是不推荐的，因为这样会导致"不对称"路由，也就是往返路由通过的转发路径不相同。在这个环境中，AR1 有时从 S0/0/0 接口收到来自子网 10.0.84.0/24 的数据包，有时从 S0/0/1 接口收到类似的数据包，这种现象会对某些上层应用产生影响，带来丢包甚至通信中断等后果。本节只是为了展示浮动静态路由的配置方法和效果，并不提供设计建议。管理员应该避免在网络中使用不对称路由的设计方案。

6.7　静态路由的排错

在本节中，我们将展示静态路由的错误配置会导致何种结果，以及如何排查原因。

静态路由排错如图 6-17 所示，网络中有两台路由器，这两台路由器分别连接两个部门的局域网：10.0.1.0/24（售前）和 10.0.2.0/24（售后），两台路由器之间通过 S0/0/0 接口相连，使用的子网为 192.168.12.0/30。管理员要在两台路由器上配置静态路由，使两个部门能够相互通信。售前部门的用户以 AR1 作为自己的默认网关，售后部门的用户则以 AR2 作为自己的默认网关。例 6-30 展示了两台路由器上的所有配置。

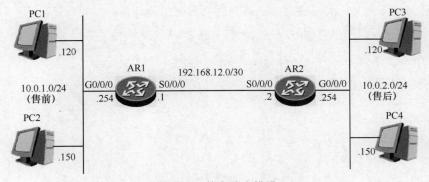

图 6-17　静态路由排错

例 6-30　AR1 和 AR2 上的所有配置

```
[AR1]interface s0/0/0
[AR1-Serial0/0/0]ip address 192.168.12.1 30
[AR1-Serial0/0/0]interface g0/0/0
```

```
[AR1-GigabitEthernet0/0/0]ip address 10.0.1.254 24
[AR1-GigabitEthernet0/0/0]quit
[AR1]ip route-static 10.0.2.0 24 192.168.12.2
```
```
[AR2]interface s0/0/0
[AR2-Serial0/0/0]ip address 192.168.12.2 30
[AR2-Serial0/0/0]interface g0/0/0
[AR2-GigabitEthernet0/0/0]ip address 10.0.2.254 24
[AR2-GigabitEthernet0/0/0]quit
[AR2]ip route-static 10.0.1.0 25 192.168.12.1
```

例 6-30 中有配置错误的地方,现在我们来看错误配置会导致什么问题。

假设管理员并不知道配置中有错误,用户投诉有以下两种问题出现:

① 售前部门(子网 10.0.1.0/24)中的一部分用户反映无法与售后部门进行通信,其中包括 PC2 用户(10.0.1.150),但 PC1 用户(10.0.1.120)反映通信没有问题;

② 售后部门(子网 10.0.2.0/24)中的用户反映无法与售前部门中的一部分用户进行通信。

首先,管理员需要确定故障现象,因此在 PC1 上进行测试,分别测试 PC1 与 PC2、PC3 和 PC4 之间的连通性,见例 6-31。

例 6-31 在 PC1 上进行测试

```
PC1>ping 10.0.1.150

Ping 10.0.1.150: 32 data bytes, Pree Ctrl_C to break
From 10.0.1.150: bytes=32 seq=2 ttl=128 time=47 ms
From 10.0.1.150: bytes=32 seq=2 ttl=128 time=46 ms
From 10.0.1.150: bytes=32 seq=3 ttl=126 time=15 ms
From 10.0.1.150: bytes=32 seq=4 ttl=126 time=32 ms
From 10.0.1.150: bytes=32 seq=5 ttl=126 time=47 ms

--- 10.0.1.150 ping statistics ---
  5 packet (s) transmitted
  5 packet (s) received
  0.00% packet loss
  round-trip min/avg/max = 15/37/47 ms
PC1>ping 10.0.2.120

Ping 10.0.2.120: 32 data bytes, Press Ctrl_C to break
From 10.0.2.120: bytes=32 seq=1 ttl=126 time=188 ms
From 10.0.2.120: bytes=32 seq=2 ttl=126 time=94 ms
From 10.0.2.120: bytes=32 seq=3 ttl=126 time=47 ms
From 10.0.2.120: bytes=32 seq=4 ttl=126 time=94 ms
From 10.0.2.120: bytes=32 seq=5 ttl=126 time=93 ms
```

```
--- 10.0.2.120 ping statistics ---
  5 packet(s) transmitted
  5 packet(s) received
  0.00% packet loss
  round-trip min/avg/max = 47/103/188 ms
PC1>ping 10.0.2.150

Ping 10.0.2.150: 32 data bytes, Press Ctrl_C to break
From 10.0.2.150: bytes=32 seq=1 ttl=126 time=110 ms
From 10.0.2.150: bytes=32 seq=2 ttl=126 time=78 ms
From 10.0.2.150: bytes=32 seq=3 ttl=126 time=63 ms
From 10.0.2.150: bytes=32 seq=4 ttl=126 time=63 ms
From 10.0.2.150: bytes=32 seq=5 ttl=126 time=110 ms

--- 10.0.2.150 ping statistics ---
  5 packet(s) transmitted
  5 packet(s) received
  0.00% packet loss
  round-trip min/avg/max = 63/84/110 ms
```

接着，管理员通过例 6-32 在 PC2 上测试与网关和售后部门之间的连通性。

例 6-32　在 PC2 上进行测试

```
PC2>ping 10.0.1.254

Ping 10.0.1.254: 32 data bytes, Pree Ctrl_C to break
From 10.0.1.254: bytes=32 seq=2 ttl=255 time=46 ms
From 10.0.1.254: bytes=32 seq=2 ttl=255 time=47 ms
From 10.0.1.254: bytes=32 seq=3 ttl=255 time=16 ms
From 10.0.1.254: bytes=32 seq=4 ttl=255 time=62 ms
From 10.0.1.254: bytes=32 seq=5 ttl=255 time=31 ms

--- 10.0.1.254 ping statistics ---
  5 packet (s) transmitted
  5 packet (s) received
  0.00% packet loss
  round-trip min/avg/max = 16/40/62 ms
```

```
PC2>ping 10.0.2.120

Ping 10.0.2.120: 32 data bytes, Pree Ctrl_C to break
Request timeout!
Request timeout!
Request timeout!
Request timeout!
```

```
Request timeout!

--- 10.0.2.120 ping statistics ---
  5 packet (s) transmitted
  0 packet (s) received
  100.00% packet loss
```

```
PC2>ping 10.0.2.150

Ping 10.0.2.150: 32 data bytes, Pree Ctrl_C to break
Request timeout!
Request timeout!
Request timeout!
Request timeout!
Request timeout!

--- 10.0.2.150 ping statistics ---
  5 packet (s) transmitted
  0 packet (s) received
  100.00% packet loss
```

　　从例 6-31 和例 6-32 的测试结果可以看出，两个部门之间的通信情况如用户所言：一部分用户无法与售后部门通信（如 PC2），另一部分用户能够通信（如 PC1），即 PC1 能够 ping 通售后部门，但 PC2 ping 不通。由于 PC2 能够 ping 通自己的网关 AR1，因此 PC2 与 AR1 之间的通信是正常的，从而可以判断问题出在路由器的 IP 路由上。管理员可以使用命令 **display ip routing-table protocol static** 查看 AR1 和 AR2 上的静态路由，见例 6-33。

例 6-33　查看 AR1 和 AR2 上的静态路由

```
[AR1]display ip routing-table protocol static
Route Flags: R - relay, D - download to fib
------------------------------------------------------------------------------
Public routing table : Static
        Destinations : 1        Routes : 1        Configured Routes : 1

Static routing table status : <Active>
        Destinations : 1        Routes : 1

Destination/Mask    Proto   Pre  Cost   Flags   NextHop         Interface

    10.0.2.0/24    Static  60   0      RD      192.168.12.2    Serial0/0/0

Static routing table status : <Inactive>
        Destinations : 0        Routes : 0
[AR2]display ip routing-table protocol static
Route Flags: R - relay, D - download to fib
```

```
-----------------------------------------------------------------------
Public routing table : Static
        Destinations : 1        Routes : 1        Configured Routes : 1

Static routing table status : <Active>
        Destinations : 1        Routes : 1

Destination/Mask    Proto    Pre  Cost    Flags  NextHop           Interface

      10.0.1.0/25    Static   60   0        RD    192.168.12.1     Serial0/0/0

Static routing table status : <Inactive>
        Destinations : 0        Routes : 0
```

通过阴影部分的路由可以发现，AR2 上的静态路由配置有问题，AR1 上连接的以太网 IP 子网是 10.0.1.0/24，而 AR2 上配置的静态路由子网是 10.0.1.0/25。这两个掩码的区别如下。

① **10.0.1.0/24** 地址范围：10.0.1.0～10.0.1.255。

② **10.0.1.0/25** 地址范围：10.0.1.0～10.0.1.127。

从中可以看出问题所在：售前部门使用的 24 位 IP 子网是 10.0.1.0/24，而 AR2 上设置的静态路由使用了 25 位掩码，导致 AR2 上缺失了 10.0.1.128～10.0.1.255 这些地址的路由，因此售后部门中的主机无法访问售前部门中包括 PC2 在内的部分用户。

通过案例我们展示了在配置 IP 静态路由时掩码的重要性。掩码与实际网段不匹配会带来以下问题。

① 掩码位数设置得比实际大（如本例），路由无法全部覆盖子网的实际大小。

② 掩码位数设置得比实际小，路由会覆盖比子网实际大小更多的主机，形成路由黑洞。

6.8 本章总结

在本章中，我们对路由、路由表、路由和路由协议等概念进行了解释，并且通过一台路由器的路由表，对路由条目中包含的信息进行了介绍。在提出路由协议可以分为距离矢量路由协议和链路状态路由协议后，我们还比较了这两类协议的区别。在上述概念的基础上，本章分步骤介绍了路由器转发数据包的流程，以及直连路由的概念。

本章还有一个重点是路由获取方式之一的静态路由。我们分别介绍了静态路由的几种不同用法，除了一般的静态路由，还有默认路由、汇总静态路由、浮动静态路由的概念、用法及配置。静态路由虽有局限性，但它的配置、验证简单，经常作为动态路由的辅助手段实施。在本章的最后，我们通过一个静态路由配置不当的简单案例，介绍了静态路由的排错思路。

6.9　练习题

一、选择题

1. 下列关于路由条目的说法错误的是（　　　）。

A．如果路由条目是通过静态配置的方式获得的，那么 Pre 一列会显示 60

B．如果路由条目是通过直连的方式获得的，那么 Pre 一列会显示 0

C．如果路由条目是通过动态路由协议学习到的，那么 Proto 一列会显示 RIP

D．如果路由条目是通过静态配置的方式获得的，那么 Proto 一列会显示 Static

2．下列有关静态路由的说法正确的是？（多选）（　　　）

A．静态路由是指管理员手动配置在路由器上的路由

B．静态路由的路由优先级值为 60，管理员可以调整这个值

C．路由器可以同时使用路由优先级相同的静态路由

D．路由器可以同时使用路由优先级不同的静态路由

3．在静态路由的配置中，下一跳参数可以配置？（多选）（　　　）

A．本地路由器接口 ID　　　　　　　　B．对端路由器接口 ID

C．本地路由器接口 IP 地址　　　　　　D．对端路由器接口 IP 地址

4．浮动静态路由是如何实现的？（　　　）

A．对比路由优先级值，数值最小的路由会被放入路由表

B．对比路由优先级值，数值最大的路由会被放入路由表

C．对比路由开销值，数值最小的路由会被放入路由表

D．对比路由开销值，数值最大的路由会被放入路由表

5．默认路由的格式是？（多选）（　　　）

A．0.0.0.0 0.0.0.0　　　　　　　　　　B．0.0.0.0 0

C．255.255.255.255 255.255.255.255　　D．255.255.255.255 32

6．下列 4 个子网汇总后的结果是？（　　　）

192.168.16.0/24

192.168.17.0/24

192.168.18.0/24

192.168.19.0/24

A．192.168.16.0/20　　　　　　　　　B．192.168.16.0/21

C．192.168.16.0/22　　　　　　　　　D．192.168.16.0/23

7．以下针对路由优先级和路由度量值的说法中错误的是（　　　）。

A．路由优先级用于从多种不同路由协议之间选择最终使用的路由

B．路由度量值用于从同一种路由协议获得的多条路由中选择最终使用的路由

C．默认的路由优先级和路由度量值都可以由管理员手动修改

D．路由优先级和路由度量值都是选择路由的参数，但适用于不同的场合

8．路由的 3 种获取方式分别是什么？（多选）（　　　）

A．默认路由　　　　　　　　　　B．直连路由

C．静态路由　　　　　　　　　　D．动态路由

9．下列哪类路由条目是静态路由？（　　　）

A．路由器为本地接口生成的路由　　B．路由器上手动配置的路由

C．路由器通过路由协议学到的路由　　D．路由器从多条路由中选出的最优路由

10．当路由器通过不同方式获取到去往同一个子网的路由，那么这台路由器在默认情况下会选择通过哪种方式获得的路由？（　　　）

A．静态配置的路由　　　　　　　　B．静态配置的路由（优先级值修改为 50）

C．RIP 路由　　　　　　　　　　　D．OSPF 路由

11．在华为路由器上查看 IP 路由表的命令是什么？（　　　）

A．**display routing-table**　　　　　B．**display ip route table**

C．**display route table**　　　　　　D．**display ip routing-table**

二、判断题

1．路由器会将数据包的目的地址和路由表中的各个条目执行 AND 运算，并把运算的结果与路由表中对应路由条目的目的网络地址进行比较，然后从比较结果一致的路由条目中随机选择一个用于数据包转发。　　　　　　　　　　　　　（　　　）

2．管理员在华为路由器上配置静态路由时，必须指明该路由的下一跳地址。（　　　）

3．静态路由由于配置简单，因此扩展性强，管理员可以轻松部署。　　（　　　）

4．静态路由无法感知网络拓扑的变化，需要管理员手动干预。　　　　（　　　）

5．路由表中去往同一目的地的路由条目可以有多个。　　　　　　　　（　　　）

6．当路由表中有多个来自不同路由协议、去往相同目的地的路由时，路由器根据路由优先级值选择最终使用哪条路由。　　　　　　　　　　　　　　　　　（　　　）

7．当路由表中有多个来自相同路由协议、去往相同目的地的路由时，路由器根据路由度量值选择最终使用哪条路由。　　　　　　　　　　　　　　　　　　（　　　）

8．静态路由是指由路由器自动生成的路由，以及由管理员手动配置的路由。

（　　　）

第7章
传输层

7.1 传输层简介

7.2 TCP

7.3 UDP

7.4 本章总结

7.5 练习题

TCP/IP 模型和 OSI 参考模型中都定义了传输层：在 TCP/IP 模型中，传输层是第 3 层，位于网络层和应用层之间；在 OSI 参考模型中，传输层则是第 4 层，位于网络层和会话层之间。这两个模型中的传输层在功能上的定义是相同的。在实际工作中，人们常按照 OSI 参考模型的分类将传输层称为第 4 层。

在 OSI 参考模型中，下层为上层提供服务，上层接受下层所提供的服务。由于会话层（第 5 层）和表示层（第 6 层）的划分过于细致，因此在实际环境中，会话层和表示层的功能实现往往融入了应用层当中。这使得传输层直接面对的多是融入了会话层和表示层功能实现的应用层协议。从而我们可以这样认为：传输层接受网络层所提供的连通性服务，同时也为应用层提供通信所需的保障服务。

本章首先介绍传输层与网络层，以及传输层与应用层之间的关系，然后结合不同应用进程对于数据传输的要求，引出 IP 网络环境中最重要的两个传输层协议——TCP 和 UDP；接着各用一节的内容对 TCP 和 UDP 进行分析。

学习目标

- 理解传输层的作用；
- 了解传输层与网络层的关系，以及传输层如何解决网络层存在的问题；
- 了解传输层与应用层的关系，以及传输层如何满足应用层对于传输的要求；
- 掌握 TCP 的相关内容，如 TCP 封装、TCP 连接及 TCP 端口号；
- 掌握 UDP 的相关内容，如基于 UDP 的应用、UDP 封装和 UDP 端口号。

7.1　传输层简介

网络层实现了不同终端设备之间跨网络的通信，传输层则实现了运行在不同终端设备上的应用程序之间的通信。

下面，我们用笔友的例子形象地讲解一下网络层与传输层的分工及相互关系。

7.1.1　传输层与网络层

假设北京和深圳两所小学之间举办了笔友交流活动，每所学校各有 100 名学生参与这项活动，每名学生都与对方学校的另一名学生组成一对一笔友关系，每个人每周都要给自己的笔友写一封信。每封信上都要写明对方学校的地址，并且标明"笔友交流"，最后再写上笔友的姓名。这样每所学校每周要向对方学校发送 100 封笔友交流信件，这100 封信由组织这项交流活动的老师负责收发。当有学生写好信件需要发送时，就把信交到这位老师手中，老师再通过快递公司把信寄送出去，信件通过快递公司送到对方学校后，也是由一位老师负责接收标明了"笔友交流"的信件，再根据学生的姓名将信送到学生的手中。

现在我们看看这个例子与网络通信有什么关系。这个例子中分别涉及了信件、学生、老师、学校、快递。在网络通信环境中，上述角色的对应关系为：

① 信件＝应用进程需要传送的数据；

② 学生＝应用进程；

③ 老师＝传输层协议；

④ 学校＝终端设备（计算机、服务器、手机等）；

⑤ 快递＝网络层协议。

从上述关系可以看出，发送方的传输层协议（老师）负责从应用进程（学生）收集数据（信件），并将其转交给网络层协议（快递），接收方的传输层协议（老师）负责从网络层协议（快递）接收数据（信件），并将其转交给应用进程（学生）。而网络层协议（快递）则负责根据终端设备（学校）地址，将信件从发送方（设备/学校）传输到接收方（设备/学校）。

从这个收发信件的流程中还可以看出，老师的工作只局限于学校内部，老师并不参与快递公司的工作，只负责将信件从学生手里送到快递手里，或者从快递手里送到学生手里。同样，传输层协议只在终端系统工作，只负责将应用进程需要发送的数据转交到网络层，反之亦然，具体如图 7-1 所示。

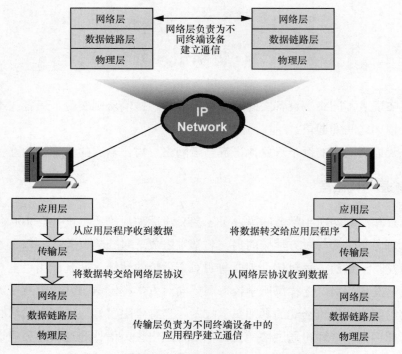

图 7-1 传输层与网络层和应用层之间的关系

传输层协议对于如何将数据从本地终端设备传输至目的终端设备的具体操作并不关心，它关心的内容在于如何将数据正确地从应用进程转交给网络层协议，以及传输层如何把从网络层协议收到的数据转交给正确的应用进程。

7.1.2 传输层与应用层

在为应用层提供服务的同时，传输层既依赖于网络层提供的服务，也受限于网络层所提供的服务。比如，网络层提供的带宽和时延如果达不到应用进程对于带宽和时延的要求，传输层协议对此也无能为力。但是传输层能够为应用层提供一些其他服务，来弥补网络层服务在其他方面的不足。比如，在使用不可靠的 IP 时，数据会面临收发失序和丢失等问题，传输层可以针对这些方面做出努力，在底层协议并不可靠的环境中，为应用层提供可靠的传输服务。

应用进程对于网络传输的要求各种各样，其中最常见的传输要求如下：

① 确保数据传输成功；

② 确保数据按顺序传输；

③ 支持任意大小的数据；

④ 接收方能够根据自己的接收能力对发送方的发送速率进行控制；

⑤ 要求一台终端设备上能够运行多个应用进程。

上述传输要求并不是应用进程提出的全部要求，这里只列出一些最常见且最基本的传输要求。传输层协议可以针对上述要求提供如下服务：

① 数据接收确认功能；

② 使用序列号确保按顺序传输；

③ 分段功能，以便支持任意大小的数据；

④ 通过 TCP 滑动窗口机制，使接收方能够控制发送方的发送速率；

⑤ 使用端口号区分并追踪多个应用进程的数据。

在包交换网络中，发送方和接收方之间需要有某种机制，从而保障它们可以在发送一些追求时效性的数据时，以尽可能高的效率完成数据的收发；而在发送追求可靠性的数据时，又能够根据数据的接收情况相互协调数据的发送速率和进程等要素。因此，为了满足不同应用进程的不同要求，我们可以把应用进程按照传输需求分为两类：一类强调数据的可靠传输，对于时延的要求并不严苛；另一类重视数据的传输时延，宁可丢掉少量数据包，也要及时传输数据。传输层的 TCP 和 UDP 则分别针对这两类应用进程提供服务。

在这两个协议中，TCP 是可靠传输协议，它能够保证接收方接收到所有数据，适合对丢包率有要求的应用进程；而 UDP 是不可靠的传输协议，优点是开销少、协议简单，适合对时延有要求的应用进程。

7.2　TCP

TCP 的全称是传输控制协议，负责为不同终端系统的应用进程之间提供面向连接的通信服务。顾名思义，**TCP 能够对自己提供的连接实施控制，是一种可靠的传输层协议**。本节会对 TCP 进行全面介绍，其中包括 TCP 的封装、连接和端口号。

7.2.1　TCP 简介

传输层协议的任务是把网络层协议提供的终端系统之间的通信服务，扩展到终端系统中的应用程序之间。为此，TCP 提供了面向连接的服务。也就是说，在为应用进程之间建立通信之前，TCP 需要先建立传输数据所需的连接。一旦 TCP 连接建立成功，应用进程之间就可以借助这条 TCP 连接相互发送上层数据了。此外，TCP 能够对它所建立的 TCP 连接进行控制，具体包括以下几点。

① **对数据执行分割和重组**。每个网络甚至每条链路对于单个数据包中携带负载数据量的大小都存在一定的限制，但应用进程只需将它要发送的数据交给 TCP，而 TCP 则能够将数据分割为适当的大小将其进行传输。在发送端，TCP 能够分割数据；而在接收端，TCP 也会负责将分割的数据进行重组，使数据恢复为应用进程能够使用的数据流。

② **确保数据按顺序传输**。发送端的 TCP 会为自己发出的数据标明序列号，而接收端的 TCP 在收到数据后，会根据序列号来对数据进行重新排序，以确保数据得到按序处理。

③ **同时为多个应用程序提供传输服务**。TCP 的基本任务就是将终端系统中多个应用协议的数据转交给网络层进行发送，因此它必须能够把应用进程与数据的对应关系搞清楚。这是通过端口号实现的。

注释：

端口号有两种含义：一种是指应用端口（号），应用端口（号）的作用是标识封装该消息的应用层协议；另一种是物理端口（号），它指代交换机的物理接口（号），因此是接口（号）的替换表达。习惯上，应用端口（号）和物理端口（号）都可以简称为端口（号），因此读者应该根据"端口（号）"一词的语境对具体的表意进行区分。本书中，所有端口（号）皆为应用端口（号）的简称。

④ **确保接收方收到数据并按需重传**。TCP 要求接收方在接收到数据后，向发送方进行确认。这一机制的作用是确保接收方能够接收到所有数据，这也是 TCP 被称为可靠协议的原因之一。此外，如果发送方在一段时间后没有收到接收方的确认，还会把未被确认过的数据重新发送一遍。

⑤ **控制传输速率**。TCP 使用滑动窗口机制，使接收方能够调节发送方的发送速率。这不仅有利于接收方系统，使其不会出现拥塞，更有利于整个网络环境。若接收方的接收速率远低于发送方的发送速率，接收方势必会出现大量丢包的情况（尾部丢弃），则接收方就不得不重传被接收方丢弃的数据。如此周而复始，网络中就会充斥着重复发送的数据，既占用带宽，又毫无意义。最好的做法就是让发送方根据接收方的能力调整发送速率。

7.2.2　TCP 封装

TCP 为了能够实现可靠的应用层数据传输，不仅要标明应用进程与数据的对应关系，以确保能够将数据转交给正确的应用进程，还需要为每个数据分段标明序列号，以确保按序收发和丢包重传。除了这些最基本的信息外，TCP 还在封装头部中定义了其他用于控制的字段。TCP 定义的具体封装格式如图 7-2 所示。

TCP 头部包含了下列字段。

① **源端口**：这个字段用于指明源设备上应用进程所使用的 TCP 端口号。

② **目的端口**：这个字段用于指明目的设备上应用进程所使用的 TCP 端口号。每个 TCP 头部都包含源端口和目的端口，这两个字段加上 IP 头部中的源 IP 地址和目的 IP 地址，可以唯一地确定一条 TCP 连接。

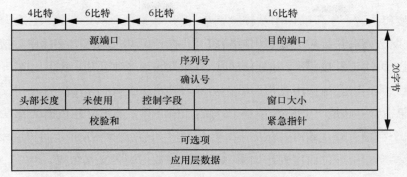

图 7-2 TCP 头部封装格式

③ **序列号**：序列号字段的长度为 32 比特，序列号和确认号是使 TCP 能够提供可靠传输服务的关键因素。其中序列号字段既能够在接收方没有接收到数据后及时重传，又能够保证接收方按照顺序重组数据。

④ **确认号**：确认号字段的长度同样为 32 比特，这个字段的作用是确认已收到的数据。在 TCP 连接建立和断开阶段，被确认数据的序列号加 1 就构成了确认号的数值，如被确认数据段的序列号为 1117，那么接收方发送数据段时就会将确认号的数值设置为 1118，表示自己已经接收到了对方之前发送的那个数据段。在发送数据阶段，被确认数据段的序列号加被确认数据长度构成了确认号的数值，如被确认数据段的序列号为 1117，该数据长 810 字节，那么接收方确认接收到该数据时，发送的数据段确认号就应为 1927，表示自己已经接收到了对方之前发送的全部 810 字节的数据。

⑤ **头部长度**：该字段的长度为 4 比特，其作用是标识 TCP 头部的总长度，这个字段能够表示的最大字节数是 60 字节。

⑥ **未使用**：这部分长度为 6 比特，目前未定义具体功能，留待将来使用。

⑦ **控制字段**：控制字段的长度为 6 比特，其中每个比特均有各自的作用，具体如下（按照从左至右的顺序介绍）。

- **URG**：紧急指针有效位，为 1 表示这个数据段中包含紧急数据，此时接收方会参考 16 比特的紧急指针字段。
- **ACK**：确认号有效位，为 1 表示这个数据段中包含确认信息。
- **PSH**：通知接收方立即将数据转交给用户进程，不保留在缓存中等待更多数据。
- **RST**：请求位，为 1 表示请求重新建立 TCP 连接。
- **SYN**：同步位，为 1 表示请求建立 TCP 连接。
- **FIN**：结束位，为 1 表示数据发送结束，请求断开 TCP 连接。

⑧ **窗口大小**：这个字段的具体数值表示滑动窗口的大小，表示自己还能接收多少字节的数据。如前所述，TCP 是通过滑动窗口这个字段来实现流量控制的。

⑨ **校验和**：这个字段的作用是校验整个 TCP 数据段，其中包括 TCP 头部和 TCP 数据部分。发送方在封装时会计算出校验和，并把计算结果写入该字段中。接收方在解封装之后则会再次计算校验和，把自己的计算结果与这个字段进行对比。若一致则通过验证，继而把数据转交给应用进程；若不一致，则直接丢弃。

⑩ **紧急指针**：这是一个长度为 16 比特的正偏移量，表示紧急数据的长度。当 URG 位为 1 时这个字段有效，此时，从序列号开始到序列号加紧急指针之间的这段数据为紧急数据，需要立即处理，而序列号加紧急指针后的数据则为正常数据。

上述字段的长度一共为 20 字节，也就是 TCP 头部长度最小为 20 字节。在这个 20 字节头部后面还有一个长度可变的"选项"字段，该字段最长为 40 字节。因此，TCP 头部中用于表示"头部长度"的字段可标记的最大长度也就是 60 字节，即固定头部 20 字节加上选项长度 40 字节。

7.2.3 TCP 连接

TCP 作为可靠传输协议，在真正能够为通信的双方传输数据之前，需要先在两个终端设备之间建立一条 TCP 连接。当 TCP 连接建立成功后，终端设备之间即可开始传输数据。在数据传输完成后，TCP 还会进行断开连接的操作。

TCP 的连接建立过程要经历 3 次握手，也就是两台终端设备之间交换 3 次信息的过程，图 7-3 描述了 TCP 3 次握手的过程。

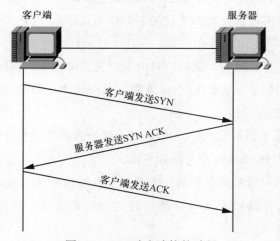

图 7-3　TCP 建立连接的过程

从图 7-3 中可以看出，TCP 建立连接的过程分为下面 3 步。

步骤 1　客户端向服务器发起 TCP 连接建立请求。在客户端发出的这个数据段中，控制字段中 SYN 位被设置为 1，表示这是一个连接建立请求。序列号为客户端随机生成的数值设为 a。此时的确认号为 0。

步骤 2　服务器向客户端返回标识了 SYN 和 ACK 的数据段。在服务器发出的这个数据段中，控制字段中 SYN 位和 ACK 位都被设置为 1。序列号为服务器随机生成的数值，在本例中，我们将这个值假设为 b。此时的确认号为 $a+1$，这是在确认收到了从客户端发来的序列号为 a 的数据段。

步骤 3　客户端向服务器发送 ACK 数据段进行响应。在客户端发出的这个数据段中，控制字段中的 ACK 位被设置为 1。序列号为 $a+1$，确认号为 $b+1$，这是在确认收到了服务器发来的序列号为 b 的数据段。

在完成上述 3 个步骤之后，客户端与服务器之间的 TCP 连接就建立起来了，它们之间也能够开始通过这条 TCP 连接来传输高层的数据了。在传输数据的过程中，TCP 会确保：

① 接收方确实接收到了发送方发送的数据；

② 发送方按照接收方的处理能力发送数据，避免不必要的丢包重传。

下面通过一个简单的案例来分析一下 TCP 是如何做到上述两点的，为了描述清晰，这个案例中所使用的序列号和窗口大小都是示意数，重点在于讨论 TCP 的工作过程。图 7-4 中描述的两台设备之间已经建立了 TCP 连接，图中描述了它们之间传输数据的过程，其中体现出了 TCP 滑动窗口的工作过程和 TCP 对于丢包的应对措施。

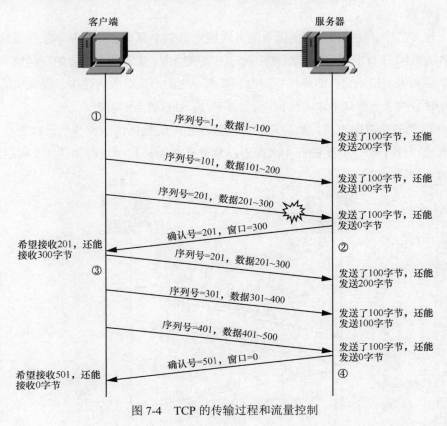

图 7-4　TCP 的传输过程和流量控制

从图 7-4 中可以看出，TCP 的传输和流量控制过程如下。

步骤 1 客户端与服务器之间已经建立了 TCP 连接，双方已经开始传输应用数据。在连接建立阶段，双方协商窗口大小为 300 字节。在图 7-4 的步骤 1 中，我们假设客户端使用的序列号从 1 开始，每个数据段中携带 100 字节数据，因此客户端向服务器发送了 3 个数据段，共 300 字节的数据。

步骤 2 由于链路原因，服务器只接收到了前两个数据段（序列号 1 和序列号 101 的数据段）而没有接收到序列号为 201 的数据段，服务器上的应用程序立即提取走了这些数据，使得服务器的接收缓存空间仍为 300 字节。于是，服务器以确认号为 201 的数据段进行确认，表示自己期待收到序列号为 201 的数据段，并且告知客户端自己当前的窗口大小仍为 300 字节。

步骤 3 客户端根据窗口大小（300 字节）的限制，连续发送了 3 个数据段，序列号分别为 201、301 和 401，每个数据段中分别携带 100 字节的数据，此后由于发送窗口中已经没有可发送字节，因此客户端停止发送并等待服务器的下一次反馈。

步骤 4 服务器接连收到了序列号为 201、301 和 401 的数据段。它在使用确认号 501 向客户端进行确认的同时，也向客户端通告窗口大小为 0 字节，表示不允许客户端继续发送数据。

在上述步骤中，我们用尽可能简单的方式描述了 TCP 滑动窗口的基本工作原理，目的是让读者大致明白 TCP 如何能够根据接收方的接收能力，来调整发送方的发送速率。我们在这里必须指出，滑动窗口的操作机制内容繁杂。比如，窗口滑动存在一些限制条件，这些限制条件导致了一些缺陷，由此出现了一些解决这些缺陷的算法。

TCP 建立的是双向连接，当客户端与服务器之间的数据传输完毕后，TCP 会拆除已建立的连接。连接断开需要进行 4 次握手，TCP 连接断开握手过程如图 7-5 所示。

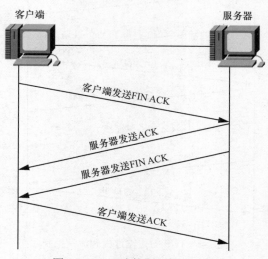

图 7-5　TCP 连接断开握手过程

步骤 1 客户端想要中断 TCP 连接，于是向服务器发送一个标识了 FIN 和 ACK 的数据段，本例假设序列号为 a。

步骤 2 服务器在接收到这个数据段后，以序列号为 b、确认号为 $a+1$ 的数据段进行响应。

步骤 3 由于 TCP 是双向连接，需要通信双方都拆除连接，因此服务器也会向客户端发送标识了 FIN 和 ACK 的数据段，其序列号为 c。

步骤 4 客户端在接收到这个数据段后，以序列号为 $a+1$、确认号为 $c+1$ 的数据段进行响应。至此，建立在客户端与服务器之间的 TCP 连接成功断开。

注释：

4 次握手的过程并不总是像图 7-5 中所示的需要交互 4 个数据段，比如，服务器收到了客户端发来的 FIN 请求后，接下来也要发送 FIN 请求，那么服务器所发送的 FIN 请求和对于客户端 FIN 请求的 ACK 确认，就会包含在一个数据段中，也就是会通过 3 个数据段完成 4 次握手。

图 7-5 所示的交互过程旨在强调 TCP 客户端和服务器向对方发起 FIN 请求并收到 ACK 确认，实际上是相互独立的过程。当它们中的一方（假设是客户端）完成了数据传输后，就可以发出连接断开的请求，对方（假设为服务器）在确认后仍可以继续发送数据，发起连接断开请求的一方（客户端）也仍可以继续接收数据。

7.2.4 基于 TCP 的协议

一台终端设备能够提供多种服务，也能够接收多种服务。比如，一台服务器可以同时充当网页服务器和邮件服务器，一台用户 PC 也可以同时访问网页和电子邮箱。要想在一台终端设备上传输多种服务，单单依靠每台终端设备拥有一个 IP 地址显然是不够的。为了让每台终端设备上的服务进程与其数据流量建立对应关系，需要使用端口的概念。

TCP 端口和 UDP 端口是逻辑端口，用来区分一台终端设备中的各种应用层协议。**IP 地址加上端口号（如 198.4.8.10:1117）的组合称为套接字，源和目的 IP 地址加上源和目的端口号的组合能够唯一地标识两台终端设备中两个应用层协议之间的会话。**

一般情况下，客户端在向服务器发起的连接请求中，会写明自己的 IP 地址和 TCP 端口号，而服务器以这些信息作为"回信地址"向客户端返回响应消息。那么现在的问题是，客户端如何知道应该向服务器的哪个 TCP 端口发送消息。通常，服务器的做法是等待接收客户端向自己的某个知名端口上发送消息，这个知名端口是一个公布出去的固定号码，就像在中国，火警报警电话是 119 一样。

包括知名端口在内，TCP 端口分为以下几类。

① 知名端口：端口号的范围是 0～1023，这些端口固定用于某项特定的服务和应用

层协议，使客户端的应用层协议能够顺利请求服务器的某项特定服务。

② **注册端口**：端口号的范围是 1024～49151，这些是分配给终端用户应用层协议的端口号，主要针对用户自行安装的程序，而不是已经拥有了知名端口的应用进程。当系统中没有任何资源占用这类端口时，客户端就可以在这个范围内动态选择源端口来使用。

③ **动态端口**：端口号范围是 49152～65535，客户端在开始连接服务器时，会动态选用某个端口作为自己的源端口。

端口号也和 IP 地址一样是由 IANA（Internet Assigned Numbers Authority，互联网数字分配机构）进行管理的。表 7-1 中列出了一些使用知名端口号的基于 TCP 的协议。

表 7-1   TCP 知名端口

TCP 知名端口号	对应协议
20、21	FTP
22	SSH
23	Telnet
25	SMTP
53	DNS
80	HTTP
110	POP3
179	BGP
443	HTTPS

注释：

实际上，大多数应用层协议既可以选择 TCP 也可以选择 UDP 作为传输层协议，且使用不同传输层协议时，应用层协议的端口号是相同的。但是在协议的具体实现中，人们总是会大量使用其中某一种传输层协议。

本节首先介绍了 TCP 的数据段头部封装方式及每个字段的用途；接着介绍了 TCP 的连接建立及拆除过程、TCP 的数据传输过程，其中包括 TCP 如何保障数据的可靠传输；最后介绍了 TCP 端口号的概念，并列举了一些知名端口号。

与 TCP 并驾齐驱的传输层协议是 UDP，它与 TCP 在功能上有相同之处，但它是一项尽力而为的传输协议。事实上，对于当今的网络应用，使用 UDP 而不是 TCP 正在成为一种趋势。后文会着重介绍 UDP。

7.3   UDP

UDP 的全称是用户数据报协议，与 TCP 一样，负责为不同终端系统的应用进程提供通信服务，但 UDP 提供的是无连接的通信服务。**UDP 不会对自己提供的连接实施控制，是一种不可靠的传输层协议。**

7.3.1　UDP 简介

为了把网络层协议提供的终端系统之间的通信服务，扩展到终端系统中运行的应用程序之间，UDP 提供了不面向连接的服务。与 TCP 不同的是，在为应用进程之间建立通信之前，UDP 不需要首先建立传输数据所需的连接。换言之，使用 UDP 的应用进程之间交互的第一个数据包直接就是用户数据。尽管存在上述区别，但 UDP 与 TCP 都是传输层协议，它们想要实现的基本目的是相同的，与 TCP 一样，UDP 也提供以下基本服务。

① **对数据执行分割和重组。**每个网络甚至每条链路对于单个数据包中携带负载数据量的大小都有一定的限制，应用进程只管将它要发送的数据交给 UDP，UDP 能够把数据分割为适当的大小再将其传输。在发送端，UDP 能够分割数据；而在接收端，UDP 则负责重组数据，使数据恢复为应用进程能够使用的数据流。

② **同时为多个应用程序提供传输服务。**UDP 的基本任务就是将终端系统中多个应用协议的数据转交给网络层进行发送，因此它必须能够把应用进程与数据的对应关系搞清楚。这是通过端口号实现的。

UDP 是一项简单的协议，除了上述两项服务外，不像 TCP 那样考虑周全。与 TCP 所提供的服务相比，UDP 具有以下特点。

① **不确保数据按顺序传输。**UDP 并不在乎接收方是否按照它的发送顺序收到了数据包，它只负责把数据包发送出去。

② **不确保接收方收到数据，并且不提供重传机制。**UDP 并不要求接收方在接收到数据后，向发送方进行确认。因此，接收方是否收到了数据及数据是否正确，UDP 并不追踪，也不提供重传机制。

③ **不控制传输速率。**UDP 是尽力而为的协议，会根据网络情况，尽可能多地发送数据。如果源设备的性能远优于目的设备，则 UDP 传输的数据很可能占用目的设备的所有资源。

即便 UDP 不提供上述服务，但当应用进程对于传输的可靠性要求不高，但对传输速度和时延有较高的要求时，使用 UDP 来充当传输层协议是非常理想的选择。UDP 在传输应用层数据时，无须事先建立连接，从而也更谈不上追踪传输结果并获得反馈，因此 UDP 不能保证数据传输的可靠性，也无法避免接收到重复数据或乱序数据的情况。

UDP 在发送数据段时，是按照一定顺序把数据段发送到网络中的。但在 IP 网络中，每个数据段都是独立在网络中传输的，因此不同的数据段可能会通过不同的网络路径到达目的地。在这种情况下，先发送的数据段不一定先到达目的地。由于 UDP 不会标明数据段的序列号，因此目的设备也无法通过 UDP 将数据段按照原来的发送顺序重新组合在一起。所以，如果使用 UDP 作为传输层协议，同时要求传输的可靠性，那就需要应用进程自己提供数据段的接收确认、排序和流量控制等服务。通常情况下，UDP 会借助实时传输机制和时间戳来传输语音和视频数据。

7.3.2 UDP 封装

相对于 TCP，UDP 提供的是尽力而为的服务。它既不会（由于任何原因）在接收方漏收数据后重新发送，也不关心数据到达的顺序。因此 UDP 并不像 TCP 那样需要如此之多的头部信息。所以，与 TCP 头部的封装字段相比，UDP 定义的头部格式要简单得多。图 7-6 为 UDP 定义的头部结构。

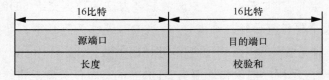

图 7-6　UDP 头部封装格式

从图 7-6 中可以看出，UDP 头部长度为 8 字节，其中包含以下字段。

① **源端口**：这个字段的作用是标识源设备的应用层协议所使用的 UDP 端口号。

② **目的端口**：这个字段的作用是标识目的设备的应用层协议所使用的 UDP 端口号。

③ **长度**：长度字段的作用是标识 UDP 头部和 UDP 数据的总长度。由于 UDP 头部自身长度固定为 8 字节，因此长度字段的最小值就是 8 字节。

④ **校验和**：校验和字段的作用是校验整个 UDP 数据报，其中包括 UDP 头部和 UDP 数据部分。这是一个可选字段，发送方可以在封装数据段时计算出校验和，并将计算结果写入该字段中，接收方在接收到之后也计算出校验和，并将结果与这个字段进行对比。若一致则通过验证，将数据转交给应用进程；若不一致则直接丢弃。

UDP 头部结构更简单且占用的字节数更少，TCP 头部至少为 20 字节，而 UDP 头部长度则固定只占用 8 字节。虽然它不像 TCP 那样可以在传输数据的过程中提供诸多保障，但 UDP 开销更小，需要的处理资源更少，因此传输效率更高。

7.3.3 基于 UDP 的协议

与 TCP 类似的是，UDP 端口号也由 IANA 进行管理，并且分类如下。

① **知名端口**：端口号范围是 0~1023，这些端口固定用于某项特定的服务和应用层协议，使客户端的应用层协议能够顺利请求服务器的特定服务。

② **注册端口**：端口号范围是 1024～49151，这些是分配给终端用户应用层协议的端口号，主要针对用户自行安装的程序，而不是已经拥有了知名端口的应用层协议。当系统中没有任何资源占用这类端口时，客户端就可以在这个范围内动态选择源端口来使用。

③ **动态端口**：端口号范围是 49152～65535，客户端在与服务器进行通信时，会动态选用某个端口作为自己的源端口。

表 7-2 为一些基于 UDP 的协议，以及它们对应的 UDP 端口号。

表 7-2 　　　　　　　　　　　　基于 UDP 的协议及其对应的端口号

UDP 端口号	对应协议
53	DNS
67、68	BOOTP
69	TFTP
123	NTP
161	SNMP
520	RIP

细心的读者可能会通过对比表 7-1 与表 7-2 发现，其中都提到了 53 号端口，而且它们对应的都是域名系统（Domain Name System，DNS）协议。在这里我们再次强调，大多数应用层协议既可以选择 TCP 也可以选择 UDP 作为传输层协议，且端口号是相同的。但是在协议的具体实现中，人们总是会大量使用其中某一种传输层协议。

实际上，TCP 和 UDP 确实容易因应用层协议的数据传输需求不同，而各自受到一部分应用层协议的偏爱。比如，人们浏览网页时，基本都能够接受一定程度的时延，但却无法容忍显示出的文章断断续续，或者干脆出现乱码导致完全无法阅读的情况。像网页服务（HTTP）这类无法容忍数据丢失或数据失序的应用层协议，在实现方面一般会使用 TCP 作为传输层协议。而当人们通过 IP 电话与朋友交谈时，人们可以接受偶尔丢失一些音节，因为这些音节既可以从上下句的关系中推断出来，也可以请求对方重复；但若语音的传输时延都像打开网页一样（如 2s），自己每说出一句话，对方都要在 2s 之后才听到，这种通话体验远比漏掉几个音节更让人无法忍受，所以即时通信类应用更青睐 UDP 也就毫不奇怪了。

同时，有些应用协议在实现上既会使用 TCP，又会使用 UDP 作为传输层协议。以 DNS 为例，以 TCP 作为传输层协议的 DNS 主要用于数据的区域传送；而以 UDP 作为传输层协议的 DNS 则主要用来实现域名解析。

总之，UDP 一般多用于对时延容忍度低的应用层协议，如语音和视频。反之，TCP 则多用于对数据可靠性有较高要求的应用层协议，如网页和电子邮件。

7.4　本章总结

在这一章中，我们介绍了传输层的作用，以及传输层与其相邻两层——网络层和应用层之间的相互关系。在 TCP/IP 协议栈中，TCP 和 UDP 提供了传输层的服务。TCP 作为可靠的传输层协议，通过在终端设备的应用进程之间维护一条 TCP 会话来控制两端的数据传输；通过端口号来识别每条会话。UDP 作为尽力而为的传输层协议，在开始传输终端数据之前并不建立连接，而是依靠自身开销低的特点，实现快速的数据传输。

7.5　练习题

一、选择题

1．传输层的作用是什么？（　　　）

A．提供两台网络设备之间的通信

B．提供两台终端设备之间的通信

C．提供两台终端设备上应用进程之间的通信

D．提供两台终端设备上应用进程之间的通信，并保障通信质量和安全性

2．以下关于 TCP 的描述中，错误的是（　　　）。

A．TCP 使用端口号区分应用进程

B．TCP 是可靠协议

C．TCP 在开始传输用户数据前会建立 TCP 连接

D．TCP 能够使发送方控制接收方的接收速率

3．以下关于 TCP 的行为描述中，正确的是（多选）（　　　）。

A．终端设备之间通过 3 次握手建立 TCP 连接

B．终端设备之间通过 4 次握手拆除 TCP 连接

C．TCP 有机制确保数据段是按序接收的

D．TCP 按需重传丢失的数据段

4．以下关于应用端口号的说法中，错误的是（　　　）。

A．端口号的范围是 1～65535

B．端口号用来指名具体终端设备

C．IP 地址加端口号（如 198.3.11.17:810）的组合称为套接字

D．端口号用来指明具体的应用进程

5．UDP 头部有哪些字段？（多选）（   ）

A．源和目的 IP 地址   B．源和目的 MAC 地址

C．源和目的端口号   D．头部长度

E．校验和

6．以下关于 UDP 的描述中，正确的是（   ）。

A．UDP 使用端口号区分应用进程

B．UDP 是可靠协议

C．UDP 在开始传输用户数据前会建立 UDP 连接

D．UDP 能够使发送方控制接收方的接收速率

7．以下关于 UDP 端口号的描述中，正确的是（多选）（   ）。

A．UDP 端口号的作用是分割数据

B．UDP 端口号分为知名端口、注册端口和动态端口

C．UDP 应用能够通过端口号按序接收数据段

D．UDP 端口号在结构与作用上与 TCP 端口号相同

二、判断题

1．TCP 头部的 ACK 字段用于接收方确认接收到了数据段。   （   ）

2．UDP 的传输速率高于 TCP，因此 UDP 更适用于传输对时延敏感的应用数据。

（   ）

第8章
应用层

8.1 应用层简介

8.2 应用层协议

8.3 常见应用层协议和服务

8.4 本章总结

8.5 练习题

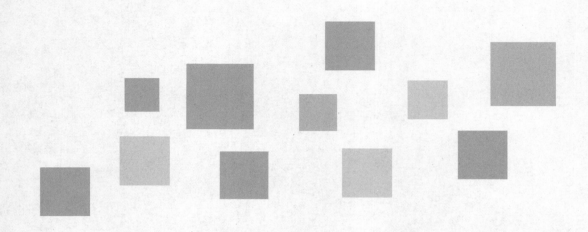

　　应用层是 TCP/IP 模型（同时也是 OSI 参考模型）中最高的一层，它的作用是为用户提供网络的功能接口。然而用户对网络功能的需求不同，因此应用层的协议种类繁多，提供的服务也各不相同。

　　在本章，我们首先会对应用层协议的通信模型，即服务器—客户端模型和 P2P 模型进行概述。接下来对网络中历史最悠久、使用最广泛，同时原理最简单的几种应用层协议进行原理分析，其中包括用于远程访问的 Telnet 和 SSH 协议，用于网络管理的 DHCP 和 DNS 协议，用于网页访问的 HTTP 和超文本传输安全协议（HTTP Secure，HTTPS），以及用于电子邮件传输的 SMTP 和 POP3 协议。

　　本章在介绍很多协议时，会涉及该协议连接的建立过程。本章均以 TCP 连接已经建立为前提，忽略 TCP 连接的建立过程。

学习目标

- 了解应用层提供的服务；
- 理解网络应用、应用程序和应用（层）协议三者的区别；
- 理解应用层协议的两种模型；
- 理解 Telnet 协议的工作原理；
- 理解 SSH 协议的工作原理；
- 理解 DHCP 的工作原理；
- 理解 DNS 协议的工作原理；
- 了解 HTTP/HTTPS 的工作原理；
- 了解 POP3 协议的工作原理；
- 了解 SMTP 的工作原理。

8.1　应用层简介

OSI 参考模型和 TCP/IP 模型对应用层的定义略有区别。在 TCP/IP 模型中，应用层提供的服务相当于 OSI 参考模型中应用层、表示层与会话层这三层提供的服务之和。因此，TCP/IP 模型中的应用层位于传输层之上，传输层通过端口号判断应该将解封装后的数据交由哪个应用协议处理。

在实际的开发和运用中，人们基本采用 TCP/IP 模型对应用层服务的概括，极少根据 OSI 参考模型为表示层和会话层定义的服务开发协议和程序。由于在 TCP/IP 模型中，应用层位于传输层之上，因此在根据用户需求开发应用程序时，开发人员只需要关心如何为用户提供应用层相应的服务，而不必考虑如何实现将数据从源可靠地发送给目的等需求。正是分层模型的模块化设计，促进了应用协议和应用程序的爆炸式发展。

当然，**应用程序和应用协议这两个概念并不相同**。不同的用户会通过不同的浏览器访问互联网中的网页服务器，不同的浏览器即不同的应用程序，然而这些应用程序会通过相同的协议和网页服务器进行通信。

由于应用层的目的是提供接口，因此相比于下层的网络层协议，应用层协议在用户中的认知度要高得多。哪怕是对网络技术陌生的用户，也有可能听说过诸如 HTTP、HTTPS、FTP 等应用层协议。这些协议满足的用户需求正是互联网能够得以研发、推广和普及的理由。

第 7 章介绍过，**端口号的作用是向传输层协议标识这个数据段对应的应用层协议。由此可以得出一个结论，即所有有端口号的协议都是应用层协议**。因此，表 7-1 和表 7-2 中提到的协议都是应用层协议。不过，在对各个应用层协议的通信方式进行解释之前，我们需要对应用层协议采用的通信模型做一个概括性的说明。

注释：

在介绍具体的应用层协议之前，我们再次强调，大多数应用层协议既可以选择 TCP 也可以选择 UDP 作为传输层协议，且使用不同传输层协议时，应用层协议的端口号是相同的。但是在协议的具体实现中，人们总是会大量使用其中某一种传输层协议。本书提到的都是行业内部的使用习惯。

8.2　应用层协议

提到应用层协议或应用协议（Application Protocol），我们必须解释它与网络应用（Network Application）和应用程序（Application Program）之间的区别。

关于网络应用，James F.Kurose 教授和 Keith W.Ross 教授对于网络应用的发展历程做了一段精彩的概括："……互联网应用包括 20 世纪 70 年代和 80 年代开始流行的、经典的基于文本的应用，如文本电子邮件、远程访问计算机、文件传输和新闻组；还包括 20 世纪 90 年代中期的招人喜爱的应用——万维网，包括 Web 冲浪、搜索和电子商务；还包括 20 世纪末引入的两个招人喜爱的应用——即时信息和对等（P2P）文件共享。自 2000 年以来，我们见证了流行的语音和视频应用的爆炸，包括 IP 电话（VoIP）、IP 视频会议（如 Skype），用户生成的视频分布（YouTube），以及点播电影（如 Netflix）。与此同时，我们也看到了极有吸引力的多方在线游戏的出现，包括《第二人生》（Second Life）和《魔兽世界》（World of Warcraft）。最近，我们已经看到了新一代社交网络应用，它们在互联网的路由器和通信链路网络上创建了引人入胜的网络……"通过这段文字，相信每一位读者不仅能够直观地理解网络应用的概念，同时也会发现上述这些我们耳熟能详的网络应用既不是应用协议，也不是应用程序。

对于网络应用、应用程序和应用协议三者的关系，不妨这样理解：在某种意义上，**网络应用是应用程序和应用协议的总和**。从用户与终端设备交互、终端设备在操作系统上运行代码的终端视角上看，可以看到网络应用的程序性；而从终端设备根据定义的消息类型和消息的发送与响应等执行信息通信的网络视角上看，又可以看到网络应用的协议性。也就是说，应用协议是终端设备间的应用通信规则。而通信模型体现了应用协议的宏观通信规则。

应用协议的通信模型可以分为下面两类：

① 服务器—客户端模型；

② P2P 模型。

如图 8-1 所示，在服务器—客户端模型中，始终由一台或多台公开自己固定 **IP** 地址的终端设备根据其他终端设备的应用程序发送的请求为它们提供服务，而请求服务的终端设备之间并不会通过应用程序建立通信。这些为其他终端设备提供服务的终端设备称为**服务器**，而请求服务的终端设备则称为**客户端**。本章介绍的应用层协议，采用的都是服务器—客户端模型。

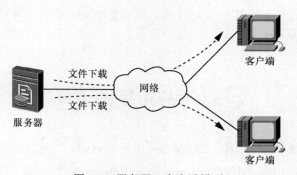

图 8-1　服务器—客户端模型

如图 8-2 所示，在 **P2P 模型**中，提供服务与接受服务的终端设备并没有特定的服务器或客户端身份。但终端设备通过安装的应用程序可以相互建立对等连接，因此这些终端设备被称为对等体。目前大多数会产生庞大流量的应用（如下载器）均采用了 P2P 模型。

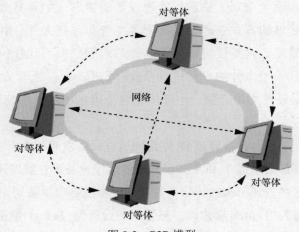

图 8-2　P2P 模型

总体来说，服务器—客户端模型类似于外出入住酒店，客户向酒店申请食宿服务并支付相应的费用，客户不需要回报酒店，酒店的客户之间也并没有过多联系。而 P2P 模型类似于沙发冲浪（Coach-Surfing），每位冲浪客既可以根据他人的请求将自己的住处无偿分享给他人，又可以向其他沙发客申请免费住处。在这种规则下，参与者彼此直接建立联系，每一位提供食宿者也为享用食宿者。

当然，有一些应用结合了服务器—客户端模型和 P2P 模型的特点，如让服务器和客户端交互一些管理类或监控类的消息，但客户端之间交换通信数据时并不经过服务器转发。

接下来，我们会选取一些大多数用户使用的传统应用，对相关协议进行介绍。

8.3　常见应用层协议和服务

应用层协议常常是网络应用的组成部分之一，相信很多读者曾经听说甚至频繁地使用过其中的一些协议。因此，我们选取几个常用且重要的协议，分别对它们定义的通信标准进行介绍，其中主要包括消息类型、消息的发送和响应规则等方面的标准。

8.3.1　远程访问应用

网络设备的管理方式分为本地管理和远程管理两种，其中远程管理是穿越数据网络向网络设备的数据接口发送管理数据，以实现对网络设备的管理。显然，管理设备与被管理设备在穿越数通网络进行通信的过程中，必须遵守一些通信规则，这类通信规则可以分为远程访问协议或远程管理协议。我们对远程管理设备时最常用的两种协议进行介绍。

1. Telnet 协议

在实际工作中，除了个别无法远程管理设备的情形（如设备处于出厂设置）外，人们多会采用远程管理的方式管理设备的配置文件和系统文件。相比于本地管理，远程管理的利好显而易见，它不仅可以省去人们的通勤之需，让任何一位连接 IP 网络的人员能够对处于几千千米外的设备进行操控；还可以省去管理员在同时管理多台设备时频繁插拔线缆、设置终端之繁，让每位管理员可以通过一个窗口同时管理大量的网络设备。

Telnet 协议定义了一台设备穿越 IP 网络向远程设备发起明文管理连接的通信标准，管理员可以在一台设备上通过 Telnet 协议与一台远程设备建立管理连接，并对远程设备实施配置和监测，这种方式带来的体验与管理员在本地管理设备别无二致。在上述环境中，发起管理的设备为 **Telnet 客户端**，被管理的设备为 **Telnet 服务器**。因此，**Telnet 协议也是一个典型的服务器—客户端模型的应用层协议**。

目前，**Telnet 协议通过传输层的 TCP 在管理设备与被管理设备之间建立端到端的连接**，通过这条连接向服务器提供用户名和密码并发送命令。在通信的过程中，**Telnet 协议只需要在客户端和服务器之间建立一条 TCP 连接，无论用户名、密码还是命令均通过这条连接发送**。另外，**Telnet 协议使用的是 TCP 23 端口**，这表示客户端在发起 Telnet 连接时，默认连接服务器的 **TCP 23 号端口**。

Telnet 协议的工作原理如图 8-3 所示。

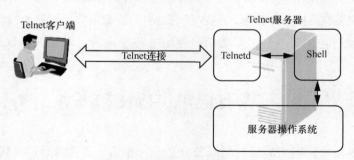

图 8-3　Telnet 协议的工作原理

当管理员在 Telnet 客户端中输入命令后，这些命令会通过此前建立的端到端连接发送给在 23 号端口监听客户端请求的守护进程 Telnetd，守护进程再将命令发送给操作系统提供给用户操作设备的接口 Shell，由 Shell 将命令以操作系统可以执行的方式加以解释，然后操作系统就会执行管理员发出的命令。接下来，操作系统会按照与上述步骤相反的顺序，将命令执行的结果返回给 Telnet 客户端，管理员就看到了命令执行后的提示信息。这就是客户端与服务器通过 Telnet 协议，使管理员能够跨越公共网络，直接对服务器操作系统的 Shell 下达命令的过程。

Telnet 协议实现了远程命令传输，管理员完成了对不在本地的设备的管理。但 Telnet 协议存在安全隐患。Telnet 客户端和 Telnet 服务器之间需要跨越的公共网络是一个不可靠的环境，其中的其他用户完全可以在命令传输的过程中截获包含 Telnet 用户名和密码在内的通信数据，并且通过截获的用户名和密码完成 Telnet 服务器的身份认证，登录设备对其配置文件进行修改，如图 8-4 所示。

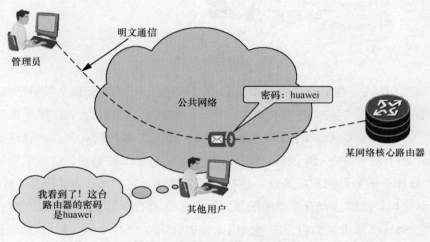

图 8-4　Telnet 协议存在安全隐患

目前，我们不推荐在实验室以外的环境中，通过 Telnet 协议远程管理设备。若经过公共网络远程管理设备，应尽量借助一种定义了管理设备与被管理设备之间如何通过加密数据完成管理通信的规则。

2. SSH 协议

SSH 协议全称为安全外壳（Secure Shell）协议，定义它是为了取代缺乏机密性保障的远程管理协议，**SSH 通过对通信内容进行加密的方式，为管理员提供了更加安全的远程登录服务。**显然，由于 SSH 客户端和 SSH 服务器之间传输的通信内容是密文而非明文，因此即使信息在传输过程中被中间人截取，由于无法解密，中间人还是无法了解通信的真正内容，这就是 SSH 协议的安全保护，如图 8-5 所示。

最新版本的 SSH 协议是 SSHv2，当一台 SSHv2 客户端希望通过 SSHv2 协议远程登录 SSHv2 服务器时，需要先与 SSHv2 服务器建立一条基于 TCP 的加密信道，建立这条信道的方式是让 SSHv2 客户端使用服务器的 RSA 公钥验证 SSHv2 服务器的身份。因此，在 SSHv2 客户端向 SSHv2 服务器发起 SSHv2 连接前，SSHv2 服务器需要生成可以供 SSHv2 客户端进行认证的公钥。

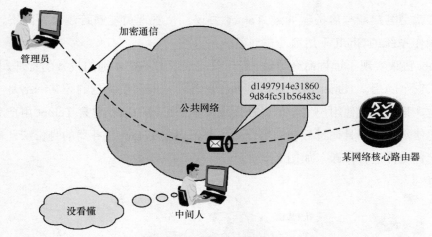

图 8-5　SSH 协议的安全保护

接下来的问题是，当 SSHv2 客户端需要通过 RSA 公钥验证 SSHv2 服务器的身份时，它是如何获得 RSA 公钥的？答案有两个：第一，RSA 公钥可以由 SSH 服务器在 SSHv2 客户端第一次向自己发送 SSHv2 连接时提供给 SSHv2 客户端；第二，管理员可以在 SSHv2 客户端上使用命令 **ssh client assign** 手动指定 SSHv2 服务器的公钥名称，并指定该公钥与 SSHv2 服务器的对应关系。这样一来，SSHv2 客户端在首次连接 SSHv2 服务器并进行认证时，能够依据管理员的配置，认为这台 SSHv2 服务器是能够信赖的，并且根据公钥与 SSHv2 服务器的对应关系使用正确的公钥对 SSHv2 服务器进行认证。

如果 SSHv2 客户端成功验证了 SSHv2 服务器的身份，它们之间就会创建一个会话密钥，并且用双方在加密信道中协商出来的加密算法和会话密钥，对使用这个信道传输的数据进行加密。至此，两台终端设备之间就建立了一条安全的信道，当 SSHv2 客户端登录 SSHv2 服务器时，可以通过这条安全信道发送自己的密码，让 SSHv2 服务器认证自己的身份。此时，管理员已经不必担心不可靠网络中的用户获取到自己登录 SSHv2 服务器的密码，因为密码在安全信道中是以密文的形式进行传输的。SSH 协议通过这种方式建立加密信道，确保服务器，也就是被管理设备的 Shell 免遭不速之客操作。

8.3.2　网络管理应用

很多应用层协议广为用户所知，因为用户在日常上网活动中会大量使用与这些协议有关的应用程序，这类应用层协议称为终端用户应用（End-User Application）协议；还有一些应用层协议在网络中的应用同样广泛，但没有技术背景的用户对它们少有耳闻，最多只是在网络无法正常使用时才会意识到它们的存在，因为这类协议提供的服务常常与网络完成某些基本操作有关，这类应用层协议称为系统应用（System Application）协议。

下面我们介绍两个技术人员在日常工作中经常使用的系统应用协议。

1. DHCP

在一个 IP 网络中，各个终端设备 IP 地址的网络位必须一致，而它们的主机位又必须不同。由于没有制造商能够提前判断自己生产的设备会被部署到哪个网络，而且很多设备（尤其是移动设备）在使用过程中有可能先后连接不同的网络，因此 IP 地址只能在每次连接一个新的网络时进行配置。

然而，每连接一个新网络就需要配置新的 IP 地址，这无疑会增加技术人员的工作量。技术人员被迫进行大量技术含量十分有限的重复劳动，并随时记录当前 IP 地址的使用情况，以免给不同的设备配置相同的 IP 地址。在规模越大的局域网中，人工操作越容易失误，从而出现网络故障。通过一台服务器动态地给连接到网络的终端设备配置地址，就可以避免上述问题，实现终端设备在网络中的即插即用。动态主机配置协议（Dynamic Host Configuration Protocol，DHCP）及其前身 BOOTP 正是为此目的而定义的协议。

DHCP 的工作流程可以总结为 5 个步骤。

步骤 1　由于刚刚连接网络的 DHCP 客户端既没有 IP 地址，也不知道 DHCP 服务器的 IP 地址，因此它会在本地网络中发送一条广播消息，希望有 DHCP 服务器应答，这个广播消息称为 DHCP 发现（DHCP Discover）消息。

步骤 2　如果网络中部署了 DHCP 服务器，那么它（们）会接收到 DHCP Discover 消息。于是，它（们）会用广播的形式向 DHCP 客户端做出响应，并在 DHCP 响应（DHCP Offer）消息中给 DHCP 客户端提供可用的 IP 地址。

步骤 3　DHCP 客户端如果准备接受（其中一台）DHCP 服务器的提议，那么它就会广播一条 DHCP 请求（DHCP Request）消息，请求使用（其中一台）DHCP 服务器通过 DHCP Offer 消息提供的 IP 地址。由于这是一条广播消息，因此网络中所有发送了 DHCP Offer 的 DHCP 服务器都会接收到 DHCP 客户端发送的 DHCP Request 消息。当然，只有其中一台 DHCP 服务器会发现 DHCP 客户端是在向自己请求使用 IP 地址，而其他 DHCP 服务器在发现 DHCP 客户端向另一台 DHCP 服务器请求使用 IP 地址后，就会将这条 DHCP Request 消息视为隐式的拒绝服务消息。

步骤 4　提供了 IP 地址的 DHCP 服务器在接收到 DHCP Request 消息后，如果发现对方请求的 IP 地址仍然可用，那么就会发送一条广播的 DHCP 确认（DHCP ACK）消息，目的是向 DHCP 客户端确认其请求的地址仍然可用。如果 IP 地址已经不可用，那么 DHCP 服务器就会广播一条 DHCP 否决（DHCP NAK）消息。

步骤 5　DHCP 客户端接收到 DHCP ACK 消息后，就会开始使用 DHCP 服务器确认的 IP 地址。至此，动态主机配置暂时告一段落。由于 DHCP 动态分配的 IP 地址往往有租期，因此 DHCP 客户端与 DHCP 服务器之后还会围绕 IP 地址续租周期性地进行通信。

为了完成上述步骤，DHCP 定义了图 8-6 所示的数据封装格式。

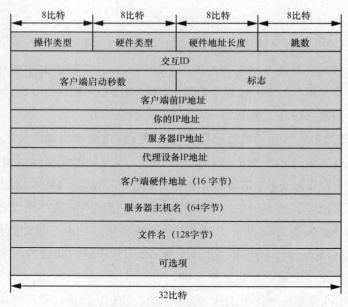

图 8-6　DHCP 定义的数据封装格式

操作类型字段的作用是标识这是由客户端发送给服务器的消息,还是由服务器发送给客户端的消息;交互 ID 字段的作用是让客户端判断服务器发来的响应消息与自己发送的请求是否对应及如何对应;长度可变的可选项字段,指明 DHCP 消息类型、子网掩码、默认网关等信息也会通过可选项字段发送。此外,如果 DHCP 客户端目前有一个正在使用的 IP 地址,这个地址就会出现在客户端前 IP 地址字段中,反之该字段取全 0 位;而 DHCP 服务器分配给 DHCP 客户端使用的 IP 地址会通过你的 IP 地址字段发送给 DHCP 客户端。

在此必须指出,DHCP 是一个操作原理相对复杂,但又十分常用的协议。本小节对 DHCP 的介绍仅停留在最简单的层面,尚有大量关于 DHCP 操作原理和使用环境的内容并没有谈到。比如,DHCP 客户端和 DHCP 服务器在交互的过程中,如何封装数据包的源和目的 IP 地址,以及数据帧的源和目的 MAC 地址;多台 DHCP 服务器是如何通过 DHCP 客户端发送的广播 DHCP Request 消息,判断 DHCP 客户端在向哪台 DHCP 服务器请求 IP 地址;如何让网络设备协助 DHCP 客户端,解决 DHCP 客户端所在的本地网络中没有 DHCP 服务器的问题等。

2. DNS 协议

网络中的一台设备可以通过其 IP 地址被唯一地标识出来。这就意味着两台设备要想通信,需要使用对方的 IP 地址相互建立联系。

然而,IP 地址不但不便于记忆,而且并不会绑定一台设备,它经常因为设备所处网络的变化而迁移。从这个角度来看,使用 IP 地址访问一台设备无异于使用手机号码代替人的姓名充当人的称谓,不仅记忆起来十分困难,而且姓名和手机号码难免会出现张冠李戴的情况。对此,最好的做法是让主机名与地址相互独立,就像人们用联系人名册将姓名和手机号码记录下来一样，在主机名和地址之间建立对应关系。

在 ARPAnet 的年代，网络规模相当有限，主机名与地址的映射关系保存在一份随时更新的 TXT 文件中，由互联网信息中心对该文件进行统一更新，其他联网设备则定期从互联网信息中心的站点将这份名为 hosts.txt 的文件下载到本地，以取代原来的文件。

然而，随着网络规模的扩大，这种方式遇到了严重的瓶颈，主要表现在以下两个方面。

① 随着联网设备的增多，主机名冲突的概率越来越大，当务之急是通过类似邮政地址的分层方式规范主机名，因为在分层地址方案中，两条名称相同的街道（如不同城市的南京路），可以通过上级的城市名进行区分，街道名称冲突并不影响寻址。

② 网络规模的扩大使需要管理的文件越来越多。不仅如此，计算机变更地址的情况也越来越频繁。因此，由一家机构统一对映射文件采用集中式管理的做法明显已经不合时宜。

虽然用 DNS 代替集中管理后，主机命名分层结构才被推出，但是为了保证叙述逻辑清晰，我们首先介绍主机命名的分层机制。

在主机命名的等级中，每一级名称为一段，段与段之间用英文的句号分开，最重要也最笼统的分段是最右边的一段，而最左边的一段则是最具体的主机名。最右边的一段被定义为顶级域，获得顶级域需要向 ICANN 提出申请。顶级域或表示行政区域（如以区域代码表示不同国家和地区），或表示机构职能（如以不同简称表示政府、教育、非营利机构等）。常见的顶级域有以下几个。

① com 表示商业机构。

② edu 表示教育机构。

③ gov 表示政府机构。

④ cn 表示中国。

⑤ ch 表示瑞士。

⑥ fr 表示法国。

当一家机构希望在顶级域注册一个域名时，它需要凭借自己希望使用的二级域名向拥有该顶级域名的机构申请（如华为可以向拥有 com 域名的机构申请使用 huawei.com），一旦申请通过，申请方还可以根据使用需要，在二级域名下添加更多层级的域名（如华为在获得 huawei.com 使用权后，可以根据需要添加 consumer. huawei.com、e.huawei.com、developer. huawei.com 等更多的域名）。这就是采用分层地址有效避免主机名冲突的解决方案。

当然，所有域名不可能都存储在一台或几台固定设备上。原则上，拥有某一级域名的机构会记录向哪个 IP 地址查询下一级域名，和/或记录下一级域名与 IP 地址之间的对应关系。如果延续上面例子的思路，那么拥有 huawei.com 域名的机构，负责通过专用的 DNS 服务器向查询者提供应该向哪个 IP 地址查询 consumer.huawei.com、e.huawei.com、developer.huawei.com 等域名（这类将域名映射为其他 DNS 服务器的记录称为 NS 类记录），或者这些域名对应的 IP 地址（这类将域名直接映射为对应 IP 地址的记录称为 A 类记录）。而顶级域名（也就是第 1 级域名）的查询则由根服务器提供。

综上所述，DNS 旨在为终端设备提供与解析域名有关的服务。理论上，当一台设备需要与 e.huawei.com 通信时，需要向根 DNS 服务器发送 DNS 查询消息。DNS 根服务器经过查询向 DNS 客户端返回记录，指出应该向拥有 com 域名的机构查询，以及该机构 DNS 服务器的 IP 地址。于是，DNS 客户端继续向拥有 com 域名的 DNS 服务器发送 DNS 查询。该服务器经过查询向 DNS 客户端返回记录，指出应该向拥有域名 huawei.com 的机构查询，以及该机构 DNS 服务器的 IP 地址。而当 DNS 客户端继续向 DNS 服务器发送查询时，该服务器发送的记录会指出 e.huawei.com 对应的 IP 地址。在获得 IP 地址之后，DNS 客户端就可以与该域名对应的主机通信了。

遗留的问题是，客户端是如何知道谁是根服务器、如何访问根服务器的。

理论上，每台客户端要有除了域名查询系统外的方式获得根服务器的信息。但是在实际环境中，常见的做法是在网络中部署本地服务器，并设置关于根服务器的记录。网络中的客户端都向本地服务器查询域名，本地服务器在接收到查询后，代替客户端向根服务器发送查询。这样做既可以避免根服务器出现变动对大量客户端造成影响，又可以让本地服务器有机会将一部分其他服务器发送的应答缓存下来。于是，若本地的其他客户端再发起相同的查询，本地服务器就可以立即进行应答了。

8.3.3 Web 应用

万维网（World Wide Web，WWW）建立了一个将互联网上的设备相互连接在一起，并将这些设备的内容以文本及其他与文本相关的形式展现给网络参与者的框架。万维网的出现不仅大大简化了互联网的操作难度，还极大地丰富了互联网中的信息，成为互联网走出研究机构，步入千家万户的一大功臣。这让万维网一时间成为互联网的代名词。

然而，万维网的实现并不简单，至少需要人们对以下 3 个层面的问题给出回答：

① 如何对展现超文本的页面进行创作和排版；

② 如何向访问者描述页面的所在位置；

③ 访问者和拥有页面的设备之间如何传输页面（所包含的信息）。

最终，这 3 个问题分别通过 HTML、URL 和 HTTP(S)得到了解决。其中，HTML 规范了页面的表示方式，URL 描述了被访问资源的具体位置，而 HTTP(S)则定义了两台设备之间交互网页信息的流程。下面我们介绍 HTTP 和 HTTPS 这两个互联网应用中不可或缺的应用层协议。

1. HTTP

HTTP 提供的服务是在 HTTP 客户端和 HTTP 服务器之间传输信息。 在可以通过 HTTP 传输的各类信息中，最广为人知的是通过 HTTP 传输 Web 提供的超文本信息。

即使是对网络技术知之甚少的用户，大多也听过 HTTP。这要归功于 URL 标识页面的方式中包含了协议、页面所在设备的域名及文件路径三大要素，因此用户在通过 URL 指明要访问的页面时，时常会看到或者需要主动指明用来访问页面的协议为 HTTP。典型的 URL 如：http://www.xxxx.org/ index.html。

HTTP 运行于 TCP 之上，HTTP 访问默认使用 TCP 80 端口，由 TCP 为 HTTP 传输信息提供可靠性保障及拥塞管理等服务。因此，客户端和服务器在通过 HTTP 传输信息之前，需要建立 TCP 连接。根据最初版本的 HTTP，即 HTTP 1.0 的定义，当 TCP 连接成功建立后，客户端只能向服务器发送一次 HTTP 请求消息，当服务器用被请求的内容对该消息做出响应后，这条 TCP 连接就会断开。如果双方还需要传输其他信息，则需要重新建立 TCP 连接。在那个 Web 页面基本只包含文本信息的年代，这种做法似乎并无不妥之处。但是当 Web 页面发展到需要调用大量文字以外的对象，甚至一个 Web 页面中包含数十个对象时，针对同一个页面中的每个传输对象单独建立 TCP 连接的做法就显得相当浪费了。也就是说，HTTP 1.0 采用的做法是要求送餐人员为每一件商品单独送货。如果客户每次只购买一件商品，这种做法可以有效地完成工作。但是如果客户的每个订单都包含多件商品的话，这种做法导致的送餐延迟和成本增加就会清晰地显露出来。

因此，更新的 **HTTP 1.1 开始支持持续连接，即客户端和服务器之间成功建立 TCP 连接后，可以复用这条连接发送多个请求—响应消息，甚至客户端可以在前一个请求尚未收到响应消息之前就发送下一个请求消息。**这样一来，建立 TCP 连接增加的开销就分担到所有通过这个连接发送的消息上。这样的做法与送餐做法吻合，即同一个订单中的商品一起发货。两个版本的 HTTP 工作方式的比较如图 8-7 所示。

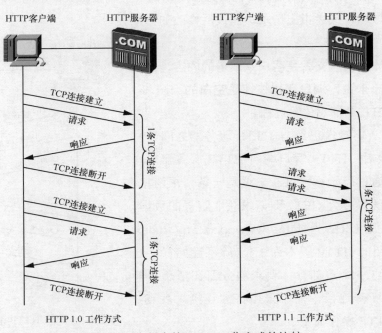

图 8-7　两个版本的 HTTP 工作方式的比较

注释:

由于使用 HTTP 1.1 进行通信的 HTTP 客户端和 HTTP 服务器并不知道 TCP 连接应该持续多久,因此 HTTP 服务器需要设置一个时间间隔,指定一段时间没有接收到 HTTP 请求消息的连接应当断开。对于 HTTP 服务器而言,与一台 HTTP 客户端长期保持 TCP 连接却并不传输消息同样会消耗大量资源。

根据图 8-7 可以看出,**HTTP** 定义了以下两种消息。

① 请求消息:客户端通过这种消息向服务器发送请求。

② 响应消息:服务器通过这种消息向客户端响应请求。

无论请求消息还是响应消息,都由起始行、零到若干个消息首部行和消息实体组成。其中起始行(**START_Line**)既是一条请求消息也是一条响应消息。如果这是一条请求消息,那么起始行还会指明这条消息请求的操作(如获取某个页面)、这个操作针对的页面(如获取页面的 URL)及 HTTP 的版本(如 HTTP 1.1);如果这是一条响应消息,那么起始行则会声明 HTTP 的版本、一个表示请求结果的三位代码(如 404)和给出请求结果的原因(如 Not Found)。

首部行(**MESSAGE_HEADER**)的作用是指出请求消息或响应消息的某些选项或者参数。如请求消息中的首部行可以要求服务器,页面只有在某个时间点后被修改过才做出响应;或者要求服务器不要针对这次消息传输采用持续连接,而是在消息传输结束后立即中断 TCP 连接。响应消息中的首部行可以向客户端指出其请求的页面目前已经迁移到另一个域名,或者指出请求页面最后修改的日期和时间等。

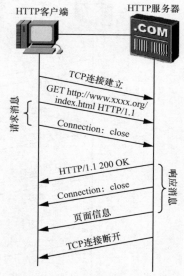

图 8-8　一次 HTTP 消息传输过程

消息实体顾名思义就是客户端请求的内容,因此对于请求消息来说,消息实体往往是空白的。图 8-8 所示为一次 HTTP 消息传输过程。

当 HTTP 客户端已经与 HTTP 服务器之间建立了 TCP 连接后,HTTP 客户端向 HTTP 服务器发送一条消息,通过起始行可以看出这是一条请求消息,因为要执行的操作为 GET,即请求获取网页的数据,要读取的网页 URL 为 http://www.xxxx.org/ index. html,且使用的 HTTP 版本为 1.1。除了起始行,这条消息还包含一个首部行,要求服务器在消息传输结束后立即断开连接,而不采用持续连接。表 8-1 为常见的 HTTP 操作命令。

表 8-1 　　　　　　　　　　　　　常见的 HTTP 操作命令

HTTP 操作命令	解释
GET	读取页面
HEAD	读取页面头部
POST	向服务器传输附加信息
PUT	写入页面
DELETE	删除页面
CONNECT	通过代理连接
TRACE	将客户端发送的请求发回
OPTIONS	请求可用选项的信息

于是，HTTP 服务器根据 HTTP 客户端请求做出响应。通过该消息的起始行可以看出这是一条响应消息，其中包含 HTTP 的版本为 1.1，三位代码 200 表示请求成功，OK 表示请求已被接收。同样，HTTP 服务器发送的响应消息中也包含了首部行，表示消息传输后 TCP 连接即会断开。这个消息中后面的内容就是 HTTP 客户端请求的页面信息。表 8-2 为常见的 HTTP 三位代码。

表 8-2 　　　　　　　　　　　　　常见的 HTTP 三位代码

HTTP 三位代码	解释
200	成功：OK
202	成功：已接收
301	重定向：永久迁移
400	客户端错误：错误请求
404	客户端错误：未找到
502	服务器错误：错误网关
503	服务器错误：服务不可用

由于请求消息添加了一个首部行，要求 HTTP 服务器在消息传输结束后断开 TCP 连接，因此在页面信息传输完毕后，TCP 连接立即断开。

2．HTTPS

最初，Web 页面只用于发布信息，因此 HTTP 没有提供任何安全保护措施。随着 Web 被广泛应用于交易，为了保护交易信息不被窃取或篡改，同时保障交易双方不是冒名顶替的不法之徒，给 Web 交易提供安全防护就顺理成章地成为当务之急。

于是，当年主流的浏览器厂商网景（Netscape）设计了安全套接字层（Secure Socket Layer，SSL），并一直更新到第 3 版。1996 年，网景公司将 SSL 移交给 IETF，标准化后的 SSL 称为传输层安全（Transport Layer Security，TLS）。这里必须指出的是，SSLv3 和 TLS 之间的差别不大，但它们并不互相兼容。目前大多数浏览器可以同时支持 SSL 和 TLS。

网景公司在开发 SSL 时，便意识到并不只有 Web 交易存在安全防护方面的需求。为了将安全防护机制设计得更具普适性，网景公司采取的策略是在（TCP/IP 模型的）传输层和应用层之间插入新的一层，这一层称为 SSL，其作用是在为应用层协议保障 TCP 功能的基础上，提供额外一层的机密性、完整性及认证保障。基于 SSL 使用 HTTP 时，就称使用的是安全 HTTP，也就是 HTTPS。为了进行区分，**客户端在发起 HTTP 连接时默认会连接服务器的 TCP 80 端口，而发起 HTTPS 访问时则往往连接服务器的 TCP 443 端口**。

SSL/TLS 与分层模型如图 8-9 所示。

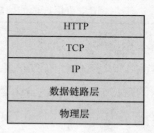

图 8-9　SSL/TLS 与分层模型

当客户端希望通过 HTTPS 与服务器交互信息时，双方需要在传输层建立 TCP 连接。在 TCP 连接建立后，接下来是建立 SSL 连接。

SSL 连接的建立过程如图 8-10 所示，可以简单概述为以下 3 步。

步骤 1　HTTPS 客户端向 HTTPS 服务器发送自己使用的 SSL 版本和一个自己随机生成的临时值 A，并按照从优选到次选的顺序将自己支持的算法组合（包括加密算法、压缩算法等）发送给 HTTPS 服务器，这个消息称为 SSL Hello 消息。HTTPS 服务器接收到这条消息后，向 HTTPS 客户端发送自己支持的 SSL 版本，自己选择的算法组合和一个自己随机生成的临时值 B。与此同时，HTTPS 服务器将包含自己公钥的证书发送给 HTTPS 客户端，这个证书通常拥有证书授权中心（Certificate Authority，CA）的签名，这是为了让 HTTPS 客户端可以认证自己的身份。发送这两条消息之后，HTTPS 服务器通过第 3 条消息通知 HTTPS 客户端，自己已经发送了上述两条响应消息。

步骤2　HTTPS 客户端在接收到上面 3 条消息之后，随机生成一个预主密钥（Premaster Key），将其用 HTTPS 服务器的公钥加密后发送给 HTTPS 服务器。此后双方需要通过一个公开的算法计算用来加密数据的密钥，这个算法需要的参数包括预主密钥，以及 HTTPS 服务器、HTTPS 客户端此前随机生成的临时值 A 和 B。由于预主密钥是用 HTTPS 服务器的公钥进行加密的，因此 HTTPS 服务器在接收到消息后，可以使用自己的私钥将预主密钥解密出来。这样一来，HTTPS 客户端和 HTTPS 服务器就同时拥有了计算加密数据的密钥所需的 3 个参数。换言之，双方此时都可以计算出加密数据所需的密钥了。因此，HTTPS

客户端发送另一条消息，要求 HTTPS 服务器改用新密钥加密消息。最后，HTTPS 客户端通知 HTTPS 服务器，自己用于建立 SSL 连接的全部消息已经发送完毕。

步骤 3 HTTPS 服务器对 HTTPS 客户端发送的最后两条消息进行确认。

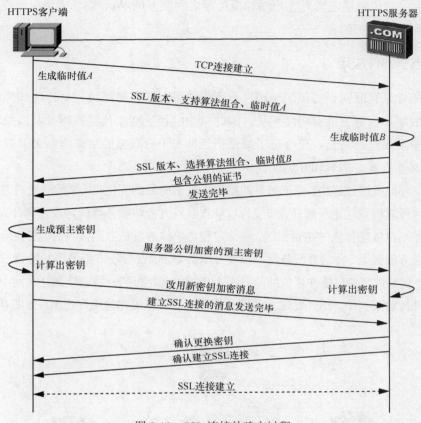

图 8-10 SSL 连接的建立过程

自此，SSL 连接成功建立。

一旦 SSL 连接建立，不仅代表 HTTPS 客户端已经认证了 HTTPS 服务器的身份，而且表示 HTTPS 客户端和 HTTPS 服务器双方已经安全地交换了密钥，并以该密钥加密后续消息。

此后，当浏览器需要传输消息时，SSL 首先将要传输的消息分成很多单元，有时还会对这些单元分别进行压缩。然后将这些单元与主密钥共同执行散列运算，运算的结果，即消息认证码附加在单元的尾部。最后使用主密钥对各个单元与消息认证码进行加密并交给传输层进行传输。当对端接收到浏览器发来的消息时，首先用主密钥对消息进行解密，然后对不包含消息认证码的数据部分与主密钥执行散列运算，对比运算结果是否与单元尾部附带的消息认证码相同。如果相同，则代表这组数据与传输之前一致，数据并没有在传输过程中被更改。

有一点需要指出，那就是我们仅要求读者了解 HTTPS 的基本原理，不要求细致地掌握其通信流程。从这个角度出发，我们对 HTTPS 通信过程中的一部分流程进行了简化，实际的过程比图 8-10 所示的过程更加复杂。但总体而言，SSL/TLS 就是通过上述方法，在应用层和传输层之间对客户端和服务器之间交互的 Web 消息提供机密性保护、身份认证和完整性保护的。

8.3.4　电子邮件应用

电子邮件是互联网最传统的应用之一，最初只用于科研领域。与传统邮件相比，电子邮件在效率和价格上拥有明显优势，因此自 20 世纪 90 年代互联网普及以来，电子邮件的使用量呈爆炸式增长。至今电子邮件仍然拥有十分旺盛的生命力，大多数单位需要通过电子邮件洽谈、部署和开展工作。

在几十年的发展过程中，电子邮件的架构出现了明显的变化，从原始的发送方计算机直接向接收方计算机发送电子邮件，演变为目前收发双方依赖服务器代为收发邮件。电子邮件的通信可以不再依赖接收方是否在线，通信过程由单纯的发送方到接收方，演变为发送方计算机与发送方服务器、发送方服务器与接收方服务器，以及接收方服务器与接收方计算机的三段式。不仅如此，参与邮件通信的四方都不直接相连，而是分别连接到互联网中。在当前的电子邮件传输架构中，邮件发送方和接收方使用的计算机称为用户代理，如图 8-11 所示。

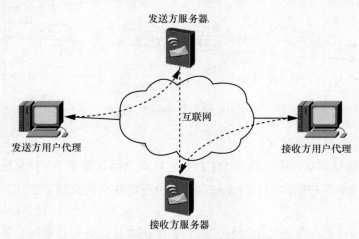

图 8-11　当前的电子邮件传输架构

我们介绍两个电子邮件相关协议的工作原理。

1. SMTP

简单邮件传送协议（Simple Mail Transfer Protocol，SMTP）由收发邮件双方的服务器执行，它定义了如何将邮件以数据的形式从发送方服务器发送到接收方服务器，而不是使用用户代理和服务器之间的通信方式。因此，SMTP 在邮件通信架构中的作用如图 8-12 所示。

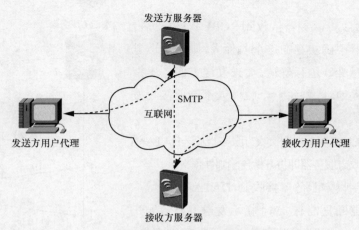

图 8-12　SMTP 在邮件通信架构中的作用

注释：

　　在实际使用中，发送方用户代理与发送方服务器之间采用的协议常常也是 SMTP。为了简化后文中关于 SMTP 操作流程的介绍，突出该协议的主要服务，本书不对这部分通信的定义进行介绍。

　　SMTP 也是一种基于 TCP 的应用层协议，它使用的是 TCP 25 号端口。当一台服务器需要向另一台服务器发送邮件时，它首先向对方的 TCP 25 端口发起一条连接，然后利用这条连接发送控制消息与数据。SMTP 消息传输过程可以总结为以下几步，如图 8-13 所示。

　　步骤 1　接收方服务器主动向发送方服务器发送消息 220，告知发送方服务器已经就绪，可以开始接收消息。也就是说，TCP 连接建立后，发送方服务器会等待接收方服务器发送 220 消息，如果没有接收到这条消息，发送方服务器就会断开连接，稍后再与接收方服务器建立连接。

　　步骤 2　发送方服务器接收到接收方服务器发来的就绪消息后，向接收方服务器发送 HELO，即 Hello 消息。

　　步骤 3　接收方服务器接收到 Hello 消息后，向发送方服务器回复消息 250，表示接收方服务器接收到来自发送方服务器的消息，确认可以接收发送方服务器请求的命令。

　　步骤 4　发送方服务器向接收方服务器发送 MAIL FROM 消息，提供这封电子邮件的发送方地址。

　　步骤 5　接收方服务器接收到 MAIL FROM 消息后，向发送方服务器回复消息 250 进行确认。

　　步骤 6　发送方服务器向接收方服务器发送 RCPT TO 消息，提供这封电子邮件的接收方地址。在这一步中，发送方服务器如果指定了多个收件人地址，则需要将每个收件人地址单独向接收方服务器发送 RCPT TO 消息。

步骤 7 接收方服务器接收到 RCPT TO 消息后，如果发现服务器中确实存在这个收件人，则向发送方服务器回复消息 250 进行确认。如果发送方服务器指定了多个收件人地址，则每一个收件人都需要接收方服务器分别确认。

步骤 8 发送方服务器向接收方服务器发送 DATA 消息，旨在通知接收方服务器即将开始传输邮件正文。

步骤 9 接收方服务器接收到 DATA 消息后，向发送方服务器回复消息 354，指示发送方服务器开始发送邮件正文，且以"."作为邮件正文的结束符。不过，即使邮件正文中包含这个字符，服务器也可以判断出哪个"."是正文的结束符。

上述 9 个步骤称为 SMTP 握手阶段。

步骤 10 发送方服务器开始发送邮件正文，且以"."结束邮件正文。

步骤 11 接收方服务器接收到结束符后，向发送服务器回复消息 250 进行确认。

步骤 12 发送方服务器向接收方服务器发送 QUIT 消息，请求断开连接。

步骤 13 接收方服务器接收到 QUIT 消息后，向发送方服务器回复消息 221，表示服务已结束，正在断开连接。

SMTP 逻辑相当简单，足以顺利完成邮件的传输工作，但在 SMTP 诞生的年代，网络带宽不高、网络的安全隐患不突出，因此 SMTP 难免存在一些难以满足时代发展要求的缺陷，如：

① SMTP 是以明文的形式传输邮件的，它没有提供任何可以为数据传输加密的机制，用户信息的机密性无法得到保障；

② SMTP 没有提供任何认证机制，因此即使发送方服务器使用了伪造的发送方地址也不会被发现，这显然给不法之徒提供了冒名顶替的机会。

为了解决 SMTP 涌现出来的问题，IETF 定义了扩展的（Extended）SMTP，即 ESMTP。如果发送方服务器希望通过 ESMTP 向接收方服务器发送邮件，那么发送方服务器会在握手阶段的第 2 步向接收方服务器发送 EHLO 消息。接收方服务器会根据自己是否支持 ESMTP 判断是否接收该消息并返回消息 250 进行确认。如果接收方服务器拒绝该消息，发送方服务

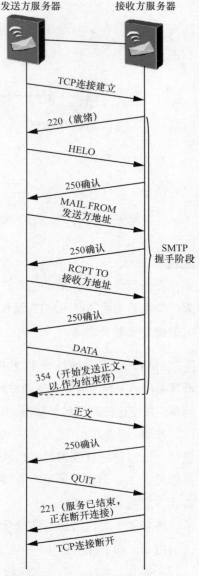

图 8-13　SMTP 消息传输过程

器就会继续采用原 HELO 消息与接收方服务器建立 SMTP 连接。如果接收方服务器接受该消息，它会通过响应消息向发送方服务器提供自己支持的扩展功能，发送方服务器则可以有选择地使用这些功能。ESMTP 提供的扩展功能包括在邮件消息传输中引入 TLS 等。

在邮件传输的过程中，SMTP/ESMTP 定义了从发送方服务器到接收方服务器的传输方式。接收方服务器接收到发送方服务器发送的电子邮件后，接收方用户代理如何通过互联网从服务器上访问邮件则需要由其他的协议定义。

2．POP3

电子邮件通过 SMTP 从发送方服务器到达接收方服务器后，接下来的问题就是如何让接收方用户代理访问和管理电子邮件。一部分用户习惯使用 Web 浏览器通过 HTTP 访问和管理自己服务器中的邮件，另一部分用户则更喜欢借助专门的客户端通过邮件访问协议访问服务器中的邮件。邮局协议版本 3（Post Office Protocol-Version 3，POP3）是一种比较传统，也相当简单的邮件访问协议。

POP3 和 SMTP 一样，也是基于 TCP 的应用层协议，它使用 TCP 110 端口连接服务器。POP3 的工作方式与 SMTP 极为类似，但比 SMTP 更加简单。作为 POP3 服务器的接收方服务器只会用两种消息作答：当一切正常时，用+OK 消息进行响应并执行命令；当命令出现问题时，用-ERR 消息做出回应。作为 POP3 客户端的接收方用户代理可以发送的命令也十分有限。

POP3 客户端与 POP3 服务器建立 TCP 连接后，就可以从 POP3 服务器获取邮件了。POP3 消息传输过程有以下几步，如图 8-14 所示。

步骤 1　接收方服务器向接收方用户代理发送+OK 消息，告知接收方用户代理已经就绪。

步骤 2　接收方用户代理向接收方服务器发送 USER 命令及自己的用户名。

步骤 3　接收方服务器向接收方用户代理发送+OK 消息。

步骤 4　接收方用户代理向接收方服务器发送 PASS 命令及自己的密码。

步骤 5　接收方服务器向接收方用户代理发送+OK 消息。

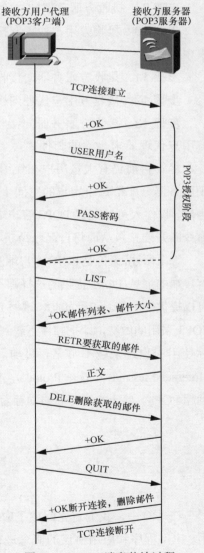

图 8-14　POP3 消息传输过程

上述 5 个步骤称为 POP3 授权阶段。完成上述步骤后，POP3 客户端即登录到 POP3 服务器，从而有权从 POP3 服务器中获取邮件。接下来，POP3 客户端通常会按照顺序向 POP3 服务器发送下列命令，以便有选择地下载邮件，并将邮件从 POP3 服务器中删除。

步骤 6 接收方用户代理向接收方服务器发送 LIST 命令，以获取邮箱中的邮件列表和每一封邮件的大小。

步骤 7 接收方服务器向接收方用户代理发送+OK 消息，同时提供包含每封邮件大小的邮件列表。

步骤 8 接收方用户代理向接收方服务器发送 RETR 命令，获取邮件列表中的某封邮件。

步骤 9 接收方服务器向接收方用户代理发送邮件正文。

步骤 10 接收方用户代理向接收方服务器发送 DELE 命令，将获取的邮件从邮件列表中删除。

步骤 11 接收方服务器向接收方用户代理发送+OK 消息。

步骤 12 接收方用户代理向接收方服务器发送 QUIT 命令，要求断开连接。

步骤 13 接收方服务器向接收方用户代理发送+OK 消息，断开连接，并删除接收方用户代理要求删除的邮件。

尽管目前仍有大量用户在使用 POP3，但这是最古老的邮件访问协议之一，它设计于服务器分配给每个用户的空间十分有限的年代，因此获取邮件并删除是最常见的做法。当然，收件人可以配置 POP3 客户端，不向 POP3 服务器发送 DELE 命令，直接发送 QUIT 命令断开连接，从而将自己已经获取的邮件继续保留在 POP3 服务器中。

综上所述，无论是 POP3 客户端发送给 POP3 服务器的命令，还是 POP3 服务器响应 POP3 客户端的消息，POP3 提供的选择都不多。这虽然大大简化了 POP3 的实现，但也限制了 POP3 可以提供的服务。正因如此，遵循 POP3 的客户端能够在服务器上执行的操作很少。此外，POP3 采用的做法，即把邮件下载到 POP3 客户端本地，而不保留在 POP3 服务器中，在实际使用中也越来越不常见。目前，使用更广泛的邮件访问协议是互联网消息访问协议（Internet Message Access Protocol，IMAP），它支持的操作远远多于 POP3，其复杂程度也远超 POP3。鉴于本书面向的读者为网络技术领域的初学者，因此不对 IMAP 进行说明。

8.4 本章总结

在本章中，我们首先回顾了应用层在网络模型中扮演的角色。然后，我们对网络应用、应用程序和应用协议的概念进行了辨析，并且概述了应用协议采用的两种通信模型。在 8.3.1 节中我们介绍了两种远程访问协议，并着重阐述了 Telnet 协议实现远程设备管理的原理，以及 SSH 协议是如何对远程管理访问提供加密的。8.3.2 节的内容同样与网络管理有关，我们首先从网络管理的客观需求出发，介绍了 DHCP 提供的服务，接下来逐步分析了通过 DHCP 获取 IP 地址的完整流程，并介绍了 DHCP 数据封装格式及其中的重点字段；在介绍 DNS 协议时，我们同样从需求出发，引出了 DNS 可以提供的服务，并介绍了通过 DNS 从各级 DNS 服务器解析域名的流程。在 8.3.3 节中，我们分别分析了两版 HTTP 是如何建立连接的，并进行了对比；介绍了 HTTP 定义的两种消息类型，并解释了 HTTP 建立连接，传输消息的过程。此外，我们还引出了 SSL/TLS 的概念，并介绍了通过 SSL 建立安全连接的过程，解释了 HTTPS 是如何实现安全 Web 消息传输的。关于 8.3.4 节，我们从当前电子邮件应用的架构出发，分别介绍了 SMTP 和 POP3 在架构中发挥的作用，并且详细分析了这两个协议传输邮件的过程。

8.5　练习题

一、选择题

1. 下列哪种应用层协议是基于 UDP 的？（　　　）

A．Telnet　　　　　　　B．DHCP　　　　　　C．SMTP　　　　　　　D．POP3

2. HTTPS 默认采用的端口为（　　　）。

A．TCP 80　　　　　　B．TCP 443　　　　　C．UDP 80　　　　　　D．UDP 443

3. POP3 的通信双方为（　　　）。

A．发送方用户代理和发送方服务器　　　　B．发送方服务器和接收方服务器

C．接收方服务器和接收方用户代理　　　　D．发送方用户代理和接收方用户代理

4. 下列哪个应用层协议的端口为 TCP 25？（　　　）

A．SSH　　　　　　　　B．Telnet　　　　　　C．SMTP　　　　　　　D．POP3

5. 下列哪些应用层协议与电子邮件应用有关？（多选）（　　　）

A．SMTP　　　　　　　B．HTTP　　　　　　C．POP3　　　　　　　D．IMAP

6. 下列哪种协议没有提供身份认证机制？（　　　）

A．SSH　　　　　　　　B．Telnet　　　　　　C．POP3　　　　　　　D．SMTP

二、判断题

1. 网络应用、应用程序和应用协议三者是可替换的同义表达。（　　　）

2. 如果服务器和客户端通过 HTTP 1.1 传输数据，TCP 数据连接就不会在传输完成后直接关闭。（　　　）

3. 由于 Telnet 无法对发起远程管理访问的用户进行认证，因此 Telnet 协议存在安全隐患。（　　　）

4. TLS 是网景公司将 SSL 移交 IETF 进行标准化的结果，两种协议差距不大，可以相互兼容。（　　　）

第9章
管理维护

9.1　远程管理设备

9.2　管理网络设备

9.3　本章总结

9.4　练习题

在第 2 章中，我们介绍了如何在本地通过连接 Console 接口或 AUX 接口的方式对网络设备发起管理。在第 8 章中，我们又介绍了 Telnet 和 SSH 这两个远程管理协议的原理。在本章中，我们不但会介绍如何实现对网络设备的远程管理，而且会通过演示实验对如何管理 VRP 文件系统、如何恢复网络设备密码进行详细介绍。

学习目标

- 理解 VTY 线路的作用；
- 掌握将网络设备配置为 Telnet 服务器的方法；
- 掌握将网络设备配置为 SSH 服务器的方法，以及使用 SSH 客户端的注意事项；
- 掌握如何管理 VRP 文件系统；
- 掌握如何备份和恢复网络设备文件系统中的文件；
- 掌握恢复设备密码的方法。

9.1　远程管理设备

使用本地管理设备一般是在某些特定环境下（如新设备上架配置）的权宜之计。在大多数情况下，管理员其实是通过网络远程连接设备来实施管理的。相比本地管理，远程管理的优势十分明显，包括以下几点。

① 管理员可以足不出户对位于不同地区的设备实施管理和监控。

② 管理员可以用一台终端同时登录多台设备。

③ 管理员只需通过逻辑的方式登录设备，无须为了连接不同设备插拔 Console 线缆、建立访问。

④ 有些远程管理方式可以将大量设备以网络为单位整合在一个人性化的配置管理和监控维护界面中。

因此，远程管理在实际工作中是更加主流的方式。

9.1.1　远程管理与 VTY 线路

在通过 Console 接口管理网络设备时，管理员需要通过客户端（也就是计算机安装的虚拟终端程序）连接路由器的 Console 用户终端接口。如果使用 Telnet 协议或 SSH 协议对网络设备执行远程管理，管理员则需要连接设备的 VTY 用户终端接口。

VTY 全称为虚拟类型终端（Virtual Type Terminal）。顾名思义，这类用户终端接口并不会像 Console 接口、AUX 接口或 Mini USB 接口那样集成在路由器面板上。VTY 不是实体接口，它们看不见也摸不着，是一种逻辑接口。尽管如此，使用 Telnet 协议或 SSH 协议穿越 IP 网络管理网络设备，都是在逻辑上通过 VTY 连接设备的。因此，正如当管理员需要对通过 Console 接口管理这台设备的操作进行设置（如修改 Console 接口连接的登录密码）时，需要进入 Console 接口进行配置一样，如果管理员要对通过 Telnet 协议或 SSH 协议远程管理这台设备的操作进行设置时，往往也需要进入 VTY 接口进行配置。

如果管理员想要进入设备的控制接口进行配置，那么无论其目的是进入物理的控制接口（如 Console）还是逻辑的控制接口（如 VTY），都要使用 **user-interface** 命令加上控制接口的编号进入对应的用户界面视图（User-Interface View）。例 9-1 为管理员在华为 AR2220 路由器 VRP 系统的系统视图中，查询 user-interface 命令可以提供的关键字选项时，获得的各类用户界面视图。

例 9-1　华为 AR2220 路由器提供的各类用户界面视图

```
[AR1]user-interface ?
  INTEGER<0,129-149> The first user terminal interface to be configured
  console            Primary user terminal interface
  current            The current user terminal interface
  maximum-vty        The maximum number of VTY users, the default value is 5
  tty                The asynchronous serial user terminal interface
  vty                The virtual user terminal interface
```

以上可以看出管理员管理这台设备的方式。对于这台设备而言，除了常规的 Console 和 VTY 两种设备管理方式，管理员还可以通过 TTY 管理设备。TTY 是一种通过异步串行接口连接网络设备并对其进行管理的方式。由于这种方式极少使用，这里不再赘述。

例 9-2 为管理员查询这台设备提供的 VTY 接口的编号。

例 9-2 查询 VTY 接口的编号

```
[AR1]user-interface vty ?
  INTEGER<0-4,16-20> The first user terminal interface to be configured
```

在关键字 **vty** 之后,管理员可以输入的数字为 0~4 和 16~20 的整数。也就是说,这台设备一共提供了 10 个 VTY 接口,它们的编号分别为 0、1、2、3、4、16、17、18、19 和 20,其中每个接口都可以为一位用户提供远程连接。因此,管理员可以根据实际需要,决定设置多少个 VTY 接口。设置多少个 VTY 接口,就相当于允许多少位用户同时通过 Telnet 或 SSH 协议对这台设备发起远程连接。

例 9-3 为管理员决定对这台设备的 0~4 号 VTY 接口进行设置,并进入这些接口的用户界面视图。

例 9-3 进入编号为 0、1、2、3、4 的 VTY 接口用户界面视图

```
[AR1]user-interface vty 0 4
[AR1-ui-vty0-4]
```

接下来就可以通过设置 VTY 接口,让用户通过 IP 地址对这台设备发起远程管理访问了。

9.1.2 Telnet 协议基础与配置

Telnet 协议是一个以 TCP 作为传输层协议的远程管理协议,它需要借助 TCP 建立可靠的传输连接。事实上,Telnet 协议的诞生比 TCP 还早 5 年。在 TCP 问世之前,Telnet 协议曾经用于设备的远程管理,只不过当时运行在 NCP 之上。Telnet 协议最初的设计目的是让管理员能够使用电传打字机这类简单的终端控制设备远程管理计算机。由此可以推断出,这种协议应该无法识别 GUI 和鼠标,通过它连接设备只能通过 CLI 的方式对设备实施管理,但它的配置应该比较简单。在本小节中,我们以 AR1 作为被管理设备(也就是 Telnet 服务器),AR2 作为管理设备(也就是 Telnet 客户端),演示如何对 AR1 进行配置,才能够在 AR2 上通过 Telnet 协议向 AR1 发起远程管理访问。

实际上,华为 VRP 系统集成了 Telnet 客户端进程,管理员只要在 VRP 系统的用户视图下输入关键字 telnet,并指明设备的 IP 地址,就可以发起 Telnet 连接。同时,华为 VRP 系统集成了 Telnet 服务器进程。但为了保障设备安全,在管理员没有为一台设备设置 VTY 认证方式的情况下,VRP 系统不会允许客户端向这台设备建立连接。

例 9-4 为管理员在没有设置 VTY 认证方式的情况下,直接从 AR2 向 AR1 发起 Telnet 访问,最终被 AR1 关闭连接。

例 9-4 没有设置 VTY 认证方式的 AR1 关闭了 AR2 发来的远程管理访问

```
<AR2>telnet 1.1.1.1
```

```
Press CTRL_] to quit telnet mode
Trying 1.1.1.1 ...
Connected to 1.1.1.1 ...

Don't support null authentication-mode.
The connection was closed by the remote host
<AR2>
```

虽然 AR2 可以 ping 通 AR1 的 GigabitEthernet 0/0/0 接口（它的 IP 地址就是 AR2 尝试连接的 1.1.1.1），但由于管理员没有在 AR1 的 VTY 用户界面视图下设置认证方式，因此 AR1 拒绝了 AR2 发起的 Telnet 连接。

管理员如果希望在 AR2 上通过 Telnet 协议向 AR1 建立远程管理访问，就需要在 VTY 用户界面视图下设置认证方式，见例 9-5。在 VTY 用户界面视图下，管理员需要使用命令 **authentication-mode** 设置 VTY 认证方式，管理员既可以使用密码（关键字 **password**），也可以通过 AAA（关键字 **aaa**）进行认证。这条命令的完整格式如下。

```
authentication-mode {password | aaa}
```

为了简便，我们在例 9-5 中以设置密码的方式提供认证。

例 9-5　设置 VTY 认证方式

```
[AR1-ui-vty0-4]authentication-mode password
Please configure the login password (maximum length 16):huawei
```

在设置密码认证方式之后，系统要求管理员输入密码，我们输入的密码为 huawei。

如果系统没有要求管理员输入密码，可以输入命令 **set authentication password simple**，并且在后面输入自己的密码，以此配置密码。

完成上述配置后，管理员可以回到 AR2，并再次尝试向 AR1 发起 Telnet 访问，见例 9-6。

例 9-6　发起 Telnet 访问

```
<AR2>telnet 1.1.1.1
Press CTRL_] to quit telnet mode
Trying 1.1.1.1 ...
Connected to 1.1.1.1 ...

Login authentication


Password:
<AR1>
```

输入 **telnet** 命令后，系统弹出 Login authentication（登录认证）要求，管理员需要输入 Password（密码）。在输入密码后，AR2 的管理员顺利登录 AR1。

注释：

在例 9-6 中，当用户登录另一台设备时，系统会提示 "Press CTRL_] to quit telnet mode"（要想退出 Telnet 模式，可以按 "CTRL+]"）。除了这种方法外，在通过 telnet 连接到另一台设备上之后，如果用户正在访问该设备的用户视图，那么只需输入 **quit**（或 **q**）就可以回到与 AR2 的会话中。

此时，如果 AR1 的管理员在系统的用户视图中输入命令 **display users** 查看当前设备中的用户，就会看到从 AR2 远程登录的用户，见例 9-7。

例 9-7 在 AR1 上查看当前设备中的用户

```
<AR1>display users
  User-Intf  Delay  Type   Network Address     AuthenStatus    AuthorcmdFlag
+ 0   CON 0   00:00:00                          pass
  Username : Unspecified

 129 VTY 0   00:02:32  TEL   1.1.1.2              pass
  Username : Unspecified
```

这条命令的输出信息清晰地显示出，目前 AR1 上的用户一个是通过 Console 接口（CON 0）连接设备的，还有一个是通过 VTY 编号 0 的接口连接设备的，且该用户的 IP 地址为 1.1.1.2。这说明 AR2 的管理员已经成功地连接 AR1。

不过，AR2 登录 AR1 后，AR2 的管理员发现一些 VRP 系统无法识别的常规的命令。如果输入 "？" 向系统查询可执行的命令，就会发现可执行的命令非常少，见例 9-8。

例 9-8 系统无法识别用户输入的命令

```
<AR1>system-view
         ^
Error: Unrecognized command found at '^' position.
<AR1>?
User view commands:
  display          Display information
  hwtacacs-user    HWTACACS user
  local-user       Add/Delete/Set user(s)
  ping             Ping function
  quit             Exit from current mode and enter prior mode
  save             Save file
  super            Modify super password parameters
  telnet           Open a telnet connection
  tracert          <Group> tracert command group
```

系统目前甚至无法识别进入系统视图的 **system-view** 命令。而且，通过 "？" 查询，发现系统可执行的命令只有 9 条最基本的命令。

出现上述现象是因为华为路由器的 VRP 系统默认只允许用户执行表 2-2 中的 0 级（访问级）命令。与设备在管理员没有设置认证方式时不允许连接一样，都是为了避免恶意的远程用户登录设备篡改配置。

如果 AR1 的管理员希望赋予用户更高的等级，可以在 VTY 用户界面视图下，通过命令 **user privilege level** 为通过 VTY 接口向 AR1 发起远程管理连接的用户修改命令等级。在例 9-9 中，管理员将用户的命令等级修改为 1。

例 9-9　修改用户的命令等级

```
[AR1-ui-vty0-4]user privilege level ?
  INTEGER<0-15>  Set a priority, the default value is 0
[AR1-ui-vty0-4]user privilege level 1
```

管理员在 **user privilege level** 命令后输入？，可以看到系统默认为用户赋予的命令等级为 0（the default value is 0）。在将命令等级修改为 1 后，当 AR2 的管理员再次通过 Telnet 连接 AR1 时，就会发现自己在系统视图下可执行的命令变多了，见例 9-10。

例 9-10　修改用户命令等级后，查看用户可执行的命令

```
<AR2>telnet 1.1.1.1
  Press CTRL_] to quit telnet mode
  Trying 1.1.1.1 ...
  Connected to 1.1.1.1 ...

Login authentication

Password:
<AR1>?
User view commands:
  arp-ping        ARP-ping
  backup          Backup  information
  clear           Clear
  cls             Clear screen
  debugging       <Group> debugging command group
  dialer          Dialer
  display         Display information
  help            Description of the interactive help system
  hwtacacs-user   HWTACACS user
  lldp            Link Layer Discovery Protocol
  local-user      Add/Delete/Set user(s)
  mtrace          Trace route to multicast source
  ping            <Group> ping command group
  quit            Exit from current mode and enter prior mode
```

```
reboot          Reboot system
reset           <Group> reset command group
return          Enter the privileged mode
save            Save file
send            Send information to other user terminal interfaces
super           Modify super password parameters
telnet          Open a telnet connection
terminal        Set the terminal line characteristics
tracert         <Group> tracert command group
undo            Negate a command or set its defaults
xdsl            Display board temperature
```

如果通过 Console 接口连接 AR1 的管理员希望中断 AR2 管理员对 AR1 的远程管理访问，可以通过命令 **free user-interface** 释放 VTY 0（也就是 AR2 管理员连接的 VTY 接口），见例 9-11。

例 9-11   释放 VTY 0

```
<AR1>free user-interface vty 0
Warning: User interface vty0 will be freed. Continue? [Y/N]:y
 [OK]
<AR1>
Mar  5 2022 03:48:00+08:00 AR1 %%01LINE/3/CLR_ONELINE(l)[4]:The user chose Y when
deciding whether to disconnect the specified user interface.
```

管理员输入 **free user-interface** 命令后，系统会弹出警告，要求管理员确认是否释放 VTY 0，此时输入 **y**，通过该接口与 AR1 建立的连接就会断开，见例 9-12。

例 9-12   连接被断开

```
<AR1>

 Configuration console exit, please retry to log on

 The connection was closed by the remote host
<AR2>
```

由于连接被断开，因此本来远程登录 AR1 的 AR2 管理员看到了两条消息，指出"Configuration console exit, please retry to log on（已经退出配置控制台，请重新尝试连接）"，并且"The connection was closed by the remote host（该连接是由远程主机断开的）"。

此时，如果 AR1 的管理员再次输入命令 **display users** 查看 AR1 上的用户，就会发现 VTY 0 已经被清除，目前设备上只有自己建立的 Console 连接，见例 9-13。

例 9-13   再次查看 AR1 上的用户

```
<AR1>display users
  User-Intf  Delay   Type  Network Address    AuthenStatus    AuthorcmdFlag
```

```
+ 0   CON 0   00:00:00                                    pass
  Username : Unspecified
```

虽然使用 Telnet 协议可以满足远程管理设备的需求，但是这个已拥有半个世纪历史的传统协议越来越难以跟上时代发展的脚步。在 Telnet 协议研发之初，网络是一项仅用于学术目的的资源共享媒介。直到网络成为大众平台，网络安全才渐渐开始引起人们的重视。自此，使用更加安全的 SSH 协议替代 Telnet 协议管理设备，也被人们提上议事日程。

9.1.3　SSH 协议基础与配置

尽管 Telnet 协议需要远程管理用户通过密码认证身份，但在使用 Telnet 协议时，设备在通信的过程中传输的信息是明文的。在各类攻击方式层出不穷的今天，采用明文信息管理设备的做法无异于开门揖盗。要想保护通信设备传输的信息，必须对其进行加密。

注释：

为了避免读者混淆信息安全的不同要素，在这里需要强调一点：认证是指通信的一方向另一方证实自己身份的行为，其目的是让对方确认自己的通信身份具有合法性；而加密则是对通信双方之外的设备，隐藏通信信息真实含义的行为。读者要对这两种安全措施加以区分。这两种安全措施除了在大部分情况下需要借助密码实现外，并没有太多交集，也未必可以相互保障。正如通过电话交流时，即使双方都已经通过声音、语气、对话内容等特征确认对方确实是自己要交流的对象，但这也无法完全保证他们之间的通话内容不会遭到第三方监听。同样，通话双方都用某种暗号交流信息，也无法保证对方就是自己想要交流的对象。关于安全要素的问题，这里仅进行概述。

SSH 协议应运而生，它的作用与 Telnet 协议别无二致，但会以加密的形式发送通信的信息。因此，即使有人通过技术手段获取了 SSH 协议通信的信息，也需要解密才能得出信息的真正内容。我们以 AR1 作为 SSH 服务器，AR2 作为 SSH 客户端，演示如何让 AR2 通过 SSH 协议向 AR1 发起远程管理访问。

首先，管理员需要使用命令 **rsa local-key-pair create** 在 AR1 上创建本地密钥对，并指明密钥长度，见例 9-14。

例 9-14　在 AR1 上创建本地密钥对

```
[AR1]rsa local-key-pair create
The key name will be: Host
% RSA keys defined for Host already exist.
Confirm to replace them? (y/n)[n]:y
The range of public key size is (512 ~ 2048).
NOTES: If the key modulus is greater than 512,
```

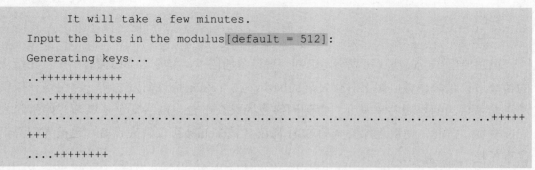

```
        It will take a few minutes.
Input the bits in the modulus[default = 512]:
Generating keys...
..+++++++++++
....+++++++++++
.............................................................................+++++
+++
....++++++++
```

在输入 **rsa local-key-pair create** 命令后，管理员保持一切参数为默认状态，等待片刻后，系统就会在 AR1 上创建本地密钥对。

接下来，管理员还需要在 AR1 上通过命令 **stelnet server enable** 启用 VRP 系统中的 SSH 服务器进程，见例 9-15。

例 9-15 启用 SSH 服务器进程

```
[AR1]stelnet server enable
Info: Succeeded in starting the STELNET server.
```

输入这条命令后，系统会提示"Succeeded in starting the STELNET server.（这台设备已经成功启动 STELNET 服务器功能）"。由于 SSH 协议和 Telnet 协议都需要通过 VTY 接口连接设备，因此管理员需要进入 VTY 接口，将允许该接口接受的入站协议修改为 SSH 协议，见例 9-16。

例 9-16 修改 VTY 接口的入站协议失败

```
[AR1]user-interface vty 0 4
[AR1-ui-vty0-4]protocol inbound ssh
Error: Failed to set user interface protocol. Please modify the authentication
mode first.
```

显然，VRP 系统没有接受管理员将 VTY 接口的入站协议修改为 SSH 协议的操作。这是因为 SSH 协议支持的认证模式只有 AAA，而例 9-5 已经将 VTY 认证方式配置为密码。因此，必须修改认证方式，才能修改 VTY 接口的入站协议，见例 9-17。

例 9-17 修改 VTY 接口的入站协议

```
[AR1-ui-vty0-4]authentication-mode aaa
[AR1-ui-vty0-4]protocol inbound ssh
```

在配置 VTY 接口时，管理员将认证方式设置为 AAA，再将 VTY 接口允许接受的入站协议修改为 SSH 协议，这样系统就不会弹出错误信息。此时，在默认情况下，Telnet 会自动关闭。

然后，既然认证方式为 AAA，那么管理员需要在系统视图下输入关键字 **aaa** 进入 AAA 配置视图，使用命令 **local-user** 设置通过 SSH 协议远程登录 AR1 的用户的参数，其中包括设置用户名、密码、协议及用户优先级等，见例 9-18。

例 9-18 设置用户的参数

```
[AR1]aaa
[AR1-aaa]local-user user1 password cipher huawei
Info: Add a new user.
[AR1-aaa]local-user user1 service-type ssh
```

管理员通过命令 **local-user user1 password cipher huawei** 创建用户 user1，并为其设置密码 huawei。输入该命令后，VRP 系统显示创建一个新用户。管理员又通过命令 **local-user user1 service-type ssh** 指定这个用户使用的协议。

最后，管理员需要回到系统视图下，通过命令 **ssh user** 将 SSH 协议与新用户及其密码关联起来，见例 9-19。

例 9-19 设置 **SSH** 用户的认证类型

```
[AR1]ssh user user1 authentication-type password
Authentication type setted, and will be in effect next time
```

系统显示"Authentication type setted, and will be in effect next time（认证类型已经设定，下次即会生效）"。

至此，SSH 服务器上的配置已经全部完成。

9.1.4 对通过 SSH 实现远程管理的测试

要想通过发起 SSH 连接测试 SSH 配置，管理员可以在 AR2 的系统视图中，使用命令 **stelnet** 尝试对 AR1 发起 SSH 连接，见例 9-20。

例 9-20 在 **AR2** 上尝试对 **AR1** 发起 **SSH** 连接

```
[AR2]stelnet 1.1.1.1
Please input the username:user1
Trying 1.1.1.1 ...
Press CTRL+K to abort
Connected to 1.1.1.1 ...
Error: Failed to verify the server's public key.
Please run the command "ssh client first-time enable" to enable the first-time
access function and try again.
```

在尝试连接 AR1 时，虽然系统提示管理员输入用户名，但输入用户名之后，系统提示错误。错误的原因是"Failed to verify the server's public key.（验证服务器公钥失败）"，同时系统要求管理员"Please run the command "ssh client first-time enable" to enable the first-time access function and try again.（请运行 **ssh client first-time enable** 这条命令以启用首次访问功能，并重试）"。也就是说，如果 AR2 没有配置 **ssh client first-time enable** 这条命令，那么当 AR2 与 AR1 建立连接后，AR1 发送的公钥 AR2 将无法保存，因此这

是一条 AR2 必不可少的配置命令。

由此，管理员需要在 AR2 上输入这条命令，然后再次尝试连接 SSH 服务器，见例 9-21。

例 9-21　启动 SSH 首次访问功能后再次尝试连接 SSH 服务器

```
[AR2]ssh client first-time enable
[AR2]stelnet 1.1.1.1
Please input the username:user1
Trying 1.1.1.1 ...
Press CTRL+K to abort
Connected to 1.1.1.1 ...
The server is not authenticated. Continue to access it? (y/n)[n]:y
Mar 5 2022 19:53:08-08:00 AR2 %%01SSH/4/CONTINUE_KEYEXCHANGE(l)[2]:The server
had not been authenticated in the process of exchanging keys. When deciding
whether to continue, the user chose Y.
[AR2]
Save the server's public key? (y/n)[n]:y
The server's public key will be saved with the name 1.1.1.1. Please wait...

Mar  5 2022 19:53:12-08:00 AR2 %%01SSH/4/SAVE_PUBLICKEY(l)[3]:When deciding
whether to save the server's public key 1.1.1.1, the user chose Y.
[AR2]
Enter password:
<AR1>
```

此时，管理员可看到系统询问"Save the server's public key?（是否保存服务器公钥）"，首次登录需要输入 **y** 进行保存，然后就可以成功地连接 SSH 服务器了。

另外，管理员也可以在 AR1 上通过命令 **display ssh server status** 查看 SSH 的状态，见例 9-22。

例 9-22　查看 SSH 的状态

```
<AR1>display ssh server status
SSH version                     :1.99
 SSH connection timeout          :60 seconds
 SSH server key generating interval :0 hours
 SSH Authentication retries      :3 times
 SFTP Server                    :Disable
Stelnet server                  :Enable
```

这条命令可以显示 SSH 的版本，更重要的是，它可以显示 SSH 服务器功能是否已经启用。

管理员还可以使用命令 **display ssh server session** 查看这台设备上 SSH 访问的情况，见例 9-23。

例 9-23　查看 SSH 访问的情况

```
<AR1>display ssh server session
------------------------------------------------------------------
Conn     Ver    Encry     State     Auth-type       Username
------------------------------------------------------------------
VTY 0    2.0    AES       run       password        user1
------------------------------------------------------------------
```

当然，管理员使用 **display users** 命令也可以看到 user1 正在通过 SSH 连接这台设备的 VTY 0 接口。这条命令的输出信息在此不进行演示。

到此为止，我们演示了如何对网络设备进行配置实现远程访问。

9.2　管理网络设备

对 VRP 系统及系统中的文件进行备份和升级，是华为网络工程师的日常工作之一。我们用一台个人计算机作为 FTP 服务器与一台华为路由器相连，演示如何将路由器的操作系统备份到 FTP 服务器上、如何将 FTP 服务器中的系统文件复制到路由器中、如何将路由器的配置文件备份到 FTP 服务器上，以及如何使用 FTP 服务器恢复系统的密码。

图 9-1 所示为 VRP 系统维护实验拓扑，演示备份、升级、恢复 VRP 系统的过程。在拓扑中，路由器的 GigabitEthernet 0/0/0 接口与用来备份 VRP 系统的 FTP 服务器的网卡直接相连。虽然在真实环境中，备份 VRP 系统的路由器正好与 FTP 服务器直接相连的可能性极低，但只要路由器能够访问服务器的 FTP 端口，那么其他关于备份 VRP 系统的操作步骤就可以照搬。

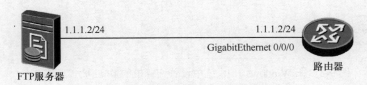

FTP服务器　　1.1.1.2/24　　　　　　　　　　　　　　　1.1.1.2/24　　路由器
　　　　　　　　　　　　　　　　　　　　GigabitEthernet 0/0/0

图 9-1　VRP 系统维护实验拓扑

在真实的实验环境中，FTP 服务器一般会用一台运行 FTP 服务器软件的 Windows 系统的计算机替代，并且按照图 9-1 的参数设置这台计算机的 IP 地址。设置计算机的 IP 地址有以下几个步骤。

步骤 1　在 Windows 10 系统中，管理员可以进入控制面板，然后选择"**查看网络状态和任务**"，如图 9-2 所示。

图 9-2　在 Windows 10 系统中设置计算机的 IP 地址（步骤 1）

步骤 2　进入该界面后，单击窗口左上角的"**更改适配器设置**"，如图 9-3 所示。

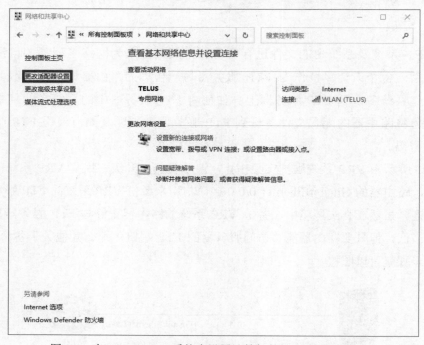

图 9-3　在 Windows 10 系统中设置计算机的 IP 地址（步骤 2）

在前两个步骤中，不同版本的 Windows 系统在路径上存在一定的区别，但目的都是进入这个界面。

步骤 3　右击当前网卡的连接，选择"属性"，进入"**WLAN 属性**"对话框。然后双击"**Internet 协议版本 4（TCP/IPv4）**"选项进行设置，如图 9-4 所示。

步骤 4　在"Internet 协议版本 4（TCP/IPv4）属性"对话框中，对这台计算机的 IP 地址和子网掩码进行设置。设置后单击"**确定**"按钮，设置即可生效，如图 9-5 所示。

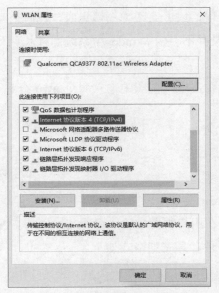

图 9-4　在 Windows 10 系统中设置
计算机的 IP 地址（步骤 3）

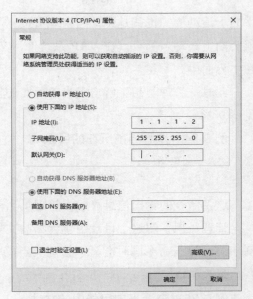

图 9-5　在 Windows 10 系统中设置
计算机的 IP 地址（步骤 4）

警告：

对于当前这台充当 FTP 服务器的计算机，读者如果并不了解对话框中的参数设置情况，请在修改参数前记录当前的设置。否则实验结束后，有可能需要联系服务提供商获知设置参数，才能恢复网络连接。

在设置计算机的 IP 地址后，管理员需要在这台计算机上运行一个 FTP 服务器软件。这类软件不胜枚举，而且其安装和设置都十分直观简单，其中一部分甚至是不需要安装的绿色软件。读者除了启动软件，还需要为其选择一个 FTP 服务器的文件根目录。此外，读者可以在 FTP 服务器软件上设置登录使用的用户名和密码。

由于各个 FTP 服务器软件的设置界面大相径庭，且设置的项目相当简单，因此本书不演示 FTP 服务器软件的设置过程。

FTP 服务器就绪后，我们会将路由器中的文件备份到 FTP 服务器。

9.2.1　VRP 系统管理基础

在使用 CLI 管理 VRP 系统时，鼠标是不起作用的，因此就不存在诸如选中、单击、双击、右击等概念。因此，管理文件系统的操作，只能用输入命令关键字和文件名的方式完成。不过，这些操作并不复杂。在 20 世纪 90 年代中期，个人计算机中最普及的 DOS 系统就是通过命令的方式管理文件系统的。

1．进入和退回目录

在使用 CLI 时，由于管理员需要通过输入命令操作设备，因此命令界面往往都是从下向上滚动的。也就是说，当管理员按下"Enter"键，或者系统弹出消息时，已有信息就会向上滚动。那么，在 VRP 系统中，文件和目录并不会像 Windows 系统那样长期列在主界面中。

此时，管理员想了解自己当前所在的目录，就要在用户视图中输入命令 **pwd** 查看，见例 9-24。

例 9-24　查看当前所在的目录

```
<Huawei>pwd
flash:
```

这条命令的输出信息显示，管理员当前处于 flash 根目录。

管理员想了解这个目录中包含哪些文件，就要在用户视图中输入命令 **dir** 查看，见例 9-25。这条命令同时会显示管理员当前所在的目录，其完整格式如下。

```
dir[/all][filename | directory]
```

例 9-25　查看当前目录中的文件

```
<Huawei>dir
Directory of flash:/

  Idx  Attr  Size(Byte)  Date        Time(LMT)  FileName
    0  -rw-  94,689,536  Dec 28 2013  09:01:52  ar2220-v200r003c01spc900.cc
    1  -rw-     286,620  Aug 10 2014  17:06:04  sacrule.dat
    2  -rw-      48,263  Jun 01 2016  15:24:10  mon_file.txt
    3  drw-           -  Jan 03 2016  21:21:00  logfile
    4  -rw-     478,848  May 16 2014  15:46:28  ar2220-v200r003sph006.pat
    5  -rw-         120  Jun 01 2016  15:20:34  vrpcfg.zip
    6  -rw-         439  May 09 2016  16:00:04  private-data.txt
    7  -rw-      25,132  Jun 01 2016  15:25:02  mon_lpu_file.txt

1,960,944 KB total (1,859,432 KB free)
<Huawei>
```

Attr 一列显示的是文件属性（Attribution），属性为"drw-"的是目录，即文件夹；而属性为"-rw-"的则为普通文件。d 为 directory（目录）的缩写，标识该项为目录文件；r 和 w 分别为 read（读）和 write（写）的缩写，标识文件的权限。

如果管理员希望进入某个目录（文件夹），需要使用命令 **cd**，并指明目录名。因此，这条命令的完整格式如下。

```
cd directory
```

在例 9-26 中，管理员通过 **cd** 命令，进入 logfile 目录。进入该目录后，界面本身并没有发生变化，但是如果管理员再次输入命令 **dir** 查看文件时，就会看到当前的目录和目录中包含的文件都发生了变化。

例 9-26　进入 logfile 目录

```
<Huawei>cd logfile
<Huawei>dir
Directory of flash:/logfile/

  Idx  Attr   Size(Byte)  Date             Time(LMT)   FileName
   0   -rw-          738  Jun 01 2016      15:24:40    log.dblg
   1   -rw-    7,974,936  Jun 01 2016      15:05:50    log.log
   2   -rw-      403,580  Jan 03 2016      21:21:00    2016-01-03.21-20-33.log.zip

1,960,944 KB total (1,859,432 KB free)
<Huawei>
```

如果要退回到上一级目录，需要输入 **cd ..**，见例 9-27。

例 9-27　退回到上一级目录

```
<Huawei>dir
Directory of flash:/logfile/

  Idx  Attr   Size(Byte)  Date             Time(LMT)   FileName
   0   -rw-          738  Jun 01 2016      15:24:40    log.dblg
   1   -rw-    7,974,936  Jun 01 2016      15:05:50    log.log
   2   -rw-      403,580  Jan 03 2016      21:21:00    2016-01-03.21-20-33.log.zip
1,960,944 KB total (1,859,432 KB free)
<Huawei>cd ..
<Huawei>dir
Directory of flash:/

  Idx  Attr   Size(Byte)  Date             Time(LMT)   FileName
   0   -rw-   94,689,536  Dec 28 2013      09:01:52    ar2220-v200r003c01spc900.cc
   1   -rw-      286,620  Aug 10 2014      17:06:04    sacrule.dat
   2   -rw-       48,263  Jun 01 2016      15:24:10    mon_file.txt
   3   drw-            -  Jan 03 2016      21:21:00    logfile
   4   -rw-      478,848  May 16 2014      15:46:28    ar2220-v200r003sph006.pat
   5   -rw-          120  Jun 01 2016      15:20:34    vrpcfg.zip
   6   -rw-          439  May 09 2016      16:00:04    private-data.txt
   7   -rw-       25,132  Jun 01 2016      15:25:02    mon_lpu_file.txt

1,960,944 KB total (1,859,432 KB free)
<Huawei>
```

管理员输入 **cd ..** 命令后，再次通过 **dir** 命令可以查看当前所在的目录，可以看出已经回到 flash 目录。

2. 目录的创建、重命名与删除

在 VRP 系统中创建目录，需要在系统视图下使用 **mkdir** 命令加目录名的方式实现，这条命令的具体格式如下。

mkdir *directory*

例 9-28 为管理员使用命令 **mkdir** 创建了一个名为 huawei 的目录。

例 9-28　目录的创建

```
<Huawei>mkdir huawei
Info: Create directory flash:/huawei......Done
<Huawei>dir
Directory of flash:/

  Idx  Attr   Size(Byte)  Date        Time(LMT)  FileName
    0  -rw-   94,689,536  Dec 28 2013  09:01:52  ar2220-v200r003c01spc900.cc
    1  -rw-      286,620  Aug 10 2014  17:06:04  sacrule.dat
    2  -rw-       48,263  Jun 01 2016  15:24:10  mon_file.txt
    3  drw-            -  Jan 03 2016  21:21:00  logfile
    4  -rw-      478,848  May 16 2014  15:46:28  ar2220-v200r003sph006.pat
    5  -rw-          120  Jun 01 2016  15:20:34  vrpcfg.zip
    6  -rw-          439  May 09 2016  16:00:04  private-data.txt
    7  -rw-       25,132  Jun 01 2016  15:25:02  mon_lpu_file.txt
    8  drw-            -  Jun 01 2016  15:39:44  huawei
1,960,944 KB total (1,859,428 KB free)
```

管理员输入命令 **mkdir huawei** 后，系统会弹出提示信息，告诉管理员 "Create directory flash:/huawei...... Done.（目录 flash:/huawei 已经创建完毕）"。此时，再次查看目录下的文件，就会看到新建的目录。

如果管理员希望对当前的目录进行重命名，需要使用 **rename** 命令加目录名的方式实现，这条命令的具体格式如下。

rename *old-name new-name*

例 9-29 为管理员使用命令 **rename** 将目录 huawei 重命名为 huawei1。

例 9-29　目录的重命名

```
<Huawei>rename huawei huawei1
Rename flash:/huawei to flash:/huawei1? (y/n)[n]:y
Info: Rename file flash:/huawei to flash:/huawei1 ......Done
<Huawei>dir
Directory of flash:/

  Idx  Attr   Size(Byte)  Date        Time(LMT)  FileName
    0  -rw-   94,689,536  Dec 28 2013  09:01:52  ar2220-v200r003c01spc900.cc
```

```
    1  -rw-       286,620   Aug 10 2014  17:06:04   sacrule.dat
    2  -rw-        48,263   Jun 01 2016  15:24:10   mon_file.txt
    3  drw-             -   Jan 03 2016  21:21:00   logfile
    4  -rw-       478,848   May 16 2014  15:46:28   ar2220-v200r003sph006.pat
    5  -rw-           120   Jun 01 2016  15:20:34   vrpcfg.zip
    6  -rw-           439   May 09 2016  16:00:04   private-data.txt
    7  -rw-        25,132   Jun 01 2016  15:25:02   mon_lpu_file.txt
    8  drw-             -   Jun 01 2016  15:39:44   huawei1
1,960,944 KB total (1,859,428 KB free)
```

　　管理员输入 **rename** 命令后，系统会要求管理员确认是否要将路径为 flash:/huawei 的目录重命名为 huawei1。在确认（输入 **y**）后，系统很快会显示重命名完毕。当管理员再次查看目录下的文件时，就可以看到重命名的效果。

注释：

　　如果要修改文件名而不是目录名，则需要管理员在 **rename** 命令后输入修改前/后的文件名时，包含其扩展名。

　　如果需要删除一个目录，在命令 **rmdir** 后添加目录名即可，这条命令的完整格式如下。

rmdir *directory*

例 9-30 为管理员使用命令 **rmdir** 删除目录。

　　例 9-30　目录的删除

```
<Huawei>rmdir huawei1
Remove directory flash:/huawei1?[Y/N]:y
%Removing directory flash:/huawei1...Done!
<Huawei>dir
Directory of flash:/

  Idx  Attr  Size(Byte)   Date          Time(LMT)  FileName
   0   -rw-  94,689,536   Dec 28 2013   09:01:52   ar2220-v200r003c01spc900.cc
   1   -rw-     286,620   Aug 10 2014   17:06:04   sacrule.dat
   2   -rw-      48,263   Jun 01 2016   15:24:10   mon_file.txt
   3   drw-           -   Jan 03 2016   21:21:00   logfile
   4   -rw-     478,848   May 16 2014   15:46:28   ar2220-v200r003sph006.pat
   5   -rw-         120   Jun 01 2016   15:20:34   vrpcfg.zip
   6   -rw-         439   May 09 2016   16:00:04   private-data.txt
   7   -rw-      25,132   Jun 01 2016   15:25:02   mon_lpu_file.txt

1,960,944 KB total (1,859,432 KB free)
```

　　管理员输入 **rmdir** 命令之后，系统会要求管理员确认是否要将路径为 flash:/huawei1

的目录删除。在确认（输入 y）后，系统显示该目录已经删除。当管理员再次查看目录
下的文件时，发现该目录已不存在。

注释:

管理员通过命令 **rmdir** 只能删除没有包含任何文件的空目录。

3. 文件的复制、移动与删除

管理员如果将一个文件复制到另一个目录下，需要使用命令 **copy** 实现，命令后面要
指明文件名和目的目录，这条命令的具体格式如下。

```
copy source-filename destination-filename
```

在例 9-31 中，管理员已经创建了一个名为 huawei 的目录，并且将文件 private-data.txt
复制到这个目录当中。

例 9-31　文件的复制

```
<Huawei>dir
Directory of flash:/

  Idx  Attr  Size(Byte)   Date        Time(LMT)   FileName
    0  -rw-  94,689,536   Dec 28 2013  09:01:52   ar2220-v200r003c01spc900.cc
    1  -rw-     286,620   Aug 10 2014  17:06:04   sacrule.dat
    2  -rw-      48,263   Jun 01 2016  15:24:10   mon_file.txt
    3  drw-           -   Jan 03 2016  21:21:00   logfile
    4  -rw-     478,848   May 16 2014  15:46:28   ar2220-v200r003sph006.pat
    5  -rw-         120   Jun 01 2016  15:20:34   vrpcfg.zip
    6  -rw-         439   May 09 2016  16:00:04   private-data.txt
    7  -rw-      25,132   Jun 01 2016  15:25:02   mon_lpu_file.txt
    8  drw-           -   Jun 01 2016  15:44:04   huawei

1,960,944 KB total (1,859,428 KB free)
<Huawei>copy private-data.txt huawei
Copy flash:/private-data.txt to flash:/huawei/private-data.txt? (y/n)[n]:y
100%  complete
Info: Copied file flash:/private-data.txt to flash:/huawei/ private-data.
txt...Done
```

输入 **copy** 命令后，VRP 系统会弹出提示要求管理员确认，此时输入 y 并按下"Enter"
键，复制即可完成。

例 9-32 为管理员进入到 huawei 目录，验证其中是否包含复制的文件。

例 9-32　验证复制的文件

```
<Huawei>cd huawei
<Huawei>dir
```

```
Directory of flash:/huawei/

  Idx  Attr   Size(Byte)   Date          Time(LMT)     FileName
   0   -rw-          439   Jun 01 2016   15:44:16      private-data.txt

1,960,944 KB total (1,859,424 KB free)
```

huawei 目录中已经存在 private-data.txt。

如果管理员希望将一个文件直接移动到其他某个目录下，原目录中不保留该文件，实现与 Windows 系统中"剪切+粘贴"相同的效果，则需要使用命令 **move** 并在后面指明文件名和目的目录，这条命令的具体格式如下。

```
move source-filename destination-filename
```

在例 9-33 中，管理员在目录 huawei 中创建了一个名为 test 的目录，并且将 huawei 目录中的文件 private-data.txt 移动到 test 目录当中。

例 9-33　文件的移动

```
<Huawei>mkdir test
Info: Create directory flash:/huawei/test......Done
<Huawei>dir
Directory of flash:/huawei/

  Idx  Attr  Size(Byte)   Date          Time(LMT)     FileName
   0   -rw-         439   Jun 01 2016   15:44:16      private-data.txt
   1   drw-           -   Jun 01 2016   15:46:06      test

1,960,944 KB total (1,859,420 KB free)

<Huawei>move private-data.txt test
Move flash:/huawei/private-data.txt to flash:/huawei/test/private-data.txt?
(y/n)[n]:y
  %Moved file flash:/huawei/private-data.txt to flash:/huawei/test/ private-
data.txt.
```

输入命令后，VRP 系统会弹出提示要求管理员确认，此时输入 **y** 并按下"Enter"键，移动即可完成。

例 9-34 为管理员分别在 huawei 和 test 目录下，验证其中是否包含了移动的文件。

例 9-34　验证移动的文件

```
<Huawei>dir
Directory of flash:/huawei/

  Idx  Attr   Size(Byte)   Date          Time(LMT)     FileName
   0   drw-           -    Jun 01 2016   15:46:26      test
```

```
1,960,944 KB total (1,859,420 KB free)
<Huawei>cd test
<Huawei>dir
Directory of flash:/huawei/test/

  Idx  Attr   Size(Byte)  Date          Time(LMT)     FileName
   0   -rw-         439   Jun 01 2016   15:44:16      private-data.txt

1,960,944 KB total (1,859,420 KB free)
```

目前 huawei 目录中已经没有 private-data.txt 文件，该文件被移动到 huawei 目录的下一级目录 test 当中。

如果管理员希望删除文件，需要使用命令 **delete**，并在后面指明文件名。这条命令的完整格式如下。

delete [/unreserved] [/force] {filename | devicename}

注释：

根据习惯，在介绍配置命令时，中括号（[ ]）中的参数表示可选关键字。在 **delete** 命令后添加关键字 **/unreserved**，表示直接删除该文件。如果不添加该关键字，则只会将文件删除到回收站中。而在命令中添加关键字 **/force**，设备会直接删除文件，并且不会弹出任何确认信息。

例 9-35 为管理员不添加任何关键字删除 private-data.txt。

例 9-35　将文件删除到回收站

```
<Huawei>dir
Directory of flash:/huawei/test/

  Idx  Attr   Size(Byte)  Date          Time(LMT)    FileName
   0   -rw-         439   Jun 01 2016   15:44:16     private-data.txt

1,960,944 KB total (1,859,420 KB free)

<Huawei>delete private-data.txt
Delete flash:/huawei/test/private-data.txt? (y/n)[n]:y
Info: Deleting file flash:/huawei/test/private-data.txt...succeed.
<Huawei>dir
Info: File can't be found in the directory
1,960,944 KB total (1,859,416 KB free)
```

管理员输入了 **delete** 命令后，VRP 系统会要求管理员对删除操作进行确认。管理员在输入 **y** 进行确认之后，可以看到系统弹出的信息显示系统已经成功删除该文件。当管理员再次在系统中查看当前目录中的文件时，目录中已经没有 private-data.txt 文件。

此时，如果管理员希望恢复回收站中的文件，可以输入命令 **undelete**，并加上文件名，见例 9-36。

例 9-36　将文件从回收站中恢复

```
<Huawei>undelete private-data.txt
Undelete flash:/huawei/test/private-data.txt? (y/n)[n]:y
%Undeleted file flash:/huawei/test/private-data.txt.
<Huawei>dir
Directory of flash:/huawei/test/

 Idx Attr    Size(Byte)  Date         Time(LMT)    FileName
  0  -rw-          439   Jun 01 2016  15:44:16     private-data.txt

1,960,944 KB total (1,859,416 KB free)
```

管理员输入 **undelete** 命令后，VRP 系统会要求管理员对恢复操作进行确认。管理员在输入 **y** 进行确认之后，可以看到系统弹出的信息显示系统已经成功恢复该文件。当管理员再次在系统中查看当前目录中的文件时，private-data.txt 文件已经重新出现在目录中。

管理员如果希望将一个文件彻底删除，有以下两种做法。

① 先使用 **delete** 命令将文件删除到回收站，然后再使用命令 **reset recycle-bin** [*filename* | *devicename*]永久清除回收站中的文件。

② 在使用 **delete** 命令删除文件时，添加可选关键字**/unreserved**。

例 9-37 为管理员先将文件删除到回收站，然后又通过 **reset** 命令清空回收站的过程。

例 9-37　删除到回收站并清空回收站

```
<Huawei>delete private-data.txt
Delete flash:/huawei/test/private-data.txt? (y/n)[n]:y
Info: Deleting file flash:/huawei/test/private-data.txt...succeed.
<Huawei>dir
Info: File can't be found in the directory
1,960,944 KB total (1,859,416 KB free)

<Huawei>reset recycle-bin
Squeeze flash:/huawei/test/private-data.txt? (y/n)[n]:y
%Cleared file flash:/huawei/test/private-data.txt.

<Huawei>undelete private-data.txt
Error: File can't be found
```

管理员输入 **reset** 命令后，VRP 系统会要求管理员对清空回收站的操作进行确认。管理员在输入 **y** 进行确认之后，可以看到系统弹出的信息显示系统已清除的文件及其原路径。此时，即使管理员再次输入 **undelete** 命令试图恢复该文件，系统也只会显示"Error: File can't be found（错误：无法找到该文件）"。

9.2.2 VRP 系统的备份

为了防止系统出现问题，管理员有时会根据需要将 VRP 系统通过 FTP 备份到一台外部的 FTP 服务器上单独保存。本小节对备份 VRP 系统的环境和配置进行介绍。

在完成实验环境的搭建，也就是 FTP 服务器的设置后，我们演示如何配置华为路由器向 FTP 服务器备份系统文件。

首先，管理员需要在路由器的 GigabitEthernet 接口下按照图 9-1 所示配置一个 IP 地址 1.1.1.1/24，见例 9-38。

例 9-38　配置路由器的 IP 地址

```
<Huawei>system-view
Enter system view, return user view with Ctrl+Z.
[Huawei]int g0/0/0
[Huawei-GigabitEthernet0/0/0]ip add 1.1.1.1 24
[Huawei-GigabitEthernet0/0/0]
May 31 2016 00:35:27-08:00 Huawei %%01IFNET/4/LINK_STATE(l)[0]:The line
protocol IP on the interface GigabitEthernet0/0/0 has entered the UP state.
```

管理员输入 IP 地址并按下"Enter"键后，系统提示"The line protocol IP on the interface GigabitEthernet0/0/0 has entered the UP state.（该接口的线路协议已经进入 UP 状态）"。由此可以判断，如果管理员用 **display** 命令查看该接口的状态，应该能够看到 Line protocol current state 变为 UP。

完成接口 IP 地址的配置后，管理员可以通过 **ping** 命令测试 FTP 服务器的 IP 地址，判断当前路由器是否可以与 FTP 服务器进行通信，见例 9-39。

例 9-39　通过 ping 命令测试 FTP 服务器与路由器之间的连通性

```
<Huawei>ping 1.1.1.2
  PING 1.1.1.2: 56  data bytes, press CTRL_C to break
    Reply from 1.1.1.2: bytes=56 Sequence=1 ttl=255 time=190 ms
    Reply from 1.1.1.2: bytes=56 Sequence=2 ttl=255 time=40 ms
    Reply from 1.1.1.2: bytes=56 Sequence=3 ttl=255 time=10 ms
    Reply from 1.1.1.2: bytes=56 Sequence=4 ttl=255 time=10 ms
    Reply from 1.1.1.2: bytes=56 Sequence=5 ttl=255 time=10 ms

  --- 1.1.1.2 ping statistics ---
    5 packet(s) transmitted
    5 packet(s) received
    0.00% packet loss
    round-trip min/avg/max = 10/52/190 ms
```

通过 **ping** 命令测试的结果是，路由器当前可以与 FTP 服务器实现双向通信。因此，如果 FTP 服务器软件运行正常，那么路由器与 FTP 服务器双向传输文件的通信环境至此就成功建立。

接着，管理员需要使用命令 **dir** 查看设备系统文件的文件名，见例 9-40。

例 9-40　查看设备系统文件的文件名

```
<Huawei>dir
Directory of flash:/

  Idx  Attr   Size(Byte)   Date          Time(LMT)   FileName
    0  -rw-   94,689,536   Dec 28 2013   09:01:52    ar2220-v200r003c01spc900.cc
    1  -rw-      286,620   Aug 10 2014   17:06:04    sacrule.dat
    2  -rw-       48,263   Jun 01 2016   15:24:10    mon_file.txt
    3  drw-            -   Jan 03 2016   21:21:00    logfile
    4  -rw-      478,848   May 16 2014   15:46:28    ar2220-v200r003sph006.pat
    5  -rw-          120   Jun 01 2016   15:20:34    vrpcfg.zip
    6  -rw-          439   May 09 2016   16:00:04    private-data.txt
    7  -rw-       25,132   Jun 01 2016   15:25:02    mon_lpu_file.txt
    8  drw-            -   Jun 01 2016   15:46:06    huawei

1,960,944 KB total (1,859,420 KB free)
```

阴影部分为这台路由器的系统文件和补丁文件。

然后，管理员需要使用关键字 **ftp** 加上 FTP 服务器的 IP 地址，连接 FTP 服务器。这条命令完整的格式如下。

ftp [*ip-address*]

连接 FTP 服务器见例 9-41。

例 9-41　连接 FTP 服务器

```
<Huawei>ftp 1.1.1.2
Trying 1.1.1.2 ...
Press CTRL+K to abort
Connected to 1.1.1.2.
220 3Com 3CDaemon FTP Server Version 2.0
User(1.1.1.2:(none)):huawei1
331 User name ok, need password
Enter password:
230 User logged in

[Huawei-ftp]
```

管理员输入此前在 FTP 服务器上设置的用户名和密码，就可以连接 FTP 服务器了。登录成功后，VRP 系统的提示符也出现了变化。除了设备名称，方括号中还增加了"-ftp"。

最后，在 FTP 视图下，管理员需要使用命令 **put**，后面加上备份文件的名称（包含扩展名），将文件上传到 FTP 服务器，见例 9-42。

例 9-42　将备份文件上传到 FTP 服务器

```
[Huawei-ftp]put ar2220-v200r003c01spc900.cc
200 PORT command successful.
150 File status OK ; about to open data connection
226 Closing data connection; File transfer successful.
FTP: 94689536 byte(s) sent in 378.779 second(s) 249.98Kbyte(s)/sec.

[Huawei-ftp]put ar2220-v200r003sph006.pat
200 PORT command successful.
150 File status OK ; about to open data connection
226 Closing data connection; File transfer successful.
FTP: 478848 byte(s) sent in 2.433 second(s) 196.81Kbyte(s)/sec.
```

传输完成后，系统会弹出信息，提示管理员"Closing data connection; File transfer successful.（数据连接关闭，文件传输成功）"。

此时，在充当 FTP 服务器的计算机上，读者可以根据自己选择的 FTP 服务器文件根目录，找到自己备份的文件。

9.2.3　VRP 系统的升级

随着网络技术和应用的飞速发展，VRP 系统也在不断更新，新版 VRP 系统支持的特性更多。当网络工程师希望使用更新版本的 VRP 系统时，可以先通过互联网将新 VRP 文件下载到 FTP 服务器目录下，然后再将文件下载到路由器的存储器中。

将新 VRP 文件下载到 FTP 服务器的目录下后，管理员可以通过路由器连接 FTP 服务器。使用 **dir** 命令查看 FTP 服务器目录中的新 VRP 文件，见例 9-43。

例 9-43　查看 FTP 服务器目录中的新 VRP 文件

```
[Huawei-ftp]dir
200 PORT command successful.
150 File status OK ; about to open data connection
-rwxrwxrwx 1 owner group  94689536 Jun 01 16:33 ar2220-v300r003c01spc900.cc
-rwxrwxrwx 1 owner group    478848 Jun 01 16:40 ar2220-v300r003sph006.pat
226 Closing data connection
FTP: 1109 byte(s) received in 0.183 second(s) 6.06Kbyte(s)/sec.
```

阴影部分为新 VRP 系统文件和补丁文件。在将它们下载到路由器的存储器之前，管理员可以查看文件的总大小，并且在路由器上通过 **dir** 命令查看存储器可用空间的大小是否足够。如果存储空间不足，管理员需要删除一些文件为新 VRP 文件腾出足够的空间。

接下来，管理员需要在 **get** 命令后面加上要从 FTP 服务器下载的文件的名称，将文件下载到路由器，见例 9-44。

例 9-44　将新 VRP 文件下载到路由器

```
[Huawei-ftp]get ar2220-v300r003c01spc900.cc
200 PORT command successful.
150 File status OK ; about to open data connection
226 Closing data connection; File transfer successful.
FTP: 94689536 byte(s) received in 341.692 second(s) 277.11Kbyte(s)/sec.

[Huawei-ftp]get ar2220-v300r003sph006.pat
200 PORT command successful.
150 File status OK ; about to open data connection
226 Closing data connection; File transfer successful.
FTP: 478848 byte(s) received in 2.802 second(s) 170.89Kbyte(s)/sec.
```

下载完成后，系统会弹出信息，提示管理员"Closing data connection; File transfer successful.（数据连接关闭，文件传输成功）"。

此时，在路由器上，读者已经可以看到新 VRP 系统文件和补丁文件，见例 9-45。

例 9-45　在路由器上查看新 VRP 系统文件和补丁文件

```
<Huawei>dir
Directory of flash:/

  Idx  Attr  Size(Byte)  Date          Time(LMT)   FileName
   0   -rw-  94,689,536  Dec 28 2013   09:01:52    ar2220-v200r003c01spc900.cc
   1   -rw-     286,620  Aug 10 2014   17:06:04    sacrule.dat
   2   -rw-      48,263  Jun 01 2016   15:24:10    mon_file.txt
   3   drw-           -  Jan 03 2016   21:21:00    logfile
   4   -rw-     478,848  May 16 2014   15:46:28    ar2220-v200r003sph006.pat
   5   -rw-         120  Jun 01 2016   15:20:34    vrpcfg.zip
   6   -rw-         439  May 09 2016   16:00:04    private-data.txt
   7   -rw-      25,132  Jun 01 2016   15:25:02    mon_lpu_file.txt
   8   drw-           -  Jun 01 2016   15:46:06    huawei
   9   -rw-  94,689,536  Jun 01 2016   16:52:42    ar2220-v300r003c01spc900.cc
  10   -rw-     478,848  Jun 01 2016   16:53:44    ar2220-v300r003sph006.pat

1,960,944 KB total (1,758,604 KB free)
```

此时设备使用的仍然是之前的 VRP 系统。如果管理员想要使用新的 VRP 系统，需要在路由器的用户视图下，通过命令 **startup system-software**，在后面加上新 VRP

系统文件的名称（含扩展名），将新 VRP 系统设置为启动系统，见例 9-46。

例 9-46　将新 VRP 系统设置为启动系统

```
<Huawei>startup system-software ar2220-v300r003c01spc900.cc
This operation will take several minutes, please wait..........
Info: Succeeded in setting the file for booting system
<Huawei>
<Huawei>startup patch ar2220-v300r003sph006.pat
This operation will take several minutes, please wait...............
Info: Succeeded in setting the file for booting system
```

输入命令后，系统弹出提示信息，指出"Succeeded in setting the file for booting system（启动系统文件设置成功）"。此时，管理员可以通过命令 **display startup** 查看启动系统的文件，验证路由器的启动系统是否为新 VPR 系统，见例 9-47。

例 9-47　查看启动系统的文件

```
<Huawei>display startup
MainBoard:
Startup system software:                  flash:/ar2220-v200r003c01spc900.cc
Next startup system software:             flash:/ar2220-v300r003c01spc900.cc
  Backup system software for next startup: null
  Startup saved-configuration file:        null
  Next startup saved-configuration file:   null
  Startup license file:                    null
  Next startup license file:               null
Startup patch package:                    flash:/ar2220-v200r003sph006.pat
Next startup patch package:               flash:/ar2220-v300r003sph006.pat
  Startup voice-files:                     null
  Next startup voice-files:                null
```

这条命令可以显示当前启动系统的文件与补丁和下一次启动系统的文件与补丁。

完成上述配置后，管理员需要通过 **reboot** 命令重新启动设备。当设备再次启动时，就会加载新 VRP 系统。

9.2.4　设备配置文件的备份及恢复

管理员可以采用 9.2.2 节演示的方法，将设备配置文件备份到 FTP 服务器。这样做的好处在于，管理员可以给路由器建立一个配置还原点。管理员如果担心自己会不慎清除设备的配置文件，或者认为自己在未来某一个时刻有可能将设备的配置恢复到目前的状态，就可以将路由器的配置文件备份到 FTP 服务器。在未来有需求时，只需要采用升级 VRP 系统的方法，就可以恢复路由器的配置。

在将当前的启动配置文件备份到 FTP 服务器之前，管理员需要通过命令 **save** 将当前的配置保存下来，然后通过 **display startup** 命令查看路由器启动配置文件的名称，见例 9-48。

例 9-48　查看启动配置文件的名称

```
<Huawei>display startup
MainBoard:
  Startup system software:                    flash:/ar2220-v200r003c01spc900.cc
  Next startup system software:               flash:/ar2220-v300r003c01spc900.cc
  Backup system software for next startup: null
  Startup saved-configuration file:           null
Next startup saved-configuration file:        flash:/vrpcfg.zip
  Startup license file:                       null
  Next startup license file:                  null
  Startup patch package:                      flash:/ar2220-v200r003sph006.pat
  Next startup patch package:                 flash:/ar2220-v300r003sph006.pat
  Startup voice-files:                        null
  Next startup voice-files:                   null
```

看到配置文件的名称后，管理员可以参照例 9-41 和例 9-42 的方法，连接 FTP 服务器，然后使用 **put** 命令将路由器的启动配置文件上传到 FTP 服务器，见例 9-49。

例 9-49　将路由器的启动配置文件上传到 FTP 服务器

```
[Huawei-ftp]put vrpcfg.zip
200 PORT command successful.
150 File status OK ; about to open data connection
226 Closing data connection; File transfer successful.
FTP: 801 byte(s) sent in 0.292 second(s) 2.74Kbyte(s)/sec.
```

看到系统提示 "Closing data connection; File transfer successful.（关闭数据连接，文件传输成功）" 之后，管理员就会在 FTP 服务器的根目录下发现上传的路由器启动配置文件。

同样，当需要将路由器恢复配置时，管理员可以首先将路由器连接 FTP 服务器，然后使用 **dir** 命令查看 FTP 服务器中启动配置文件的名称，见例 9-50。

例 9-50　查看 FTP 服务器中启动配置文件的名称

```
[Huawei-ftp]dir
200 PORT command successful.
150 File status OK ; about to open data connection
-rwxrwxrwx 1 owner group  94689536 Jun 01 16:33 ar2220-v300r003c01spc900.cc
-rwxrwxrwx 1 owner group    478848 Jun 01 16:40 ar2220-v300r003sph006.pat
-rwxrwxrwx 1 owner group       801 Jun 01 17:00 vrpcfg.zip
```

```
226 Closing data connection
FTP: 1169 byte(s) received in 0.176 second(s) 6.64Kbyte(s)/sec.
```

管理员可以根据文件大小，确认路由器存储器的可用空间是否足够，如果可用空间足够，接下来就可以使用命令 **get** 将文件下载到路由器，见例 9-51。

例 9-51　将 FTP 服务器上的启动配置文件下载到路由器

```
[Huawei-ftp]get vrpcfg.zip
Warning: The file vrpcfg.zip already exists. Overwrite it? (y/n)[n]:y
200 PORT command successful.
150 File status OK ; about to open data connection
226 Closing data connection; File transfer successful.
FTP: 801 byte(s) received in 0.320 second(s) 2.50Kbyte(s)/sec.
```

看到系统提示 "Closing data connection; File transfer successful.（关闭数据连接，文件传输成功）" 之后，管理员就可以在路由器存储器的根目录下看到启动配置文件了，见例 9-52。

例 9-52　在路由器上查看恢复的启动配置文件

```
<Huawei>dir
Directory of flash:/

  Idx  Attr  Size(Byte)  Date         Time(LMT)  FileName
   0   -rw-  94,689,536  Dec 28 2013  09:01:52   ar2220-v200r003c01spc900.cc
   1   -rw-     286,620  Aug 10 2014  17:06:04   sacrule.dat
   2   -rw-      48,263  Jun 01 2016  15:24:10   mon_file.txt
   3   drw-           -  Jan 03 2016  21:21:00   logfile
   4   -rw-     478,848  May 16 2014  15:46:28   ar2220-v200r003sph006.pat
   5   -rw-         801  Jun 01 2016  17:02:02   vrpcfg.zip
   6   -rw-         439  Jun 01 2016  16:58:16   private-data.txt
   7   -rw-      25,132  Jun 01 2016  15:25:02   mon_lpu_file.txt
   8   drw-           -  Jun 01 2016  15:46:06   huawei
   9   -rw-  94,689,536  Jun 01 2016  16:52:42   ar2220-v300r003c01spc900.cc
  10   -rw-     478,848  Jun 01 2016  16:53:44   ar2220-v300r003sph006.pat

1,960,944 KB total (1,758,604 KB free)
```

虽然启动配置文件已经恢复到路由器上，但此时管理员还需要在路由器的用户视图下，通过命令 **startup saved-configuration** 加上启动配置文件的文件名（含扩展名），将它设置为路由器下次启动时调用的启动配置文件，见例 9-53。

例 9-53　设置启动配置文件

```
<Huawei>startup saved-configuration vrpcfg.zip
This operation will take several minutes, please wait...........
Info: Succeeded in setting the file for booting system
```

在输入命令后，系统弹出提示信息"Succeeded in setting the file for booting system（启动文件设置成功）"。此时，管理员可以通过命令 **display startup** 查看路由器下次启动时调用的启动配置文件，见例 9-54。

例 9-54　查看路由器下次启动时调用的启动配置文件

```
<Huawei>display startup
MainBoard:
  Startup system software:                 flash:/ar2220-v200r003c01spc900.cc
  Next startup system software:            flash:/ar2220-v300r003c01spc900.cc
  Backup system software for next startup: null
Startup saved-configuration file:          null
Next startup saved-configuration file:     flash:/vrpcfg.zip
  Startup license file:                    null
  Next startup license file:               null
  Startup patch package:                   flash:/ar2220-v200r003sph006.pat
  Next startup patch package:              flash:/ar222
```

这条命令可以清晰地显示路由器当前调用的启动配置文件和下次启动时调用的启动配置文件。在完成上述配置后，管理员需要通过 **reboot** 命令重新启动设备。当设备再次启动时，就会加载从 FTP 服务器上下载的启动配置文件。

9.2.5　密码恢复

如果系统因为没有读取到系统文件而无法正常启动，路由器就会自动进入 BooTROM 模式。管理员可以重新从 FTP 服务器上下载 VRP 系统文件。如果系统可以正常启动，但是管理员忘记了自己设置的 Console 密码，就可以通过 BooTROM 模式清除 Console 密码。不过，如果系统可以正常启动，管理员需要在系统启动过程中按下"Ctrl+B"组合键手动进入 BooTROM 模式。

在本小节，我们会演示如何在 BooTROM 模式中，将 VRP 系统从 FTP 服务器上下载到本地，并将其作为启动系统文件，以此达到系统恢复的目的。

首先，管理员需要在系统正常启动的情况下，按照指示按下"Ctrl+B"组合键进入 BooTROM 模式，见例 9-55。

例 9-55　进入 BooTROM 模式

```
DR DRAM init : OK
Start Memory Test ? ('t' or 'T' is test):skip
Copying Data : Done
Uncompressing : Done
USB2 Host Stack Initialized.
USB Hub Driver Initialized
```

```
USBD  Wind River Systems, Inc. 562 Initialized
Octeon Host Controller Initialize......Done.


Press Ctrl+B to break auto startup ... 3

Enter Password:******
```

当路由器提示管理员"Press Ctrl+B to break auto startup（按"Ctrl+B"组合键打断自动启动）"时，立刻根据指示按下"Ctrl+B"组合键，此时系统会提示管理员输入密码。这里需要指出的是，不同系统进入 BooTROM 模式的默认密码有可能并不相同，很多系统的默认密码为 huawei，也有一些系统默认密码为 Admin@huawei。

输入正确的密码后，管理员就进入 BooTROM 模式的 Main Menu（主菜单），见例 9-56。

例 9-56　BooTROM 模式的主菜单

```
      Main Menu

  1. Default Startup
  2. Serial Menu
  3. Network Menu
  4. Startup Select
  5. File Manager
  6. Reboot
  7. Password Manager

Enter your choice(1-7):
```

在主菜单中，管理员如果想要从 FTP 服务器下载 VRP 系统文件，则需要输入 3 进入 Network Menu（网络菜单），见例 9-57。

例 9-57　进入网络菜单

```
Enter your choice(1-7):3
      Network Menu

  1. Display parameter
  2. Modify parameter
  3. Save parameter
  4. Download file
  5. Upload file
  0. Return
Enter your choice(0-5):
```

管理员如果希望从 FTP 服务器将文件下载到路由器中，需要在此选择 2. Modify parameter（修改参数）修改下载的相关参数，见例 9-58。

例 9-58　修改下载的相关参数

```
Enter your choice(0-5):2
NOTE:
Ftp type define:  0(ftp), 1(tftp),
ENTER = no change; '.' = clear;

Ftp type            : 0
File name           : ar.ccar2220-v300r003c01spc900.cc
Ethernet ip address : 192.168.1.11.1.1.1
Ethernet ip mask  : ffffff00
Gateway ip address:
Ftp host ip address : 192.168.1.201.1.1.2
Ftp user          :
Ftp password      :

Modify net parameter success.
```

管理员指定了下载协议为 0，使用 FTP 执行下载（1 代表 TFTP）；文件名为 ar.ccar2220-v300r003c01spc900.cc；本机的以太网地址为 1.1.1.1；FTP 服务器的地址为 1.1.1.2；此外，还要提供 FTP 服务器软件的用户名和密码。全都输入完毕后，系统会显示"Modify net parameter success.（网络参数修改成功）"。

注释：

管理员在修改参数时，不用考虑当前的参数，直接填写新的参数即可。例 9-58 中的以太网地址（Ethernet ip address）和 FTP 服务器地址（Ftp host ip address）都是这样修改的。

参数修改完毕后，管理员回到网络菜单，再选择 4. Download file（下载文件）下载 FTP 服务器上的文件，见例 9-59。

注释：

修改完毕后，管理员也可以在网络菜单中选择 1. Display parameter（显示参数）查看配置的参数。如有误操作，可以及时得到纠正。

例 9-59　下载 FTP 服务器上的文件

```
        Network Menu

    1. Display parameter
    2. Modify parameter
    3. Save parameter
    4. Download file
    5. Upload file
    0. Return
```

```
Enter your choice(0-5):4
Download file to: [ 1:flash ]:1
Check flash file system. Please wait....
flash:/  - Volume is OK

File system check OK!
Downloading ....

1.1.1.2 is reachable.Get 94689536 Bytes from 1.1.1.2.
Writing file:[flash:/ar2220-v300r003c01spc900.cc] to file system..............................
..........................................................................................................................................................
..........................................................................................................................
.................OK!
```

输入 4 后，由于此前管理员已经指定了文件名，因此系统会直接要求管理员选择将下载的文件保存在哪个存储器。在管理员输入 1 选择 flash 后，系统会对卷和文件系统进行快速校验，同时检测 FTP 服务器是否可达，然后才会开始下载文件。

下载结束后，系统会提示下载已经"OK"。

接下来，管理员回到网络菜单，选择 0 返回主菜单，见例 9-60。

例 9-60　返回主菜单

```
       Network Menu

   1. Display parameter
   2. Modify parameter
   3. Save parameter
   4. Download file
   5. Upload file
   0. Return

Enter your choice(0-5):0
       Main Menu

   1. Default Startup
   2. Serial Menu
   3. Network Menu
   4. Startup Select
   5. File Manager
   6. Reboot
   7. Password Manager
```

这时，管理员需要选择 4 进入 Startup Select（启动选择）菜单，将刚下载的文件指定为启动系统文件，见例 9-61。

例 9-61　进入启动选择菜单

```
Enter your choice(1-7):4
        Startup Select

    1. Display Startup
    2. Set Boot File
    3. Set Config File
    4. Startupfile Check Manage
    5. Set Startup Waiting Time
    0. return
```

管理员需要输入 2，选择 Set Boot File（设置启动文件）。系统会询问管理员将哪个存储器中的文件设置为启动文件，见例 9-62。

例 9-62　将哪个存储器中的文件设置为启动文件

```
Enter your choice(0-5):2
        Select Boot File

    1. Flash
    2. SDCard[1]
    0. Return

Enter your choice(0-2):1
NOTE: Boot file must be .cc or .CC
Press ENTER directly for no change.
Or, please input the new file name: flash:/ar2220-v300r003c01spc900.cc
Save the boot file name: flash:/ar2220-v300r003c01spc900.cc ? Yes or No(Y/N)y
Save load state word...OK!
```

此时管理员选择 1。系统要求管理员输入新文件的名称并确认，之后系统就会将新文件设置为启动文件。

最后，管理员可以输入 0，返回主菜单，然后选择 6，重新启动系统。在重新启动系统的提示信息中，可以明显看到系统的启动文件已经修改为从 FTP 服务器下载的文件，见例 9-63。

例 9-63　重新启动系统的提示信息

```
BIOS Creation Date : May 22 2013, 16:49:13
DDR DRAM init : OK
Start Memory Test ? ('t' or 'T' is test):skip
Copying Data : Done
Uncompressing : Done
USB2 Host Stack Initialized.
USB Hub Driver Initialized
```

```
USBD  Wind River Systems, Inc. 562 Initialized
Octeon Host Controller Initialize......Done.


Press Ctrl+B to break auto startup ... 1
Enter auto startup

Now boot from flash:/ar2220-v300r003c01spc900.cc, please wait...
Check Bootrom version...
Check CPLD Version

Get CPLD0 file CPLD_ar2220.bin in packet.
CPLD0 version is 0x12122000
CPLD0 in packet version is 0x12122000
CPLD0 version match
.................................................................
........................................................OK
Starting at 0x400000...

USB2 Host Stack Initialized.
USB Hub Driver Initialized
USBD  Wind River Systems, Inc. 562 Initialized
Octeon Host Controller Initialize......Done.
Can't find END device <eth> unit <0>.  Known devices are
Current mode: NORMAL
Couldn't attach to network

INFO:Get pri info, the pri info length is 0x300, break to make type
There is no record in region Exception.

System Initialize.................OK
VRP_SockTm_Init create...........OK
Create tasks.....................OK
Initialize tasks.................OK
Recovering configuration.........OK


 Press any key to get started
```

从阴影部分可以看出，目前新文件已经作为启动文件。如果管理员因为系统问题无法正常启动，就可以在 BooTROM 菜单中按照以上方法进行恢复。

注释：

不同版本中，BooTROM 模式的菜单区别较大，但操作相当简单，管理员只需要按照菜单的意思进行选择和修改就可以完成相关的操作。因此读者即使发现自己设备中 BooTROM 模式的菜单与本书中的菜单存在差异，也能够完成恢复系统的操作。

有一点需要补充说明的是，经过配置，华为路由器也可以充当图 9-1 中的 FTP 服务器，因此这个实验用两台华为路由器可以实现相同的效果。

9.3　本章总结

本章内容分为两节，其中 9.1 节以 8.3.1 节介绍的协议原理作为知识背景，通过两台设备的简单实验分别演示了如何通过 Telnet 协议和 SSH 协议向网络设备发起远程管理。9.2 节的主题是 VRP 系统的文件管理方法，在这一节中，我们通过大量实验演示了如何对 VRP 系统进行备份、升级和恢复等。

9.4　练习题

一、选择题

1. 以下有关 VTY 线路的说法正确的是？（多选）（　　）

A．VTY 是虚拟类型终端的简称　　　　B．VTY 是逻辑接口

C．VTY 是物理接口　　　　　　　　　D．可以使用 Telnet 和 SSH 连接 VTY

2. SSH 协议相对于 Telnet 协议，主要的优势是什么？（　　）

A．配置更简单　　　　　　　　　　　B．可管理对象更多

C．速度更快　　　　　　　　　　　　D．安全性更高

3. 如果管理员希望移动文件系统中的文件，应该使用下列哪个关键字完成操作？（　　）

A．rmdir　　　　　　B．move　　　　　C．reset　　　　　　　D．delete

4. 如果管理员希望删除文件系统中的一个目录，应该使用下列哪个关键字完成操作？（　　）

A．rmdir　　　　　　B．move　　　　　C．reset　　　　　　　D．delete

5. 管理员在 AR2 上尝试使用 SSH 连接 AR1 的过程中，看到了提示"Error: Failed to verify the server's public key. Please run the command "ssh client first-time enable" to enable the first-time access function and try again"，有可能造成错误的原因是什么？（　　）

A．AR1 上没有生成公钥　　　　　　　B．AR2 上没有生成公钥

C．AR1 上没有配置命令 ssh client first-time enable

D．AR2 上没有配置命令 ssh client first-time enable

6．命令<Huawei>pwd 的作用是什么？（　　　）

A．查看系统名称　　　　　　　　　B．查看当前目录下的文件

C．查看当前所在目录　　　　　　　D．返回根目录

7．下列有关管理网络设备的说法错误的是？（　　　）

A．管理员可以用终端设备连接网络设备的本地管理接口对设备实施本地管理

B．管理员可以用终端设备向网络设备 IP 地址发起 Telnet 的方式对设备实施远程管理

C．管理员可以用键盘、鼠标、显示器等外部设备连接网络设备的管理接口对设备实施本地管理

D．管理员可以通过在浏览器中输入网络设备 IP 地址的方式对设备实施远程管理

二、判断题

1．无论使用 Telnet 还是使用 SSH 连接华为设备，都需要先配置 VTY 线路。　（　　　）

2．当管理员将更新版本的 VRP 系统文件传输到华为设备上时，设备会在下次启动时自动调用新版本的 VRP 系统文件。　　　　　　　　　　　　　　　（　　　）

3．当 VRP 系统无法正常启动时，管理员可以进入其他系统，将备份的 VRP 系统文件从 FTP 服务器下载到本地，完成系统的恢复。　　　　　　　　　　　（　　　）

术语表

第 1 章　网络纵横

电路交换：在开始通信前，通信双方需借助网络建立专属信道以发送通信数据，并使该信道至少维持至本次通信结束的通信方式。

包交换（Packet Switching）：也译作分组交换，是一种将通信数据分为大量消息块（即数据包），而后通过网络对每个消息块独立执行传输选路的通信方式。

网络协议：为在网络中传输数据而针对数据定义的一系列标准或规则。

协议栈（Protocol Suite）：网络协议的具体定义或具体实现。

局域网（Local Area Network，LAN）：在一个有限区域内实现终端设备互联的网络。

城域网（Metropolitan Area Network，MAN）：规模大于局域网，覆盖区域小至一个方圆数千米的大型园区，大至一个都市圈的网络。

广域网（Wide Area Network，WAN）：跨越大范围地理区域建立连接的网络。

互联网（Internet）：通过各类互联网协议为全世界数十亿设备建立广泛互联的计算机网络系统。

物联网（Internet of Things，IoT）：通过内置电子芯片的方式，将各类物理设备连接到网络中，以实现多元设备间信息交互的网络。

云计算：通过互联网为计算机和其他设备提供能够处理共享资源的技术。

大数据：通过汇总的计算资源对庞大的数据量进行分析，得出更加准确的预测结论，并用以指导实践的技术。

SDN：控制平面和数据平面分离，并通过提升网络编程能力使网络管理方式得以优化的技术理念。

数据平面：网络设备中与判断如何转发数据和执行数据转发相关的部分。

控制平面：网络设备中与指导设备完成转发工作相关的部分。

第 2 章　操作系统与网络

操作系统：一种安装在智能设备上，为操作智能设备消除硬件差异，并为程序提供可移植性的软件平台。

图形用户界面（Graphical User Interface，GUI）：指用户在大多数情况下可以通过点击图标等可视化图形来完成设备操作的软件界面。

命令行界面（Command Line Interface，CLI）：指用户需要通过输入文本命令来完成设备操作的软件界面。

RAM（Random Access Memory）：随机存取存储器，通常称为内存，安装在数通设备上与安装在个人计算机中的作用相同，即用于存储临时文件，断电后文件即丢失。

Flash：闪存，安装在数通设备上，发挥与计算机硬盘类似的功能，用来存放包括操作系统在内的大量文件。

NVRAM（Non-Volatile Random Access Memory）：非易失性随机存取存储器，安装在数通设备中的作用是保存设备的启动配置文件，断电后文件不会消失。

VRP 系统：VRP 全称是通用路由平台，VRP 系统是华为公司具有完全自主知识产权的网络操作系统，可以运行在多种数据通信产品的硬件平台上。

Console 接口：即控制台接口，管理员将自己的终端通过 Console 线缆连接到数通设备的 Console 接口后，可以通过终端模拟软件对数通设备发起本地管理访问。

Console 线缆：一端为 RS-232 串行接口，另一端为 RJ-45 水晶头接口，用于连接充当管理设备的终端设备和被管理的数通设备。

视图（View）：VRP 系统定义的数通设备操作模式，不同功能的命令需要在不同的视图下使用，否则系统无法正常识别和执行。

第 3 章　协议与通信

OSI 参考模型：为了规范和定义通信网络，将通信功能按照逻辑分成不同功能层级的概念模型，分为 7 层。

TCP/IP 模型：也称为 TCP/IP 协议栈，是目前互联网使用的通信模型，由 TCP 和 IP 的规范发展而来，分为 4 层。

应用层（Application Layer）：既指 OSI 参考模型的第 7 层，又指 TCP/IP 模型的第 4 层，是距离用户最近的一层，用户可以通过应用软件与这一层进行交互。理论上，在 TCP/IP 模型中，应用层包含了 OSI 参考模型中表示层和会话层的功能。但限于表示层和会话层的实用性，应用层在两种模型中的区别其实非常有限。

传输层（Transport Layer）：既指 OSI 参考模型的第 4 层，又指 TCP/IP 模型的第 3 层，在两个模型中区别不大，负责规范数据传输的功能和流程。

网络层（Network Layer）：OSI 参考模型的第 3 层，这一层的作用是规范如何将数据从源设备转发给目的设备。

数据包（Packet）：经过网络层协议封装后的数据。

数据链路层（Data Link Layer）：OSI 参考模型的第 2 层，这一层的作用是规范在直连节点或同一个局域网中的节点之间如何实现数据传输。另外，这一层还负责检测和纠正物理层在传输数据过程中造成的错误。

数据帧（Frame）：经过数据链路层协议封装后的数据。

物理层（Physical Layer）：OSI 参考模型的第 1 层，这一层的作用是规范物理传输的相关标准，以便数据可以在两台设备之间进行传输。

互联网层（Internet Layer）：TCP/IP 模型的第 2 层，功能与 OSI 参考模型中的网络层相似。

网络接入层（Network Access Layer）：TCP/IP 模型的第 1 层，其作用是定义数据如何在两个直连节点或同一个局域网的节点之间传输。TCP/IP 模型中的这一层结合了 OSI 参考模型中数据链路层和物理层的功能。

封装（Encapsulation）：发送方设备将协议所定义的格式及相关参数添加到被转发数据上，以此保障通信各方执行协议的操作。

解封装（Decapsulation）：接收方设备摘除发送方设备封装的数据，以还原被转发数据的操作。

头部（Header）：按照协议定义的格式封装在被转发数据上的协议功能数据和参数。

第 4 章　网络接入层

双绞线（Twisted Pair）：将两根相互绝缘的导线按一定规格缠绕在一起，以便它们相互冲抵干扰而形成的通信介质。

光纤：为了实现数据通信，将数据转换为光信号的载体。

IEEE 802.3：IEEE 组织定义的以太网技术标准。

IEEE 802.11：IEEE 组织定义的无线局域网标准。

奇偶校验（Parity）：接收方对比接收到的数据与原始数据时，检查"1"的奇偶个数是否相同，从而判断接收到的数据与发送时是否一致。

校验和（Checksum）：接收方对比接收到的数据与原始数据的校验和值是否相同，判断接收到的数据与发送时是否一致。

循环冗余校验：接收方通过多项式除法判断接收到的数据与发送时是否一致。

共享型以太网：所有联网设备处于一个冲突域中，需要竞争发送资源的以太网环境。

二进制：逢 2 进位、只用 0 和 1 描述数字的计数方式。

十六进制：逢 16 进位、用 0～F 描述数字的计数方式。

冲突域（Collision Domain）：通过共享媒介连接在一起的设备共同构成的网络区域。在冲突域内，只能同一时间有一台设备发送数据包。

交换型以太网：联网设备之间不需要相互竞争发送资源，而是分别与中心设备两两组成点到点连接的以太网环境。

MAC 地址（MAC Address）：长度为 48 位，烧录在设备硬件上，用十六进制表示的数据链路层地址。

广播域：在广播域中，每个节点可以接收到其他节点发送的广播数据包。

第 5 章　网络层

IPv4：互联网协议第 4 版，该协议定义的地址空间已经耗尽，但该协议目前仍然是使用最广泛的互联网协议。

IPv6：互联网协议第 6 版，是新版互联网协议，旨在提供比 IPv4 定义的 32 位地址空间更多的地址空间。

数据包分片：由于数据包大小超出了链路最大传输单元限制的字节数，因此将一个完整的数据包分为多个数据包进行分散发送。

掩码：一种与 IPv4 地址等长并同样采用点分十进制表示的编码，其作用是描述 IPv4 地址中网络位的长度。

网络位：IP 地址中用来标识设备所在网络的地址位，处于 IP 地址的前部。

主机位：IP 地址中用来标识设备在网络中的编号的地址位，处于 IP 地址的后部。

有类编址：将 IP 地址通过前 4 位二进制数分为 A、B、C、D 等类别，并按照类别规定网络位长度的编址方式。

无类编址：打破 IP 地址类别限制，不以 IP 地址前几位二进制数的取值来规定其网络位长度的编址地址。

单播：一对一的数据发送方式。

组播：通过多个节点共同加入同一个感兴趣组而实现的一对多的数据发送方式。

ARP：地址解析协议，定义了通过目的 IP 地址解析目的设备 MAC 地址的规范。

第 6 章　路由技术基础

路由：既指路由器路由表中用来标识路径信息的条目，又指路由器利用这些路由条目转发数据的操作。

路由表：路由设备中用来存放路由条目的数据表，路由设备依据路由表中的信息做出转发判断。

路由协议：定义路由设备之间如何交换路径信息、交换何种信息，以及路由设备如何根据这些信息计算去往各个网络的最佳路径等事项的协议。

距离矢量路由协议：让路由器之间交换与距离和方向有关的信息，并且使各台路由器在邻居提供的信息基础上，计算自己去往各个网络的最佳路径的路由协议。

链路状态路由协议：让路由器之间交换与网络拓扑有关的信息，并且使每台路由器依照接收到的信息独立计算去往各个网络的最佳路径的路由协议。

最长匹配原则：为了提升地址匹配的精确性，当有多条路由匹配数据包目的 IP 地址时，路由器会选择掩码位数最多的路由转发数据包。

路由条目：路由器根据目的 IP 地址匹配路由条目，并根据路由条目中的出站接口和下一跳参数转发数据包。

路由优先级：当路由器上有多条通过不同途径获得的路由时，路由器根据路由优先级选择最优路由。

路由度量值：当路由器上有多条通过相同途径获得的路由时，路由器根据路由度量值选择最优路由。

直连路由：路由器接口所连子网，只有当接口处于工作状态时，路由表中才会出现相应的直连路由。

静态路由：管理员手动在路由器上配置的路由。

动态路由：路由器通过动态路由协议学到的路由。

默认路由：掩码为 0 的路由，是最不精确的路由，但可以匹配任意目的 IP 地址。

浮动静态路由：当一条主用路由发生问题时，自动切换到备用路由。

汇总路由：将多个子网的路由汇总为一条路由。

第 7 章　传输层

TCP：传输控制协议，IP 网络中传输层的主流协议之一，负责为不同终端系统的应用进程之间提供面向连接的通信服务。

UDP：用户数据报协议，IP 网络中传输层的主流协议之一，负责为不同终端系统的应用进程之间提供能力范围内的通信服务。

端口号：取值范围为 0～65535，传输层协议通过端口号区分不同的应用层程序。端口号由 IANA 统一管理，分为知名端口、注册端口和动态端口。

知名端口：端口号范围是 0～1023，固定用于特定的服务和应用层协议，使客户端应用层程序能够顺利请求服务器的特定服务。

注册端口：端口号范围是 1024～49151，是分配给终端用户应用层协议的端口号，主要针对用户自行安装的程序，而不是已经拥有了知名端口的应用进程。当系统中没有任何资源占用这类端口时，客户端可以在这个范围内动态选择源端口。

动态端口：端口号范围是 49152～65535，客户端在开始连接服务器时，会动态选用某个端口作为自己的源端口。

套接字：由 IP 地址和端口号构成的格式，能够唯一标识一台终端设备上的一个应用层协议。

TCP 连接：TCP 在开始传输用户数据前，需要先建立连接。

3 次握手：TCP 建立连接的过程，具体指的是客户端与服务器之间的 3 次信息交互。

滑动窗口：TCP 使用的一项机制，用来使接收方根据自己的接收能力，通知发送方调整发送速率。

第 8 章　应用层

服务器-客户端模型：一种应用协议模型，采用这种模型的应用协议需由专门的终端设备为其他终端设备提供服务。

P2P 模型：一种应用协议模型，采用这种模型的应用协议会在终端设备之间建立对等体连接，每台终端设备身份对等，它们均提供服务，也都接受服务。

客户端：在通信中请求并接受服务的终端设备。在口语表达中，客户端常作为客户端程序或客户端软件的简称。

服务器：在通信中负责接受请求并提供服务的终端设备。

Telnet 协议：定义了由管理设备充当客户端，向充当服务器的被管理设备发起连接，以便实施远程管理的标准。

Shell：操作系统提供给用户用来操作设备的接口。

SSH 协议：安全外壳协议，定义了由管理设备充当客户端，向充当服务器的被管理设备发起安全连接，以便实施安全远程管理的标准。

DHCP：动态主机配置协议，服务器通过这个协议向连接到网络中的客户端提供包括 IP 地址在内的配置数据。

DNS 协议：域名系统协议，服务器逐层向请求解析域名 IP 地址的客户端提供域名和地址解析服务。

WWW：万维网（World Wide Web）的简称，将设备连接起来，以便将设备中的数据以超文本形式提供给请求方的网络。

HTTP：超文本传送协议，客户端可以通过与服务器建立的连接，传输 Web 超文本信息的应用层协议。

SSL：安全套接字层，是网景公司开发的技术，作用是在 TCP 与应用层协议之间插入一层，为应用层提供额外的信息安全防护措施。

TLS：传输层安全协议，是 IETF 对 SSL 进行标准化的结果，与 SSL 差别不大但不相互兼容。

HTTPS：超文本传输安全协议，客户端通过 SSL/TLS 与服务器建立安全的 HTTP 连接，以传输超文本信息。

用户代理：在电子邮件架构中，用户代理指用户用来接收和发送电子邮件的计算机。

SMTP：简单邮件传送协议，该应用层协议定义了邮件服务器之间传输邮件的标准与流程。

邮件访问协议：定义了接收方用户代理如何从邮件服务器获取邮件。

POP3：邮局协议版本 3，这项应用层协议定义了接收方用户代理对接收方邮件服务器执行下载、删除邮件等命令的流程及标准。

第 9 章　管理维护

目录（Directory）：用来在文件系统中分类、分级存放文件，概念等同于 Windows 系统中的文件夹。

启动配置文件（Startup saved-configuration file）：管理员保存的配置状态，设备在

启动时会加载这种状态。

VTY（Virtual Type Terminal）接口/线路：虚拟类型终端接口/线路，用于为管理员提供远程管理访问的虚拟接口，当管理员通过 Telnet 或 SSH 协议对路由器执行远程管理时，就需要通过 VTY 接口/线路连接路由器。

练习题解析

第1章 网络纵横

一、选择题

1．C。局域网和广域网无法通过网络用户进行区分。

2．A。在拥有 N 台联网设备的环境中构建一个全网状拓扑，需要建立 $N(N-1)/2$ 条连接。随着 N 的增加，扩展全网状连接越来越难。

3．D。电路交换与包交换这两种通信方式与采用的物理媒介无关。实际上，这两种通信方式都采用铜线和光纤作为物理媒介。

4．A。计算机网络协议本身就是为实现智能设备之间相互通信定义的数据标准或规则。

5．BC。智能家居和远程安防都是在传统商品的基础上安装嵌入式传感器系统，使其能够连接 IP 网络，因此它们属于物联网技术的分支领域。

6．B。在云计算时代，企业和个人用户可以通过云服务提供商购买计算服务，节省自行部署数据中心和聘请专业人士维护数据中心的费用。

二、判断题

1．错误。ARPAnet 在建立之初连接了 4 个异构的节点，但当时它使用的协议是 1822 协议。

2．正确。1.1.4 节对此进行了详细的说明。

3．错误。即使很多网络设备上配有专门的管理接口，但它们的数据接口也很难不参与控制平面流量的转发。

第 2 章 操作系统与网络

一、选择题

1．D。数通设备上没有必要提供支持音频处理和输出的板卡。

2．B。由网络设备的专用芯片执行快速处理的方式称为硬件处理；而 CPU 执行正常处理则称为软件处理。

3．C。在通过 Console 接口管理本地数通设备时，计算机需要通过模拟终端软件向被管理设备发起管理访问。

4．B。将设备名用方括号括起表示当前 VRP 视图为系统视图。A 选项表示当前为用户视图。

二、判断题

1．错误。很多操作系统都没有提供图形化界面。

2．错误。无论是本地管理还是远程管理，都是通过其他拥有外部设备的终端设备对路由器、交换机等数通设备实施管理，而不是直接把键盘、鼠标等外部设备连接在数通设备上。

3．正确。这条命令只会显示对应接口下的配置。查看接口状态应该使用命令 **display interface** 或 **display ip interface**。

4．错误。管理员确实不必输入完整的命令，但要把命令中的每个关键字都输入到足以消除歧义的那个字母，设备才能正确识别管理员输入的命令。

第 3 章 协议与通信

一、选择题

1．A。网络接入层是 TCP/IP 模型特有的分层。两大模型都包含传输层和应用层，只有 OSI 参考模型包含网络层，TCP/IP 模型对网络层的称谓为互联网层。

2．CD。网络接入层是 TCP/IP 模型中的第一层，在服务上相当于 OSI 参考模型中的物理层和数据链路层之和。

3．C。TCP/IP 模型既没有区分应用层、表示层和会话层，也没有区分数据链路层和物理层，同时也没有明确定义协议、接口和服务的概念。这是一个在现有协议基础上总结出来的模型。

4．BD。封装会在原数据基础上添加头部信息，因此会增加数据量；这项操作是由发送方执行的，接收方则会对数据执行解封装。

5．C。路由器工作在 OSI 参考模型的网络层，也就是 TCP/IP 模型的互联网层。

6．A。无论在哪种模型中，计算机都属于应用层设备。

7．D。A 和 B 是错误答案。交换机工作在 TCP/IP 模型的网络接入层，或者 OSI 参考模型的数据链路层。但只有 OSI 参考模型的数据链路层位于 TCP/IP 协议栈的第 2 层，网络接入层是 TCP/IP 协议栈的第 1 层。C 的陈述本身虽然正确，但不能作为交换机是二层设备的解释。

8．B。首先，OSI 参考模型中没有互联网层，所以 A 不正确；其次，虽然路由器工作在 TCP/IP 模型的互联网层，但该层在 TCP/IP 模型中为第 2 层，不能作为路由器是三层设备的解释，所以 CD 不正确。实际上，第 X 层设备的说法，参照的大多是 OSI 参考模型，而不是 TCP/IP 模型。

二、判断题

1．错误。工作在较高层级的设备，未必不会查看所有较低层级协议封装的信息。

2．正确。底层协议常常只具有本地意义。图 3-9 和图 3-12 演示了使用不同底层协议实现上层通信的过程。

第 4 章　网络接入层

一、选择题

1．ABD。目前，采用有线的方式连接局域网，连接介质多用双绞线或光纤线缆，具体连接线缆取决于传输距离的长度。无线连接目前更热门。同轴电缆基本退出了历史舞台。

2．D。第一个数字表示传输速率。其中 10 表示 10Mbit/s、100 表示 100Mbit/s、1000 表示 1Gbit/s，而 10G 则表示 10Gbit/s。

3．C。相比双绞线，光纤的传输距离更长。相比多模光纤，单模光纤的传播距离更长。

4．B。802.11a 的速率为 54Mbit/s、802.11ac 的速率为 1.3Gbit/s、802.11g 的速率为 54Mbit/s、802.11n 的速率为 600Mbit/s。因此 802.11ac 速率最快。

5．A。循环冗余校验的目的是让接收方设备检测其接收的数据是否与发送方发送时一致，而不是为了避免共享型以太网中出现冲突。

6．BC。类型是 ETHERNET Ⅱ（DIX）标准独有的字段，长度是 IEEE 802.3 标准独有的字段。

7．C。将 1101111101001 分为 1 1011 1110 1001 这 4 段，经查表得对应的十六进制

数为 1BE9。

二、判断题

1．错误。令牌环技术的目的是在共享介质中避免冲突，而不是校验数据。

2．正确。虽然在物理上，用集线器连接的局域网属于星形拓扑，但由于集线器只会不加区分地将数据从所有接口转发出去，因此用集线器连接的局域网和用同轴电缆连接的局域网一样都属于共享性以太网，逻辑上都属于总线型拓扑。

3．错误。交换机第一次从某个接口接收数据帧时，它会在 MAC 表中保存数据帧的源 MAC 地址与自己的接口编号之间的映射关系。此后再转发以这个 MAC 地址作为目的地址的数据帧时，只需查询 MAC 表即可了解应该将数据帧从哪个接口转发。

4．正确。在全双工交换机广泛应用于有线以太网部署环境，集线器完全退出历史舞台的今天，将数据链路层分为 LLC 子层和 MAC 子层的方式基本只用于仍有可能产生冲突的无线局域网环境。

第 5 章　网络层

一、选择题

1．B。IPv4 封装格式中不止 1 个字段与数据包分片有关，标识、标记和分片偏移字段均与数据包分片有关。

2．C。IPv4 头部在没有使用可选项字段的情况下长度为 20 字节，这是 IPv4 头部的最小长度。

3．C。IPv4 地址空间并不充足，且目前已经耗竭。

4．C。子网掩码和 IP 地址长度均为 32 位；子网掩码与 IP 地址执行 AND 运算的结果为该地址的网络位；子网掩码网络位可以以任意位置作为边界。

5．C。这类题目要求掌握基本的二进制、十进制转换。

6．C。$2^{(32-19)}-2=2^{13}-2=8192-2=8190$

7．BC。512−2=510 可以满足 500 台主机的需求。而 512=2^9，32−9=23，因此范围大于等于 255.255.254.0 的掩码都可以满足要求。但 255.255.250.0 并不是掩码，因为 250 的二进制是 1111 1010，这显然不是由一组连续的二进制 1 组成的。

8．AC。ARP 定义了通过目的 IP 地址查询目的设备 MAC 地址的方式。根据 ARP 的定义，请求设备会通过广播的形式向网络中的设备发送 ARP 请求消息来请求目的设备的 MAC 地址。目的设备在接收到 ARP 请求后，则应以单播的形式回复请求设备。

9．AB。通过 ARP 欺骗，攻击者既可以将自己插入受害设备与网关的转发路径之间，实现中间人攻击，也可以让同一个局域网中的大量设备将去往互联网的数据都发送给一台并不会转发数据的设备，导致大量设备无法访问互联网中的服务，由此实施 DoS 攻击。

二、判断题

1．错误。网络层提供的是底层异构网络之间的设备相互通信，并不限于终端设备之间。另外，"同一个网络"的说法本身也十分模糊。

2．错误。这是 IP 头部中版本字段的作用，协议字段的作用是标识上层协议。

3．正确。ping 和 tracert 都是 ICMP 的工具。

第 6 章 路由技术基础

一、选择题

1．C。如果路由条目是通过动态路由协议学习的，那么 Proto 一列会显示它是通过何种路由协议学习的，而动态路由协议不只有 RIP 一种。

2．ABC。路由器可以同时使用路由优先级相同的多条静态路由。

3．AD。在配置静态路由时，管理员可以使用本地路由器接口 ID 和/或对端路由器接口 IP 地址作为下一跳参数。

4．A。当两条静态路由拥有相同的目的地和不同的下一跳时，路由器会将路由优先级值低的放入路由表；如果路由优先级值相同，则都放入路由表。

5．AB。掩码为 0 的路由是默认路由，可以匹配任意目的 IP 地址。

6．C。汇总后的子网掩码为 22 位，第三位十进制数值是 16。

7．C。直连路由的路由优先级值和路由度量值无法修改。

8．BCD。路由的 3 种获取方式分别为直连路由、静态路由和动态路由。默认路由既可以由管理员手动配置（静态路由），又可以通过路由协议学习（动态路由）。

9．B。静态路由是由管理员手动配置的路由。

10．D。路由器默认会选择路由优先级值最小的路由，OSPF 路由为 10，静态路由为 60，RIP 为 100。

11．D。在华为路由器上查看 IP 路由表的命令是 **display ip routing-table**。

二、判断题

1．错误。如果有多个路由条目比较结果一致，路由器会选择掩码长度最长的路由条目执行该数据包的转发。

2．错误。如果静态路由指定的出站接口为串行接口，也可以不指定下一跳地址。

3．错误。静态路由扩展性差，无法适应大规模网络。

4．正确。静态路由无法感知网络拓扑中的变化，必须由管理员手动添加和删除。

5．正确。在路由表中存在去往同一目的地的多条路由，称为负载分担。管理员可以通过多种方式实现路由的负载分担，既可以通过静态路由实现，又可以通过动态路由协议实现。

6．错误。路由器从多种途径获得去往同一目的地的路由时，会根据路由优先级值选择将哪条路由放入 IP 路由表中，并使用这条路由转发数据包。

7．错误。路由器从一个路由协议中学到去往同一目的地的多条路由时，会根据路由度量值选择将哪条路由放入 IP 路由表中，并使用这条路由转发数据包。

8．错误。静态路由是由管理员手动配置的路由，路由器自动生成的是直连路由。

第 7 章　传输层

一、选择题

1．C。传输层的作用是提供两台终端设备上应用进程之间的通信。保障通信质量和安全性并不是传输层的本职工作。

2．D。通过 TCP 的滑动窗口特性，接收方能够根据自己的接收能力，控制发送方的发送速率。

3．ABCD。在开始传输用户数据之前，终端设备之间会先建立 TCP 连接，并在用户数据传输完成后拆除 TCP 连接。TCP 能够保证数据段按序到达，并且在数据丢失时会启用重传机制。

4．B。IP 地址用来指名具体终端设备，端口号用来指明终端设备上的具体应用进程。

5．CDE。UDP 头部共 8 字节，分别为源和目的端口号、长度和校验和。

6．A。UDP 作为一个不面向连接的协议，在开始传输终端用户数据前并不建立连接，但它仍使用端口号标识不同的应用进程。

7．BD。端口号的作用是区分应用进程，UDP 不具备排序功能。

二、判断题

1．正确。接收方成功接收序列号为 X 及其之前的所有数据后，会以确认号 X+1 进行确认。

2．错误。UDP 头部开销少，需要传输设备处理的内容简单，因此更适合传输对时延敏感的应用数据。传输层协议无法改变传输速率。

第 8 章　应用层

一、选择题

1．B。Telnet、SMTP 和 POP3 都是基于 TCP 的协议。只有 DHCP 是基于 UDP 的应

用层协议。

2．B。HTTPS 默认采用的端口为 TCP 443。尽管 HTTPS 只是基于 SSL/TLS 的 HTTP，但这个协议并没有沿用 HTTP 的默认端口号。

3．C。POP3 提供的服务是让接收方用户代理从接收方服务器读取、取回和删除电子邮件。

4．C。SSH 客户端与服务器建立控制连接的默认端口为 TCP 22，Telnet 为 TCP 23，SMTP 为 TCP 25，POP3 为 TCP 110。

5．ABCD。4 个协议均有可能与电子邮件应用有关。其中 SMTP 为邮件传送协议，POP3 和 IMAP 均为邮件访问协议，人们也常常通过 HTTP 访问邮件服务器中的邮件。

6．D。SSH、Telnet 和 POP3 显然提供了身份认证机制，它们会在建立连接的过程中要求客户端提供身份认证。SMTP 没有提供身份认证机制，ESMTP 则弥补了 SMTP 在这方面的缺陷。

二、判断题

1．错误。网络应用是应用程序与应用协议的总和。应用程序强调终端与用户的交互和终端内部的程序运行，而应用协议则是为设备间通信而定义的标准。

2．正确。虽然原始的 HTTP1.0 会在传输数据完成后关闭 TCP 连接，但更新后的 HTTP1.1 不会这样。

3．错误。Telnet 协议可以通过用户名和密码对远程管理用户进行认证。这个协议的安全隐患在于它无法对传输的数据进行加密。

4．错误。SSL 和 TLS 虽然差别很小，但两者无法相互兼容。

第 9 章　管理维护

一、选择题

1．ABD。VTY 不是物理接口，是设备的逻辑接口。

2．D。SSH 会对通信内容进行加密，因此比使用明文数据通信的 Telnet 协议更加安全。

3．B。rmdir 的作用是删除目录，move 用于移动文件，reset 多用于删除配置文件、重置连接等，delete 用于删除文件。

4．A。rmdir 的作用就是删除目录，move 用于移动文件，reset 多用于删除配置文件、重置连接等，delete 用于删除文件。

5．D。这条错误提示表示客户端无法验证服务器的公钥。这是因为客户端上没有输入 **ssh client first-time enable**，所以客户端无法在与服务器建立连接后，保存服务器提供的公钥。

6．C。pwd 全称为 Print Working Directory，即打印当前目录。"打印"在程序语言中是"显示"的同义表达，因此 pwd 的作用就是查看管理员当前所在的目录。Linux 系统中也有这条命令。

7．C。管理员可以通过连接键盘、鼠标、显示器等外部设备的方式管理服务器，服务器也有可能通过安装一些软件系统被用来充当路由器、防火墙等网络设备。但专业网络设备是不会采用连接外部设备的方式进行本地管理的。

二、判断题

1．正确。VTY 是为设备提供远程管理的逻辑接口，因此在通过 Telnet 和 SSH 协议远程管理华为设备之前，需要配置 VTY 线路。

2．错误。管理员需要通过命令 **startup system-software** 将新的系统设置为启动系统文件。

3．正确。其他系统就是 BooTROM。